Jenny Kurzbach

Sprich doch mal Pferd

Müller Rüschlikon

Dieser Link führt dich zu den
in diesem Buch enthaltenen
Video-Clips und Materialien
zum Downloaden.

Impressum

Einbandgestaltung: R2 I Ravenstein, Verden

Titelbild: Irena Weber

Bildnachweis:
Jenny Kurzbach: S. 4, 10, 15, 28, 67, 72, 78, 79, 84, 107
Bonny Nitsche: S. 202
Jana Nührig: S. 52, 54, 58, 60–61, 69, 70, 77, 86
Michaela Wegner: S. 22, 27, 124-125
Daniel Wieschalla: S. 202 und alle übrigen Grafiken
Alle anderen Bilder stammen von Irena Weber.

Aus Gründen der besseren Lesbarkeit wird im Buch das generische Maskulin verwendet. Entsprechende Begriffe gelten im Sinne der Gleichbehandlung grundsätzlich für alle Geschlechter, dabei beinhaltet die verkürzte Sprachform keinerlei Wertung.

ISBN 978-3-275-02282-3

Postfach 103743, 70032 Stuttgart
Ein Unternehmen der Paul Pietsch Verlage GmbH & Co. KG

1. Auflage 2023

Du findest uns im Internet unter www.mueller-rueschlikon-verlag.de

Lektorat: Claudia König
Innengestaltung: r2 | Ravenstein, Verden
Druck und Bindung: Graspo CZ, 76302 Zlin
Printed in Czech Republic

Inhalt

Sprich doch mal Pferd

Stefan Valentin
Jenny Kurzbach

Vorwort von Stefan Valentin

Die wertvollste Veränderung in der Pferd-Mensch-Beziehung ist das Umdenken und die Arbeit an sich selbst. Sich selbst in den Fokus zu stellen, Lücken wahrzunehmen und diese als Chance für Entwicklung zu erkennen und als Resultat daraus, an sich zu arbeiten, ist auch das Schwierigste. Wir kennen Momente mit Pferden, die man fühlt, aber für die man keine Worte findet. Diese gefühlten Momente einzukreisen und zu beschreiben, das ist Jennys große Gabe!

Ich lernte Jenny 2021 kennen und habe ihren Wissensdurst kaum stillen können. Ihre Entwicklung ist rasend. Jenny ist ein Energiebündel! Sie steckt jeden mit ihrem Mix aus strahlend guter Laune und echter Kompetenz an. Es macht mich stolz, wenn meine Erfahrungen weitergedacht werden.

In Jennys Fall ist daraus innert kürzester Zeit ein eigenes Buch entstanden, was den Leser auf besonders ansprechende Art und Weise dazu einlädt, die Perspektive zu wechseln, zu reflektieren und neue Ideen zu schaffen. Ich freue mich, dass ich ihr viele Impulse und Ideen an die Hand geben konnte, die sie modifiziert und weiterentwickelt hat. Unsere Pferde brauchen Menschen, die ihnen eine Stimme geben – und eine Stimme bekommen sie von Jenny definitiv, in ihrer ganz eigenen Art: charmant und humorvoll!

Ich hoffe, dass du vielen Pferdemenschen eine neue Perspektive schenken und ihnen helfen kannst und dass auch deine Erfahrungen, Ideen und Denkanstöße weitergedacht werden, denn ich weiß, das ist dein großes Bestreben! Aktiver Tierschutz ist, wenn Mensch und Pferd sich besser verstehen.

Danke, Jenny!

Ändere die Perspektive

Denkanstöße und Theorie

Von Laien und Profis oder:

Was ich dir unbedingt sagen möchte

In unserem Leben mit Pferden prasseln zahlreiche Eindrücke auf uns ein. Meist fängt es mit den ersten Reitlehrern an, die uns Bahnfiguren reiten lassen, uns über einen geraden Sitz belehren und vielleicht auch das ein oder andere Mal laut werden, weil sie an unserem Verhalten etwas auszusetzen haben. Häufig startet die Beziehung zu Pferden nicht mit der Theorie, was Pferde für Tiere sind, wie sie sich verhalten und warum sie bestimmt Dinge so tun, wie sie sie tun. Auch erfahren wir oftmals nicht, dass wir mit ihnen kommunizieren können und dass es Verstehen zwischen Mensch und Pferd geben kann. Stattdessen werden wir gleich ins kalte Wasser gestoßen und starten **auf**, nicht **mit** dem Pferd.

Irgendwann kommt die erste Reitbeteiligung oder das erste eigene Pferd und plötzlich hat man einen Haufen Probleme, die man vielleicht mit dem Schulpferd nie hatte, oder die vermeintlich einfach damit zu lösen waren, dass man sich mit allen Mitteln „durchgesetzt“ hat.

Dann aber, wenn kein Reitlehrer mehr zur Verfügung steht, auf dessen Wissen man sich verlassen kann und man niemanden mehr hat, den man mal eben schnell fragen kann, wenn etwas nicht so funktioniert, wie man es sich eigentlich vorgestellt

Gemeinsam Wege gehen können, ohne festhalten zu müssen, ist ein Ergebnis aus Verständnis, Sicherheit und Vertrauen.

hatte, ist guter Rat teuer. Manche Pferdebesitzer stellen auch einfach fest, dass der Alltag mit dem eigenen Pferd nicht ganz so rund läuft, wie man es sich eigentlich erträumt hatte. Meistens kommt man schnell von selbst auf die Idee, dass Kommunikation mit dem Pferd besser gehen muss als all das, was man bisher praktiziert und gelernt hat.

Die meisten von uns wünschen sich eine gute Beziehung zum Pferd an sich, Kommunikation und gegenseitiges Verständnis, nicht nur einen Umgang, der sich auf Möhrchen, Mash und Massage aufbaut. Spätestens an diesem Punkt fällt auf, dass man gar nicht so genau weiß, wie man eine Verbindung zum Pferd herstellen kann. Wie kann man es schaffen, dass das Pferd, wenn es frei auf einem Platz steht, Interesse am Menschen zeigt und ihm freiwillig folgt, ohne dass es dabei den verlockenden Geruch eines Leckerchens in der Nase hat? Wie erreicht man, dass es neugierig auf einen ist und Lust hat, mit uns zusammen zu arbeiten?

Spätestens jetzt fängt man an zu recherchieren, kauft sich Bücher und besucht Workshops bei Pferdemenschen, die man für kompetent hält. Denn eines ist klar: Wir wissen, dass es diese echte Verbindung zwischen Pferd und Mensch gibt. Aber wie man sie erreichen kann, wurde in all den Jahren mit Pferden und Reitlehrern nie thematisiert. Mit dem Pferd in einen echten und wertschätzenden Dialog zu kommen ist möglich und noch nicht einmal schwierig. Ich möchte dich gerne an die Hand nehmen und dir den Einstieg in die Kommunikation mit diesen tollen Tieren ermöglichen. Es geht nicht darum, innerhalb kürzester Zeit auf ein atemberaubendes Kommunikationslevel zu kommen, in dem unser Pferd frei um uns herum galoppiert. Das ist natürlich toll, aber nur erreichbar, wenn wir von Beginn an im Umgang mit diesen stolzen und freien Tieren eine solide Basis legen. Da ich mich selbst nicht als Pferde-Profi bezeichnen würde, freue ich mich natürlich, dass mein Buch dein Interesse geweckt hat und du es dir jetzt mit dieser Lektüre irgendwo gemütlich machst. Ich verspreche dir, dass du viele Informationen finden wirst, die dich zum Nachdenken anregen werden und ich hoffe, dass du einige Tricks und Kniffe lernst, mit denen du ganz einfach an deiner soliden Basis zum Pferd arbeiten kannst. Denn auf einem guten, stabilen, bedacht und sorgfältig aufgebauten Fundament kann man die allerschönsten Häuser bauen!

Auch wenn ich voller Freude bin, dass wir ab jetzt gemeinsam an deinen Grundlagen arbeiten, möchte ich dich an dieser Stelle auch ermutigen, immer die Augen für Weiterbildung offen zu halten. Schau dir verschiedene Trainer an! Es gibt die ganz bekannten Vertreter von Horsemanship und Co., die Tolles leisten und schöne Ideen haben. Es gibt Videoplattformen und Online-Kurse, in denen Coaches ihr Wissen zur Verfügung stellen. Natürlich machen genau diese Trainer vielleicht auch Dinge, die dir nicht richtig oder nicht eindeutig erscheinen. Ein guter Trainer und eine gute Methode sollten zu dir und deinem Pferd passen. Auch sollte dein Trainer dir stets sinnvoll erklären können, warum er eine bestimmte Methode anwendet. Denn wenn wir das Warum verstehen, verstehen wir auch die Handlungsschritte. Ob es jetzt ein bekannter Vertreter und in unserer Wertung ein Profi ist, oder einer, der wie ich nicht so bekannt ist, aber dir trotzdem weiterhelfen kann. Es ist wichtig, sich Idole und Vorbilder zu suchen, die einen zu neuen Zielen inspirieren!

Wenn wir uns viele Methoden und deren Lehrer anschauen, eröffnet sich die Möglichkeit, bei den verschiedensten Ideen immer das herauszufiltern, was für uns gerade passt. Hier ist Ausprobieren die Devise. Frage dein Pferd, was es von neuen Methoden hält. Magst du sie in einem Buch gelesen oder auf einem Workshop erlernt haben.

Stefan mit seinen Pferden in völliger Harmonie – etwas können zu wollen, was man bei einem Anderen gesehen hat, ist ein wunderbarer Motivationsschub dafür, sich selbst weiter zu entwickeln.

Dein Pferd wird dir immer die richtige Antwort geben, wenn du es fragst. Natürlich starten wir mit einer neuen Methode und erproben sie eine Zeit lang. Stellen wir fest, sie passt genau so wie sie ist zu uns, perfekt! Ab damit in unsere persönliche „Werkzeugkiste". Eignet sie sich in abgewandelter Form, dann verändere sie so, dass sie für dich und dein Pferd harmoniert und packe sie dann in deine Kiste.

Du kannst dir gar nicht vorstellen, wie viele verschiedene Trainer ich schon gesehen, Bücher und Zeitschriften gelesen und Online-Workshops mitgemacht habe. Das Tolle daran ist, dass man immer etwas lernt. Manchmal sind es die kleinen Zitate, die ein Coach zwischendrin ganz nebenbei sagt, die bei uns gedanklich eine neue Kugel ins Rollen bringen. Oder kleinere Passagen in Texten, die uns neue Blickrichtungen eröffnen und uns zum neuen Ausprobieren und Denken anregen. Im Zweifelsfall kann es am Ende aber auch die Erkenntnis sein, dass man es so ganz bestimmt nicht machen möchte. Wunderbar! Denn du hast wieder etwas Neues dazugelernt.

Wo wir gerade bei den Profis sind, möchte ich die Stars, die Creme de lá Creme der Trainerriege, die absolut Besten, natürlich nicht unterschlagen: unsere Pferde!

Denn von niemandem kann man so gut die Kommunikation auf „Pferdisch" lernen, wie von dem „Muttersprachler" Pferd. Das benötigt jedoch viel Zeit und Beobachtungswillen. Es lohnt sich aber auf jeden Fall, den Blick zu schärfen, Pferde in der Herde und in der Arbeit genau zu beobachten, auf ihren Ausdruck, ihre Freude und Entspanntheit zu achten und auch hier das Erlernte in deine persönliche Werkzeugkiste zu packen.
Es gibt so viele verschiedene tolle Ideen und ich möchte dich ermuntern, diese auszuprobieren und deine eigene Werkzeugkiste zu füllen, die dich

zum besten Horsefriend macht, der du werden kannst. Die Grundprinzipien der bedingungslosen Liebe, der Ruhe und der Achtsamkeit, die du vor allem im Kapitel über das Mindset lernst, solltest du bei allen Methoden beherzigen. Erlaube dir auch immer Fehler zu machen, denn wie es in einem Spruch, den wir alle kennen, heißt: Aus Fehlern lernt man. Versuche Missgeschicke stets als etwas Positives zu begreifen, was dich nährt, klüger macht und damit wachsen lässt.

Sei aber auch integer genug, Methoden loszulassen, die überhaupt nicht funktionieren und die du deinem Pferd nicht verständlich machen kannst. Etwas, was sich entweder für dich, für dein Pferd oder sogar für euch beide nicht gut anfühlt, gehört definitiv nicht in deine Toolbox und kann geflissentlich in den „Habe ich versucht“-Mülleimer geworfen werden.

Wie du also siehst, ist es im Prinzip egal, ob du zu Beginn deiner Reise hin zum achtsamen Umgang mit dem Pferd direkt von Profis oder von Laien lernst, ob du Bücher, Online-Workshops oder Real-life-Seminare nutzt. Relevant ist, dass du Freude am Umgang mit deinem Pferd hast und Spaß beim Ausprobieren und Umsetzen empfindest. Wenn du es dabei auch noch schaffst, deinen Geist zu kontrollieren und dir ein pferdefreundliches Mindset zuzulegen, dann bist du auf einem schweren, aber richtig gutem Weg!

An dieser Stelle möchte ich dich schon einmal darauf hinweisen, dass im Verlauf des Buches Methoden von bekannten Trainern benannt werden. Ob diese Methoden genauso gut in deine Werkzeugkiste passen wie in meine, oder ob sie ein Anreiz für dich sind, dich mit der Toolbox dieser Trainer näher auseinanderzusetzen, entscheidest allein du.

Die besten Lehrer und Zen-Meister, die wir bekommen können: Unsere Pferde!

Fülle dir deine persönliche Werkzeugkiste, es lohnt sich auf jeden Fall!

Bei deiner weiteren Lektüre wirst du feststellen, dass auch ich dir lediglich verschiedene Werkzeuge vorstelle. Wenn du diese erprobt hast, urteile immer selbst, ob sie in deinen Kasten passen, ob du sie anpassen möchtest oder ob du sie gleich wieder verwirfst.
Wenn du dir einen Experten in der Nähe suchst, solltest du bei deiner Auswahl bedenken, dass es die „eierlegende Wollmilchsau“ auch im Pferdebereich nicht gibt. Das heißt, es ist klug zu überlegen, ob man für die einzelnen Komplexe Spezialisten ermittelt, die genau diese Fachrichtung abdecken, die du suchst. Oder ob man lieber einen Trainer nimmt, der ganz viele Sektionen beherrscht. Ich persönlich denke, dass es die Sachkundigen für den Bereich, den du suchst, sind, die dir wirklich konstruktiv weiterhelfen können. Denn bei einem richtig guten Hufbearbeiter würdest du wohl kaum nachfragen, ob er dir bei Lektionen in der Dressur helfen kann.

Frage deine Stallkollegen nach Empfehlungen und stricke dir ein Netzwerk von Kennern, bei denen du immer dann nachfragen kannst, wenn etwas nicht funktioniert. Wichtige Experten im Bereich Pferd können sein: Tierärzte, Osteopathen, Physiotherapeuten, Zahnärzte, Futterberater, Hufbearbeiter, Sattler, Reitlehrer unterschiedlicher Disziplinen und natürlich Kommunikations-, Boden- und Freiarbeitstrainer.

Ich hoffe, dass du im Laufe der Lektüre ein wenig Spezialistenwissen über die Verständigung mit dem Pferd und die Bodenarbeit erhältst. Denn Kommunikation mit dem Pferd auf seiner Sprache ist gelebte Zauberei mit verdammt hohem Suchtfaktor!

Aber Achtung: Den Weg zu einer feinen Kommunikation zu kennen, heißt nicht, dass man ihn jeden Tag gehen kann. Wie bei einem Rezept muss man auf so viele verschiedene

Details achten und gegebenenfalls gelingt die Suppe nicht, wenn man zu viel oder zu wenig einer bestimmten Zutat hinzugefügt hat. So ist es auch mit dem Pferd. Es kann sein, dass man plötzlich in eine Dysbalance kommt und nicht weiß, wie man wieder herauskommt. In solchen Situationen hilft es nicht, viele unterschiedliche Zutaten auszuprobieren und immer mehr in den Topf zu schmeißen, weil man die Suppe unbedingt noch retten möchte. Denn diese Rettungsversuche verschlimmbessern meist das Ergebnis – man probiert ewig rum, um am Ende doch festzustellen, dass man es besser gelassen hätte. Es ist wirklich okay, die Suppe mal zu versalzen! Überlege, welche Zutat du falsch dosiert hast und was du beim nächsten Mal besser machen könntest. Morgen kochst du einfach eine neue Suppe! Wenn du in Situationen, die einfach nicht gelingen wollen, geduldig und entspannt bleibst und dir und deinem Pferd die Chance gibst, es an späterer Stelle besser zu machen, hast du schon gewonnen. Denn das Schöne ist, dass unsere Pferde nicht nachtragend sind. Solange du dich achtsam und fair verhältst, also deinem Pferd nicht wissentlich Angst oder übertriebenen Druck machst, hast du immer die Möglichkeit neu anzufangen. Nutze sie! Denke dabei immer daran: **Ein Pferd, das Angst hat, kann nichts lernen!**

Ich möchte dir an dieser Stelle nicht sagen, dass du irgendetwas mit deinem Pferd falsch machst, oder dass du es nicht gut behandelst. Ich möchte dir einfach Ideen und Werkzeuge an die Hand geben, wie du das Leben und vor allem die Verständigung mit deinem Pferd noch besser machen kannst. Wir können immer etwas besser machen und immer etwas Neues dazulernen. Wissen über elementare Themen, die nicht in der klassischen Ausbildung von Pferd und Mensch liegen, sind so wertvoll und wichtig, dass ich das Wissen, was ich mir über diese Bereiche angeeignet habe, gerne mit dir teilen möchte, damit auch du von den Dingen, die dir richtig und wichtig erscheinen, profitieren kannst. Ich möchte, dass auch du in die Freuden der feinen Kommunikation eintauchen und darin versinken kannst, denn ich weiß wie viel Glück und Spaß verstehen und verstanden werden mit sich bringt. Wie du nun sicherlich feststellen kannst, brenne ich für Kommunikation und Bodenarbeit! Es macht mir unglaublich viel Spaß, immer wieder neu erschienene Bücher zu lesen, mir die Inhalte durch den Kopf gehen zu lassen und in den Stall mitzunehmen, was mir brauchbar erscheint. Es macht mich außerordentlich glücklich zu sehen, dass das Pferd um meiner selbst Willen bei mir bleibt und nicht, weil ich es festhalte. Auch liebe ich es, andere zu unterrichten, live mitzuerleben, wie sie an den Situationen wachsen und wie sich das magische Band der Verbindung langsam, aber stetig immer weiter aufbaut. Denn Verbindung schafft Zufriedenheit und was gibt es schöneres, als zufriedene Pferde und zufriedene Menschen um sich herum zu haben?

Ich hoffe ganz fest, dass dieses Buch, egal, ob du mich am Ende als Laie oder Profi einschätzen möchtest, dazu beiträgt, dass ein kleiner Funke meiner Leidenschaft für Kommunikation auf dich überspringt und auch bei dir ein Feuer für den achtsamen und verständnisvollen Umgang mit dem Pferd und die Neugier auf mehr entfacht! So, genug der vielen Worte: Du bist hier und ich auch, also lass uns gemeinsam damit anfangen, an der Basis der Kommunikation mit deinem Pferd zu starten. Lass uns noch einmal ganz von vorne beginnen und vieles etwas anders machen! Bereit? Dann nichts wie los.

Neugier und Aufgeschlossenheit: Pferde öffnen sich uns jeden Tag aufs Neue.

Unser Bild von Pferden

Das Bild, das viele Menschen von Pferden haben, ist sehr offensichtlich. Ich habe mich schon oft gefragt, woran es liegt und wie es kommt, dass unsere Vorstellung von diesen wundervollen Tieren hauptsächlich hergibt, dass sie zum Reiten da sind und dementsprechend funktionieren müssen.

Um dieser Frage auf den Grund zu gehen, möchte ich mithilfe eines Beispiels bei den Jüngsten, nämlich den kleinen Pferdemädchen und Pferdejungen, mit dem Kopf voller Träume, anfangen, die auch die meisten von uns einmal waren.

Meine Tochter ist mittlerweile acht Jahre alt, liebt Pferde und alles, was damit zusammenhängt. Zudem ist sie ein absoluter Hörspiel-Fan. Das bedeutet, dass sie viele verschiedene Hörspiele über und mit Pferden gehört hat und regelmäßig hört: Bibi und Tina, Kati & Azuro, Ponyhof Sommerblüte, Sternenschweif, HorseClub, Ostwind und wie sie nicht alle heißen, waren und sind in unserem Kinderzimmer oft zu Besuch. Um ihre angefachte Leidenschaft zum Thema Pferde weiter zu unterstützen und weil Mama nach wie vor ein begeistertes Pferdemädchen ist, besuchte sie bereits mit vier Jahren ihren ersten Ponyclub. Dort wurde sich vor allem um die Ponys gekümmert. Das heißt, die Boxen wurden gemistet, Heu und Stroh wurden von den Kindern vorbereitet und die Pferde wurden geputzt. Das Reiten war völlig nebensächlich. In den ersten zwei Jahren des Kontaktes mit dem Pferd lernte meine Tochter, wie man mit einem Pferd vernünftig und freundlich umgeht, wie man es umsorgt und versorgt. Auf den Ponyclub folgte das nächste Pferdekonzept mit Kindern. Dort lernte sie vor allem Pferde zu führen und übte sich in spielerischer Art in einem ausbalancierten und zügelunabhängigen Sitz.

Nach diesem Kurs hatten wir das Glück, gemeinsam mit einer Freundin einmal die Woche mit deren Pferden arbeiten zu können. Da mein Herz für die Bodenarbeit und den achtsamen Umgang mit Pferden schlägt, zeigte ich natürlich meiner Tochter, zum ersten Mal in ihrer „Ausbildung“, wie man trotz „Loslassen“ die Kontrolle behält. Ich lehrte sie die pferdefreundliche Begrüßung, das achtsame Führen, das Rechts-Links und weitere Basisübungen, die ich dir selbstverständlich im Praxisteil erkläre. Sie hatte viel Spaß an dieser Art des Umgangs mit dem Pferd, da sie das in den letzten drei Jahren so noch nicht gelernt hatte.

Das Pferd fasziniert schon die Kleinsten.

Auch genoss sie es sehr, dass das Pferd gerne mit ihr eine Pause machte und dabei sein Gesicht ganz nah an ihres brachte.
Aber natürlich wollte sie auch reiten. Am liebsten alleine (ohne natürlich zu wissen, wie es geht) und am allerliebsten im Galopp (ebenfalls ohne einen Funken Ahnung).

Seit geraumer Zeit haben wir nun gemeinsam eine Reitbeteiligung an einem meiner Herzenspferde. Die Besitzerin lernte ich bei meinem ersten Equiworkshop kennen und über Einzelunterricht und gegenseitige Sympathie ergab sich dieser Segen. Meine Tochter kann für ihr Alter schon gut mit einem Pferd umgehen, sie kann einschätzen, wenn das Pferd in ihren Raum eindringt und weiß, wie sie freundlich wieder um Platz bitten kann. Sie macht gerne Bodenarbeit, aber noch viel lieber reitet sie. Egal ob sie das kann oder nicht, Reiten ist essenziell, Reiten ist wichtig! Schneller, höher, weiter. Also von mir hat sie das nicht, denn ich kann sehr gut auf das Reiten verzichten, ohne dabei „Verzicht“ zu spüren. Obwohl, ehrlich gesagt, als ich selbst ein junges Mädchen war, gab es für mich auch nichts Besseres, als auf dem Rücken der Pferde zu sein. Es geht sogar so weit, dass ich nicht einen Gedanken daran verschwendet habe, ob man mit einem Pferd vielleicht auch etwas anderes machen könnte, als es zu reiten. Hat man ein Pferd zur Verfügung, reitet man es, so einfach ist das.
Aber woher kommt das? Warum ist das Reiten so wichtig? Warum reicht es nicht, sich erst mal mit dem Pferd anzufreunden und dann erst das Reiten zu üben? Auf Hunden kann man auch nicht reiten und sicherlich gehören sie zu uns Menschen wie die Pferde.

Ich habe wirklich viel darüber nachgedacht und dann, eines Nachmittags, als meine Tochter in einem Hörspiel versunken war und ich ebenfalls zuhörte, fiel es mir wie Schuppen von den

Solche Kraft und Anmut vermitteln dem Menschen ein Gefühl von Freiheit.

Oft steckt in der Beziehung zu Pferden eine besondere Leichtigkeit – wenn wir sie zulassen!

Augen. Natürlich! Bibi und Tina jagen stets im wilden Galopp durch die unendlichen Weiten Falkensteins. Kati ist meist auf dem Rücken von Azuro anzutreffen und erlebt die spannendsten Abenteuer. Die Mädels vom HorseClub machen gerne ausgedehnte Ausritte durch die malerische Landschaft oder nehmen Reitunterricht. Der mediale Auftritt von Pferden, ob Foto, Buch, Film oder Hörspiel, sprüht vor Freiheit, Liebe, Freude, Freundschaft und Abenteuer, aber eben fast immer auf dem Pferd. Ich habe schon einige Hörspiele gehört, Bücher gelesen und Filme gesehen, aber es geht im Haupterzählstrang selten darum, achtsam mit dem Pferd umzugehen. Und falls doch, reicht ein verständnisvoller Blick, Streicheln und ein bisschen Auf-die-Koppel-Setzen aus, um eine tiefe Verbindung zum Pferd zu erhalten. Natürlich werden die Pferde ver- und umsorgt. Es ist immer von grenzenlosem Glück, großer Liebe, verbunden mit Ehrgeiz, Siegeswille und unzertrennlicher Freundschaft, ja fast Seelenverwandtschaft mit dem Pferd, die Rede. Und wenn Bibi und Tina diese Seelenverwandtschaft mit dem Pferd durch den wilden Galopp zur alten Eiche erreichen, liegt es doch auf der Hand, dass die Mädchen und pferdebegeisterten Jungen sich den Träumereien hingeben und gar nicht weiterdenken.

Aber wie könnten sie auch? Nicht jedes Pferdemädchen hat pferdebegeisterte Eltern, wovon ich selbst ein Lied singen kann. Und von den pferdebegeisterten Eltern sinkt der Prozentsatz derer, die sich wirklich für einen fairen und achtsamen Umgang mit dem Tier erwärmen können, geschweige denn, das nötige Wissen und Feingefühl haben und diesen Umgang auch vorleben und weitergeben. Aus meiner eigenen Stallerfahrung heraus kann auch ich berichten, dass die meisten Pferdebesitzer auf ihren Pferden anzutreffen sind und nicht auf dem Boden daneben. Ich verurteile das Reiten nicht, keinesfalls! Reiten ist schön, macht wirklich viel Freude und ja, der wilde Galopp über das menschenleere Feld gibt einem das Gefühl von Freiheit. Ich finde es nur wichtig, dass man dabei fair zum Pferd ist und seine Bedürfnisse und Grenzen im Blick behält, nicht mehr und nicht weniger.

In vielen Reitschulen, die die meisten Pferdemädchen und -jungen in ihrer Biographie irgendwann einmal besuchen, bekommen sie meist auch nichts anderes beigebracht als nun ja, Reiten eben, sich zu behaupten und dem Pferd zu zeigen, wo es langgeht. Denn das Pferd braucht vermeintlich diesen Druck und diese Dominanz von Seiten des Menschen, denn sonst funktioniert es ja nicht. Und ein Pferd, das seinem eigenen Willen folgt, lernen wir schnell als Gefahr kennen, die es zu unterdrücken gilt.
Ich denke, es gibt da einen ganz fatalen Glaubenssatz, den bestimmt jeder Pferdemensch in seinem Leben schon mindestens einmal gehört hat: **„Setz dich durch!"**

Ich finde, diesen Satz muss man sich vor allem in Bezug auf die Situation, in der er gesagt wird, einmal auf der Zunge zergehen lassen. Stell dir ein kleines Mädchen bei einer seiner ersten Reitstunden vor. Die Abteilung trabt, aber ihr Pferd will nicht so richtig mitmachen. Es zieht immer nach innen. Da sie noch nicht gut reiten kann, sitzt sie alles andere als fest im Sattel und kann sich kaum auf dem Pferderücken halten. Sie bekommt immer mehr Angst, denn sie kann ihr Pferd nicht kontrollieren und droht jeden Moment herunterzufallen. Von Seiten der Reitlehrer hört sie nur: „Setz dich durch! Dann geht der Gaul auch wieder vernünftig!"

Was macht dieser Satz in diesem Moment mit dem Mädchen? Das Mädchen hat Angst, es wird jetzt entweder wütend und zerrt grob an den Zügeln, oder tritt dem Pferd in die Seiten, oder möchte unsichtbar werden und im Boden versinken, auf jeden Fall aber der Situation entfliehen. Es bekommt keine echte und tröstende Hilfe von der Vertrauensperson, die in der Mitte steht und eigentlich auf es aufpassen sollte. Die ihm die Angst nehmen und ihm erklären müsste, was es konkret tun kann, damit es sich besser fühlt und ihm die Situation gelingen kann.
Stattdessen bekommt es gesagt, dass es an seinem Umstand selbst Schuld ist, dass alles besser laufen würde, wenn es sich nur durchsetzen könnte. Wie viele weinende Mädchen und junge Frauen habe ich schon gesehen, die von ihren Reitlehrern angebrüllt wurden. Es ist wirklich erschreckend, welcher Ton in manchen Reitschulen herrscht. Militärischer Drill wäre da der richtige Ausdruck.

In vielen Reitbahnen ist leider auch heute noch kein Platz für Verständnis, für echte, konstruktive Hilfe und für Liebe. Nein, hier wird kontrolliert und dominiert, damit das Pferd funktioniert.
Der Satz „Setz dich durch!" frisst sich in unsere Gedanken, dominiert unser Handeln und begegnet uns in unserem Leben immer wieder. Auch all die anderen Kinder in der Reitstunde lernen in diesem Moment mit diesem Satz, dass sie hart sein müssen, dass das wichtigste Ziel einer Reitstunde nicht das Miteinander mit dem Pferd ist, sondern die Kontrolle zu behalten. Denn wenn man diese Kontrolle abgibt, dann kommt unweigerlich die Angst. „Jeder ist schon mal vom Pferd gefallen, das gehört dazu!" „Steig sofort wieder auf und mach weiter, sonst bekommt man Angst!" „Indianer kennen keinen Schmerz!"
Auch ich habe mir als Kind beim unfreiwilligen Abstieg vom Pferd einen Arm gebrochen und wurde, um angeblich zukünftig keine Angst vor dem Reiten zu entwickeln, gleich wieder auf das Pferd gesetzt. Auf liebe- und verständnisvolles Trösten wird keine Zeit verschwendet. Auch nicht

Es lohnt sich auch schon den „Kleinen“ einen liebevollen und entspannten Umgang mit dem Partner Pferd zuzutrauen.

darauf, nachzuvollziehen und zu verstehen, wie es zu dieser Situation kommen konnte und wie man sie hätte verhindern können. Stattdessen werden, wenn man noch halbwegs körperlich dazu in der Lage ist, die Zähne zusammengebissen und es geht weiter, die Dominanz wird wieder hergestellt, der Mensch härter- und das Pferd runtergemacht. Verständnis für tierisches Verhalten und menschliches Fehlverhalten entschlüsselt viele vermeintlich stressige Situationen mit dem Pferd. Wenn wir verstehen, werden wir sicherer. Schade nur, dass uns selten wirklich erklärt wird und wurde, warum Pferde etwas wie machen. Woran liegt das? Meiner Erfahrung nach daran, dass die Theorie im Umgang mit dem Pferd einfach selten thematisiert wird. Auch in den vielen Workshops, an denen ich teilgenommen habe, ging es nur sporadisch um theoretisches Wissen. Mit dem „Wieso?“ setzen sich die wenigsten auseinander. Der Mensch hat vorrangig den Anspruch an sein Pferde-Tun, sofort in Interaktion mit dem Tier zu treten und nicht erst eine Theorieprüfung ablegen zu müssen. Eigentlich schade, wenn man bedenkt, wie viel wir in der Praxis mit dem Pferd besser machen könnten, sobald wir die Hintergründe pferdischen Verhaltens kennen und uns auf den Dialog mit dem Pferd einlassen.

Eine weitere Tiefe von „Setz dich durch!“ bezieht sich auf unsere Pferde. Wie sollen unsere Pferde unser Verhalten kongruent einschätzen und eine vertrauenswürdige, ehrliche Beziehung zu uns eingehen, wenn wir sie permanent kontrollieren und dominieren müssen? Die meisten Pferdemenschen, auch die ganz jungen, gehen sehr liebevoll auf das Pferd zu, aber sobald sie sich in den Sattel setzen und die Reitlehrer anfangen zu unterrichten, wendet sich das Blatt: „Setz dich durch!“

Wissen und Liebe sind die mächtigsten Werkzeuge, wenn wir die Herzen unserer Pferde erobern möchten.

Die kleinen Pferdemenschen hören auf diese Vertrauensperson und werden unbewusst zu Tyrannen, denn die Reitlehrer wissen vorgeblich, was der Mensch tun muss, um ein guter Reiter zu werden. Wie aber soll ein Pferd Vertrauen zu einem Menschen ob jung oder alt herstellen, der ihn auf der einen Seite mit Liebe und Pflege überhäuft und es auf der anderen anschreit, mit den Zügeln im Maul herumzerrt, ihm schmerzhaft in den Rücken fällt, ihm in die Seiten tritt und mit Gerte oder Sporen antreibt? Einzig deswegen, weil er ihm gleich im Anschluss an die Reiterei noch ein Möhrchen unter die Nase hält?
Pferde sind nicht bestechlich, klar würden sie die Möhre eher selten verweigern, aber sie vergessen darüber hinweg nicht, wie sie behandelt werden.

„Setz dich durch!“ begleitet uns traurigerweise meist ein Leben lang. Wenn wir irgendwelche Probleme mit dem Pferd haben, dann nur, weil wir uns vermeintlich nicht gut genug durchgesetzt haben. Daraus resultieren die Glaubenssätze „Das Pferd verarscht dich doch!“ oder „Du musst nur mal feste draufhauen, dann weiß der wieder, wo es langgeht.“
Warum hat uns keiner gesagt, dass Pferde sensible und liebevolle Tiere sind, die schon eine Fliege auf ihrem Fell wahrnehmen? Warum lernen wir, diese Tiere immer härter „anzutreiben“ und ihnen Schmerz zuzufügen, wenn sie nicht „funktionieren”? Warum hat uns keiner erklärt, dass Pferde Fragen an uns stellen, die wir beantworten sollten? Warum wissen wir nicht, wie man Pferde verstehen kann? Warum bringt uns keiner bei, selbst so zu kommunizieren, dass diese wundervollen Tiere eine Chance haben zu verstehen, was wir von ihnen möchten? Würde nicht allein das Probleme lösen und unsere Pferdewelt sicherer machen?

Unser Eintritt in die Welt der Pferde startet oftmals mit einem Missverständnis, einer völlig falschen Einschätzung der Situation und damit einem äußerst kontroversen und surrealen Wunschbild des Pferdes. Dem Satz: „Setz dich durch!“, den wir in der Realität fernab der Pferderomantik schon früh zu hören bekommen, sind die meisten von uns hilflos ausgeliefert. In der Zeit, in der wir diesen Satz hören, sind wir gar nicht in der Lage, diesen zu hinterfragen, geschweige denn zu reflektieren. Es ist eine Situation der Angst, in der wir daran erinnert wurden, dass wir es nicht draufhaben, dass wir härter und strenger zum Pferd und zu uns selbst sein müssen, damit wir diese Angst ablegen und die Kontrolle behalten können. Jegliche Vertrauenspersonen sind von diesem Satz überzeugt und geben ihn gerne allzu oft weiter. Natürlich steckt das in uns drin, natürlich können wir solche jahrelange Prägung nicht von heute auf morgen ablegen.
Leider sitzt dieser Satz und die daraus resultierende angebliche Lösung unserer Probleme so tief in uns drin, dass wir auch im Erwachsenenalter bei Problemen die Antwort in der Dominanz anstatt im Verständnis suchen. Wenn wir uns nicht mehr zu helfen wissen, dann setzen wir uns durch. Das Pferd braucht ja schließlich klare Grenzen. Wir sind gar nicht in der Lage, umzudenken. Zum einen, weil wir uns vor den Anderen im Stall nicht die Blöße geben wollen, die Kontrolle zu verlieren. Zum anderen haben wir oftmals selbst keine

andere adäquate Maßnahme für unser Problem parat. Bevor wir also nichts tun, greifen wir verständlicherweise zu der einzigen Lösung, die uns je angeboten wurde: „Setz dich durch!“

Ein möglicher „Notausgang“ aus dieser Situation besteht darin, sich zu erinnern. Sich diesen Satz, die Situationen, den Schmerz, die Demütigung und die Angst bewusst zu machen. Den Satz zu packen und ihn in den Müll zu werfen, ihm die Macht über unser Denken und Handeln zu entziehen. Ich sehe, was dieser und andere Glaubenssätze mit uns machen und wie wir Pferde aufgrund dessen behandeln, weil wir es nicht anders gelernt haben. Aber es ist nie zu spät, einen Neuanfang zu machen, das Wissen zu erweitern und umzudenken.

Pferde im Spiel, es lohnt sich innezuhalten, durchzuatmen und einfach zuzuschauen.

Wissen ist ein unglaublicher Quell der Inspiration und des Verständnisses. Mit dem Wissen um die Möglichkeiten, die wir Menschen haben, um pferdegerecht zu kommunizieren, können wir uns auf eine ganz neue Ebene in der Beziehung mit unserem Pferd katapultieren. Jetzt ist der beste Zeitpunkt dafür. Verabschiede dich von „Setz dich durch!" und hole dir Sätze wie **„Gib deinem Pferd Sicherheit!"**, **„Das Pferd ist dein Freund!"** oder **„Die Frage hat es nicht verstanden, formuliere sie noch einmal anders."**

Erschreckenderweise muss ich selbst zugeben, dass ich bei einem Theorieabend, den ich als Erwachsene besuchte, in zwei Stunden mehr über Pferde, Verhaltensweisen und Sozialstruktur gelernt habe, als jemals von all den Pferdemenschen in den Jahren zuvor, die mich beim Groß-Werden begleitet haben und so vieles besser wussten als ich. Komisch, oder!?

Ich denke, viele Pferdemädchen und -jungen, auch die, die jetzt in meinem Alter oder älter sind,

Wir haben alle ein Ziel! Also lass uns gemeinsam nach vorne schauen und dem Ziel der echten und tiefen Verbindung entgegengehen.

sind so aufgewachsen, wie meine Tochter. Mit der medial geprägten, romantisierten Sehnsucht, ein eigenes Pferd zum „Um-die-Wette-Reiten" zu besitzen. Denn in dieser Welt gibt es keine Probleme. Auch niemals welche mit dem Pferd. Die Pferde „funktionieren" immer. Kein Hörspiel erzählt über die komplette Spielzeit davon, dass Tina es nicht geschafft hat, Amadeus zu verladen, oder darüber, dass Sabrina ständig zum Gras hinzieht und keinen Schritt mehr weitergeht, wenn sie erst einmal „angebissen" hat. Ich meine selbst wenn, hier

reichte ein einfaches „Hex hex!", um das Problem zu lösen.
Auch scheuende Pferde sind eher die Seltenheit. Die Hörspiel- und Bücherpferde sind wahre Helden der Gelassenheit. Warum sollte das also in der Realität anders sein? Klar gibt es auch mal dramatische Situationen, aber auch diese werden innerhalb kürzester Zeit von ihren unglaublich pferdekompetenten Protagonisten quasi mit einem Fingerschnippen oder einem langgezogenen, beruhigendem „Whooow!" aufgelöst. Warum sollte man sich also im Vorhinein mit Problemen beschäftigen, die man vielleicht niemals haben wird? Und wenn man sie doch haben sollte, dann sind sie ja scheinbar auch wieder schnell und einfach zu lösen: „Hex hex!"

Wie du merkst, ist eine fundierte Grundkenntnis über Pferde unabdingbar, um gut mit ihnen klarzukommen. Nur schade, dass es da nicht das eine Standardwerk gibt, was allen weiterhilft. Hier sind wir dann bei der fehlenden Gebrauchsanweisung. Vor allem ist die Pferdewelt so unterschiedlich, die Bedürfnisse der einzelnen Reiter und ihre Ansprüche an das Pferd so divergierend, dass es schier unmöglich scheint, jedem gerecht zu werden. Aber eines ist klar, egal ob Spring-, Dressur-, Western-, Freizeit- oder „Sonstwas"-Reiter, das Pferd ist ein Pferd ist ein Pferd. Es hat immer die gleiche Kommunikation, immer eine aussagekräftige Körpersprache und immer das Recht, achtsam, respektvoll und würdevoll behandelt zu werden!
Es ist wichtig, dass wir im Umgang mit Pferden wieder liebe- und verständnisvoller werden. Denn nur, weil wir sie nicht mehr „brauchen", um unsere alltäglichen Arbeiten zu verrichten, heißt das nicht, dass wir sie ungerecht behandeln dürfen. Natürlich dürfen, müssen und sollen wir Fehler im Umgang mit den Pferden machen, denn niemand ist perfekt und kein Pferd-Mensch-Paar gleicht dem Anderen. Selbstverständlich gab und gibt es schon immer Menschen, die ihre Tiere voller Respekt behandeln

und im Gegenzug dazu gibt und gab es auch immer Menschen, die das Gegenteil dazu tun. Aber wenn wir unsere Pferde aus reiner Unwissenheit oder der irrealen Träumerei aus Kindertagen unfair und missverständlich behandeln, dann dürfen wir uns nicht wundern, wenn wir es nicht schaffen, mit den Pferden zu kommunizieren und ihr Vertrauen zu erlangen. Denn aus Angst vor Unterdrückung, Aufrüstung oder Strafe kann nie eine vertrauensvolle Beziehung erwachsen. Und wenn wir ehrlich sind, dann wünschen sich die meisten von uns neben dem problemlosen Reiten eine ebensolche Beziehung zu ihrem Pferd.

Zum Schluss möchte ich noch einen weiteren Aspekt des Bildes beleuchten, das viele Menschen von Pferden haben.
Typisch für uns Menschen ist, dass wir die Pferde und ihre Verhaltensweisen vermenschlichen. „Das macht er doch mit Absicht!" „Der will dich nur ärgern!" oder „Sie weiß ganz genau, dass sie das nicht machen soll!"
Wir neigen dazu, den Pferden menschliche Eigenschaften anzudichten und sind uns sicher, dass wir sie korrekt werten. Vor allem, wenn das Pferd etwas nicht tut.
Auf der anderen Seite versuchen wir es aber gar nicht erst mit menschlicher Empathie und menschlichen Eigenschaften, wenn es zum Beispiel um Leistung oder das Wohl des Tieres geht.

Ich war mal dabei, als zwei Kutschpferde recht widerwillig vor einen Planwagen gespannt wurden. Sie waren schon die ganze Zeit über sehr hibbelig. Mein Mann ist mit den Kindern eine Stunde in diesem Planwagen gefahren. Währenddessen fand ich heraus, dass die beiden Kaltblüter nicht besonders oft angespannt wurden. Die Pferde waren, als sie wieder auf den Hof kamen, klatschnass geschwitzt und völlig fertig. Mein Mann fragte mich später nach meiner Einschätzung zu dieser Situation.

Natürlich kann man sicheres Anspannen trainieren. Aber ich möchte auf etwas anderes hinaus. Der Mensch findet es völlig in Ordnung, ein Kutschpferd anzuspannen, wenn er Kutsche fahren möchte. Wenn er das nur zwanzig Mal im Jahr möchte, um beispielsweise Ferienkinder durch die Gegend zu fahren, dann ist das für ihn und alle anderen absolut akzeptabel, denn dafür hält er sich ja seine Kutschpferde.

Die Pferde lassen sich also vor diesen riesigen schweren Planwagen spannen, der dann auch noch mit mindestens zwanzig Menschen besetzt ist. Demnach haben sie ordentlich was zu ziehen. Da sie das ja nicht regelmäßig machen und auch sonst eher milde belastet und trainiert werden, gleicht diese Fahrt für sie einem Marathon. Es ist unglaublich anstrengend für die beiden das riesige Gefährt über eine Stunde hinweg zu ziehen. Stell dir mal vor, du müsstest untrainiert jetzt sofort eine Stunde joggen gehen und dabei auch noch einen Bollerwagen, der mit einem schweren Geschirr an deinen Körper befestigt ist, hinter dir herziehen. Es gibt keine Pause, du darfst auch nichts trinken. Du schwitzt am ganzen Körper, deine Muskeln brennen und du möchtest schreien vor Schmerz. Nach diesem Lauf darfst du einen Teller Nudeln essen. Und was meinst du, wie sehr dein Körper noch die nächsten Tage schmerzen wird?
Na, wie viel Gegenwehr wird beim nächsten Mal in dir geweckt, wenn du wieder mit deinem Geschirr am Körper zum Bollerwagen geführt wirst?

Solche Situationen gibt es häufiger in der Pferdewelt. Nicht umsonst heißt es, dass ein Pferd genau so frisch aus der Halle herauskommen soll, wie es hereingekommen ist. Denn bei Pferden, die viermal die Woche nur zum Reiten geholt werden, eine Stunde etwas leisten sollen und dann wieder weggestellt werden, darf man sich nicht wundern, wenn sie irgendwann keine Lust mehr haben und „triebig" werden. Der Mensch würde eine solche

Behandlung nicht einfach so über sich ergehen lassen, aber von Pferden wird stete Motivation und Gehorsam erwartet. Die meisten Pferde haben aus menschlicher Sicht heraus nichts Besseres zu tun, als uns so durch die Gegend zu tragen, wie wir es für richtig erachten und wie wir es gerade verlangen. An dieser Stelle wird nicht vermenschlicht. Nein, das Pferd muss leisten, denn dafür ist es da, dafür halten und finanzieren wir es. Hier wird nicht etwa gefragt, wie es dem Pferd geht, ob wir Dinge von ihm verlangen, die es schon kann oder nicht, nein: erst kommt die Gerte, dann die Sporen usw.

Ich weiß, ich habe jetzt sehr viele Dinge genannt, die teilweise erschreckend sind. Ich hoffe, dass ich dir in mancherlei Hinsicht die Augen öffnen und einen neuen Blickwinkel schenken konnte. An vielen Dingen, die wir falsch gelernt haben, sind wir nicht schuld! Wir haben denen vertraut, die es besser wussten. Auch bin ich mir dessen sicher, dass einigen Lesern die ein oder andere beschriebene Situation bekannt vorkommt, dass sie sich mit ihr identifizieren und sagen können: „Ja, so habe ich auch gedacht!“, „Ja, das habe ich auch schon gemacht!“ oder „Ja, so wurde mir das auch beigebracht!“ Das ist okay. Bitte gräme dich nicht, dass du es nicht besser wusstest, dass es dir anders beigebracht wurde. Jetzt sitzt du hier und liest dieses Buch, weil du merkst, dass du etwas Neues brauchst, weil du hoffst, etwas zu finden, das dir in der Beziehung zu deinem Pferd weiterhelfen kann.

Ich wünsche mir, dass mit der Lektüre neues Wissen, Ideen und Anregungen für dich zum Vorschein kommen, die dich inspirieren, die dich so sehr überzeugen, dass du sie ausprobieren möchtest. Aber bitte gräme dich nicht, dass du Fehler gemacht hast und Fehler machen wirst. Es bringt nichts, sich darüber aufzuregen, denn das macht die Situation nicht besser. Im Gegenteil, wir fühlen uns noch schlechter. Sich schlecht zu fühlen und sich selbst fertig zu machen, ist niemals produktiv und wird uns auch niemals an das angestrebte Ziel der Veränderung führen. Registriere, wo du Fehler machst, und klopf dir auf die Schulter, weil du sie erkannt hast. Je öfter dir solche Dinge auffallen, je bewusster sie dir werden, umso schneller kannst du an der Auflösung von Glaubenssätzen und Schwierigkeiten arbeiten.

Im Video zeige ich dir ein eindrucksvolles Beispiel dafür, welche Wirkung achtsames Training und Kommunikationsbereitschaft von Seiten des Menschen auf das Pferd und die gemeinsame Beziehung haben kann:

Vorher-Nachher

Video von Marie und Findus

Ich bin nicht einer der Pferdemenschen, der dir sagen möchte, dass du etwas nicht kannst oder etwas falsch machst, dass du nicht genügst und dass du es eh nicht schaffen wirst. Ganz im Gegenteil! Sei stolz auf deinen Mut zu hinterfragen, deine Weitsicht, Fehler zu erkennen und deinen Willen, etwas zu verändern. Denn der richtige Zeitpunkt für Veränderung ist **JETZT!**

Magisches Mindset –

mit Gedanken zum Erfolg

Ich weiß, dass wir alle die besten Pferdemenschen sein wollen, die wir sein können. Vieles funktioniert aber trotz all der Liebe und Gutmütigkeit, die wir für unsere Tiere aufbringen, nicht. Wir geraten aneinander, wir werden wütend und ungerecht. Am Ende des Tages bereuen wir vielleicht sogar, wie wir mit unserem Pferd, dem uns anvertrauten Tier umgegangen sind. Aber leider wissen wir nicht, wie wir es besser machen können. Was können wir tun, damit wir verlässlich eine schöne und fluffige Zeit mit dem Pferd verbringen können? Eine Zeit, in der wir in Harmonie einen gemeinsamen Dialog führen können? Der Mensch allein ist der Schlüssel zu dieser wunderbaren und respektvollen Beziehung mit dem Pferd.
Das klingt auf der einen Seite gemein, denn wir können nicht dem Pferd die Schuld in die Schuhe schieben, wenn etwas nicht funktioniert, auf der anderen Seite ist es jedoch auch ein herrlich bereichernder Gedanke, denn wir haben unser Glück und unser Gelingen selbst in der Hand.
Wenn wir einen kurzen Blick auf das Pferd werfen, dann ist es wichtig zu wissen, dass dieses stolze Tier in erster Linie ein großes Bedürfnis nach Sicherheit hat und danach, sein Energielevel ausgeglichen zu halten. Es möchte sich in der Regel keine Sorgen machen und Verantwortung abgeben. Dafür braucht es von seinen jeweiligen Partnern klare Grenzen und Statuten. Erst wenn diese Konventionen und damit einhergehend die Hierarchie für das Pferd geklärt sind, kann es sich entspannen. In der Pferdewelt kann man keine Freundschaft schließen, wenn die Hierarchie unklar ist. Sobald sich das Pferd sicher fühlt, gibt

Ein entspannter und ruhiger Mensch weckt das Interesse des Pferdes.

es gerne die Führung und die Entscheidungsgewalt ab, denn dies nicht zu tun, bedeutet Stress. Daher möchte es als Herdentier, das es nun einmal ist, von Natur aus jemandem folgen, der es beschützen und für dieses ausgeglichene Energielevel sorgen kann.

Der Mensch hingegen hat in Bezug auf das Pferd meist folgende Bedürfnisse: Er möchte das Pferd vermenschlichen, es umsorgen, pflegen und lieben und ist sich im Gegenzug sicher, je liebevoller er das Pferd behandelt, umso mehr ist es gewillt, etwas für den Menschen zu tun, um ihm zu gefallen. Leider ist dem nicht so. Unsere domestizierten Pferde lernen den Menschen als festes Element ihres Lebens kennen. Daher nutzen sie auch wie selbstverständlich ihre Sprache, um mit uns zu kommunizieren. Sie dringen sogar darauf, dass wir uns mit ihnen und ihren Ritualen auseinandersetzen und streben den Vergleich mit unserem Sachverstand an. Pferde fühlen sich zu starken und klaren Partnern hingezogen die ihnen freundlich, aber bestimmt Grenzen setzen und Ruhe und Gelassenheit ausstrahlen.
Aber wie werden wir zu einem solchen Menschen? Einem Partner, der es vermag, die Fragen des Pferdes zu erkennen und darauf adäquat zu antworten?

Auch das Pferd genießt die Zeit, in der wir einfach mal nichts von ihm wollen. In der wir es besuchen, um miteinander zu chillen oder ein bisschen Quatsch zu machen.

Wir beginnen mit der Basis! Das bedeutet, dass wir zuerst an uns arbeiten sollten, bevor wir mit unseren Ideen zum Pferd gehen.

Zu Beginn einer jeden Arbeit mit dem Pferd ist eine Grundhaltung pro Pferd essenziell.
Wenn du also mit deinem Pferd Zeit verbringen möchtest, dann nehme dir diese Zeit tatsächlich auch nur für das Pferd. Das heißt konkret, das Smartphone bleibt in der Tasche, die Gedanken sind nicht bei Arbeit, Haushalt, Kindern oder irgendwelchen Problemen, sondern einzig bei der schönen Zeit mit dem Pferd. Das ist auch dahingehend fair, weil wir von unserem Pferd ab der Sekunde eins, ab der wir mit ihm zusammen sind, gerne seine komplette Aufmerksamkeit hätten. Wenn wir von unserem Pferd erwarten, dass es die ganze Zeit mit seiner Konzentration bei uns ist, dann sollten wir im Gegenzug auch bereit dazu sein, unserem Pferd diese volle Konzentration, Aufmerksamkeit und den Fokus zu schenken.
Das Loslassen von Sorgen und Problemen und das Einchecken im Hier und Jetzt, die einzige Zeitform in der unsere Pferde leben, ist zudem enorm befreiend. Denn wir können uns den Luxus gönnen, voll und ganz da zu sein, uns um nichts anderes kümmern zu müssen, außer um die schöne Zeit mit dem Pferd.

Manche Pferde suchen aktiv die Nähe des Menschen und lassen sich auch gerne bekuscheln.

Dazu möchte ich dir ein Beispiel nennen, was mich kürzlich sehr beeindruckt hat.
Wir waren in den Ferien mit unseren Kindern und einer großen Gruppe weiterer Familien im Bildungsurlaub auf einem Reiterhof. Bei diesem Urlaub stand das Reiten für alle an oberster Stelle. Eine Mutter hatte jedoch enorme Angst vor Pferden, fühlte sich in deren Gegenwart nicht wohl und konnte auch keine rechte Freude beim Reiten auf diesen „furchteinflößenden" Tieren finden. Ich bot ihr an, dass wir uns statt der Reitzeit einfach gemeinsam ein Pferd aussuchen und mit diesem auf den Platz gehen, damit sie das Tier „Pferd", weit weg von der Schulpferdearbeitshaltung, kennenlernen konnte.
Wir suchten uns ein etwa 1,30 cm großes Pony aus, was wir mit Strick und Halfter auf den Platz brachten. Ich stellte mich entspannt neben das Pony, zeigte ihr die Begrüßung (siehe „Hallo, tollstes Pferd der Welt") und fragte dann seine Bereitschaft, mir Platz zu machen, an. Alles in einem sehr ruhigen Rahmen. Ich erklärte ihr, dass sie dem Pferd sagen dürfe, wie nah es an sie heran darf und es nicht einfach ihren persönlichen Raum missachten und auf sie zugehen kann. Schon allein die Tatsache, dass sie einem Pferd sagen könnte, dass es vor ihr zurückweichen soll, erstaunte sie zutiefst. Nach der kurzen Erklärungseinheit gab ich ihr den Strick in die Hand und zog mich ein Stück zurück. Das Pony stand relativ entspannt vor ihr. Als nächstes bat ich sie, ruhig zu atmen, sich nur auf den Fluss ihres Atems zu konzentrieren und alle Sorgen, Ängste und sonstigen Emotionen beiseite zu schieben und im Hier und Jetzt anzukommen. Also stand sie da und atmete. Das Pony stand weiterhin vor ihr. Irgendwann liefen bei ihr die Tränen, weil sie es nicht fassen konnte, dass sie gerade ohne Angst vor diesem vermeintlich „furchteinflößendem" Tier stand und das Pony einfach vor ihr verweilte und nichts machte. Zudem war es für sie eine erfrischende Erfahrung, einfach mal den

„Pausenknopf“ für alle negativen Gedanken zu drücken und dem Geist einen Moment der Ruhe zu gönnen.
Am beeindruckendsten aber war dann die Situation, als sie ihre ganze Anspannung mit einem ausatmenden Seufzen losließ. Im selben Moment atmete auch dass Pony in der gleichen Art und Weise aus und ging dann einen kleinen Schritt auf sie zu als wollte es sagen: „Mann, jetzt hast du endlich losgelassen und bist entspannt und ruhig, jetzt fühlst du dich gut an, da komme ich doch gerne noch ein bisschen näher zu dir.“
An diesem kleinen Beispiel, was überhaupt nichts mit Pferdetraining zu tun hat, sondern nur mit der richtigen Einstellung zum Pferd, sehen wir, wie fein diese wunderbaren Tiere auf uns Menschen reagieren und was sie uns schenken. In diesem Moment, wo vom Pferd nichts an Bewegung oder Ähnlichem erwartet wurde, war es bereit, stehen zu bleiben, den mentalen „Shitstorm“, der vom Menschen ausging, auszuhalten und ihm die Kraft zu geben, alles loszulassen. Spiegelgleich erkannte es den Punkt, an dem der Mensch endlich losgelassen hatte und kam ein Stückchen näher. Was für ein Geschenk!
Der Geisteszustand des Menschen ist also immer der Schlüssel, um auf den Weg zu einer einfühlsamen Kommunikation mit dem Pferd zu gelangen.

Wenn wir zu unserem Pferd kommen, dann können wir uns seine Reaktion auf uns wie den Scanner an einer Supermarktkasse vorstellen. Es macht „piep“ und der Computer weiß, welches Produkt da liegt, wer der Hersteller ist und was es kostet. So ähnlich funktionieren Pferde auch, denn mit einem einzigen Blick in unsere Richtung macht das Pferd „piep“ und scannt unsere komplette Gefühlslage. Schnell weiß es, ob wir guter Dinge sind, oder ob wir etwas mit uns herumschleppen, was unsere Gedanken nicht loslässt. Sie wissen sofort, ob wir uns für sie gut anfühlen oder nicht. Vielleicht erinnerst du dich an Tage, an denen du dein Pferd von der Weide holen wolltest und es dir eher aus dem Weg gegangen ist, als freudig auf dich zuzukommen. Auch hier neigen wir Menschen dazu, erst das Pferd zu hinterfragen und das Problem bei ihm zu suchen „Es hat heute keine Lust!“ oder „Es ist total unmotiviert.“ Ja, ist es vielleicht, aber erst, seitdem der Mensch voll von negativen Gedanken bei ihm aufgetaucht ist und jetzt vom Pferd erwartet, dass es da ist und mitmacht.
Ich denke nicht, dass das Pferd eines Morgens aufgewacht ist und sich gedacht hat, „Oh, ab heute gehe ich mal zum Menschen und halte seine Launen aus. Lasse mich von A nach B führen, zu sportlichen Höchstleistungen antreiben, bisweilen anschreien oder auch schlagen, weil ich Freude daran habe.“
Pferde leben seit tausenden von Jahren mit uns zusammen und ohne das Pferd stünde unsere Gesellschaft nicht da, wo sie jetzt ist. Aber ich frage mich sehr, was vor allem in den letzten Jahren mit unserer Beziehung passiert ist, seit wir Pferde nicht mehr brauchen, um uns die Arbeit zu erleichtern, sondern sie zu unserem Vergnügen halten.
Natürlich ist es teuer, ein Pferd zu versorgen und zu umsorgen, aber wir müssen uns stets darüber im Klaren sein, dass wir für all diese Aufwendung, monetär oder zeitlich vom Pferd keinen Dank erwarten dürfen. Es ist nicht unser gutes Recht, Pferde so zu behandeln, wie wir es möchten und ihnen die Schuld zu geben, wenn sie nicht reibungslos funktionieren. Wir erwarten gerne, dass Dinge, in die wir Zeit und Geld stecken, so funktionieren, wie wir es uns vorstellen. Ja, das klappt bei Dingen, nicht bei Lebewesen.
Das Pferd an sich braucht den Menschen nicht. Stellt man eine kleine Gruppe Pferde zurück in die Wildnis, so werden sie klarkommen. Es wird ihnen nicht gehen wie in Saus und Braus mit der 24-Stunden-Flatrate Heu und Wasser, aber sie werden überleben. So, wie sie es schon seit Jahrtausenden tun, sie überleben. Weil sie Herdentiere und weil sie Fluchttiere sind.

Ich liebe Pferde und ich bin froh, dass wir sie haben und dass sie für uns da sind. Aber wenn wir davon ausgehen, dass sie uns eigentlich nicht brauchen, sondern aus reiner Gutmütigkeit Zeit mit uns verbringen und uns freundlich, gar neugierig entgegenkommen, dann schwingt bei mir eine gewisse Demut mit. Eine Dankbarkeit gegenüber diesem stolzen, kraftvollen und freiheitsliebenden Tier.
Aus diesen beschriebenen Gedanken entsteht für mich eine geistige Grundhaltung: **Mein Mindset pro Pferd.**

Um eine gemeinsame Basis erst möglich zu machen, ist es unersetzlich, dass wir uns ein pferdefreundliches Mindset zulegen, um mit dem Pferd harmonisch und achtsam arbeiten zu können. Daher stelle ich dir jetzt meine Mindset-Theorie vor. Diese Theorie zeigt eine Momentaufnahme, von dem Punkt, an dem ich mich gerade befinde. Vielleicht wird dieses Schema für mich in fünf Jahren ganz anders aussehen, weil ich noch so vieles mehr dazulernen durfte, aber ich denke, es taugt dazu, sich einzufinden und es zu erproben. Auch hier möchte ich dich einladen, für dich Funktionales zu übernehmen, Holpriges anzupassen und No-Gos einfach zu streichen und mit Ideen zu ersetzen, die besser zu dir, deinem Pferd und deinen Zielen passen.

Meine Grundidee des **Mindset pro Pferd**, besteht aus sieben wichtigen Bausteinen, welche ich dir nun vorstellen und näher erläutern möchte.

Pferde sind autonome Tiere mit einem riesig großen Herzen. Sie sind bereit, sich uns zu öffnen. Lass uns dieses großartige Geschenk mit Liebe und Dankbarkeit annehmen!

Especially for you: Meine sieben Bausteine des Mindsets pro Pferd.

Zu dem positiven Grundgedanken pro Pferd kommt die bedingungslose Liebe, die ich für das Pferd empfinde. Ich liebe jedes Pferd mit dem ich arbeite! Ich liebe es, wenn es gut mitarbeitet, aber ich liebe ich es auch, wenn es das nicht tut. Es ist okay, wenn es mir in der Freiarbeit das siebte oder achte Mal davonläuft und ich es wieder und wieder lächelnd bitte, mit mir zusammenzuarbeiten. Es ist ebenfalls in Ordnung, wenn es eine Übung verweigert oder partout nicht die Antwort gibt, nach der ich gefragt habe.

Es ist viel, viel leichter zu lieben, wenn alles funktioniert, als zu lieben, wenn etwas nicht funktioniert. Es ist einfacher, ein Pferd zu lieben, das brav und wartend am Putzplatz steht, als eines, das permanent zappelt und laut nach seinen Kumpels ruft. Man kann mühelos ein Pferd lieben, das einem zart die Leckerlies von der Hand zupft als eines, das permanent bedrängt und im Zweifelsfall auch in die Finger beißt.

Aber besonders in der Dysfunktionalität brauchen wir die bedingungslose Liebe für unser Pferd, damit wir nicht ungerecht werden und es für Dinge strafen, die wir verursachen, weil wir die Fragen des Pferdes im Vorhinein nie hinreichend beantwortet haben. Jedes Problem, das auftaucht, können wir lösen. Wir dürfen dabei nur nie aus der Liebe fallen. Denn Konsequenzen am Pferd, die ohne Liebe geschehen, können schnell ungerecht und grob werden.

Als nächstes ist es wichtig, dass ich Spaß und Freude an der Arbeit mit dem Tier habe. Wenn es mir keinen Spaß macht, bei nasskaltem Wetter

auf dem Platz zu stehen, bei heißem Wetter eine Runde spazieren zu gehen oder im Winter im Roundpen für genügend Bewegung zu sorgen, dann sollte ich mir überlegen, ob ich das richtige Hobby gewählt habe.
Natürlich kann man nicht immer Spaß und Freude empfinden, vor allem, weil ein Pferd einen Haufen Arbeit mit sich bringt, die man darum herum noch zu erledigen hat. Aber, wenn man keine Freude an der konkreten Arbeit mit dem Tier hat und es nicht genießen kann, gemeinsam Zeit zu verbringen, dann wird man es auch nicht zu einer feinen und freundschaftlichen Beziehung mit- und zueinander bringen.

Astrid Lindgren sagte einst: „Und am Ende des Tages sollen deine Füße dreckig, deine Haare zerzaust und deine Augen leuchtend sein!"

Aufs Pferd übersetzt denke ich, könnte es „Und am Ende des Tages sollen deine Haare voll Stroh, dein Herz strahlend und deine Augen funkelnd sein!"

Lass uns zusammen eine schöne Zeit verbringen!

heißen, denn die Freude und der Spaß an der Zeit mit dem Pferd haben quasi täglich die Chance, wie eine Woche Urlaub auf uns zu wirken, wenn wir dies zulassen!

Das nächste wichtige und unglaublich schwierige Tool in der Mindset-Werkzeugkiste ist die Ruhe. Ich muss in der Lage sein, mich so herunterzuleveln, dass ich völlig entspannt bin. Das ist aufgrund der vielen „Baustellen", die wir alle stets mit uns herumschleppen, ziemlich schwierig.
Meine Strategie, um in die Ruhe zu gelangen, ist ein inneres Bild. Ich stelle mir den Eingang des Stalles als eine riesige Garderobe vor. Um mich herum befinden sich Haken und Schränke, Kleiderbügel und Schirmständer. Jetzt liegt es an mir, meinen ganzen Ballast dort gegen ein türkisglitzerndes Garderobenmärkchen einzutauschen. Wenn ich möchte, kann ich am Ende meines Stalltages den Ballast dort wieder abholen. Besser ist es jedoch, ihn einfach dort zu lassen und nicht mit nach Hause zu nehmen. Dieser Trick funktioniert bei mir mittlerweile spielend.
Aber es war nicht gleich von Anfang an so einfach, alles loszulassen. Also bedienen wir uns noch einer weiteren Hilfe.
Während du darauf wartest, dass dein gedankliches Hab und Gut entgegengenommen wird, schließe die Augen und werde dir darüber bewusst, wo du stehst. Spüre, wie deine Füße den Boden berühren. Stehst du fest auf zwei Beinen, oder belastetet du eines mehr?
Atme tief ein und aus. Gebe mit jeder Ausatmung ein weiteres „Teil", das dich beschäftigt, an der Garderobe ab, versuche völlige Leere in deinem Kopf zu schaffen. Lasse nur die wohlig warme Wärme von Glücksgefühlen herein.

Als eingefleischter Harry-Potter-Fan denke ich da manchmal grinsend an die Situation, als Harry zum ersten Mal von Mad Eye Moody mit dem Imperius-Fluch belegt wird. Denn er beschreibt diese Situation als ein höchst wundersames Gefühl. Er glaubte zu schweben und jeder Gedanke sowie all seine Sorgen schienen von sanfter Hand weggewischt, so dass nur ein vages und unergründliches Glücksgefühl zurückblieb.

Du bist jetzt hier, du darfst jetzt gleich eine wundervolle Zeit mit dem besten Pferd der Welt verbringen. Atmen nicht vergessen. Und jetzt lausche einmal, was du um dich herum wahrnimmst. Kannst du schon das Kauen der Pferde hören? Vogelgezwitscher? Kannst du den wunderbaren Geruch von Stall schon wahrnehmen? Lass diese phantastischen Eindrücke zu dir kommen, lächle und öffne die Augen. Gehe in dieser Entspanntheit zu deinem Pferd und lass dich von ihm scannen. Sei achtsam, wie es auf dich reagiert, wenn du in einer solchen fröhlich offenen Gefühlslage auf dein Pferd zukommst. Nimm einfach wahr, was es macht, aber werte seine Reaktionen nicht.
Solltest du aber an einem Tag ein Problem haben, dass du partout nicht loslassen kannst, dann überlege dir, ob es wirklich sinnvoll ist, heute mit dem Pferd zu arbeiten. Versorge und umsorge es, oder stell dich einfach ein Weilchen an den Zaun und beobachte es. Auf diese Art gewinnst du ganz viel. Denn es ist besser, eine Pause einzulegen, als wissentlich in eine Situation zu kommen, mit deinem Pferd in einen Konflikt zu geraten, den du gerade heute vielleicht nicht fair austragen kannst.

Die innere Ruhe verleiht uns Menschen Stärke. Sie ist der Quell der Kraft, die wir brauchen, um fair und gerecht zu kommunizieren. Sie hilft uns, uns zu erden und (wieder) klar zu denken. Also horche des Öfteren in dich hinein und schaue, ob du die innere Ruhe „greifen" kannst. Das kannst du prima auch immer mal wieder im Alltag probieren, quasi als „Drei-Minuten-check-In". Je verlässlicher wir die Ruhe erwischen, und je schneller wir sie wieder zu fassen bekommen, wenn sie uns Abhanden kommt, umso gelassener und souveräner werden wir im Umgang mit dem Pferd.

Super! Jetzt kennst du den Zustand der Ruhe, wie er sich anfühlt und wie du ihn erreichen kannst. Leider war das nur der Anfang. Denn jetzt ist es wichtig, diese Ruhe und Gelassenheit über die ganze Dauer des Pferdekontaktes aufrechtzuerhalten. Gar kein Thema, denkst du dir vielleicht jetzt, aber leider gibt es in der Arbeit mit dem Pferd einige Fallen, in die wir tappen können, und dann verschwindet unsere Ruhe plötzlich auf Nimmerwiedersehen.

Ein ganz großer Faktor, der die Ruhe aus dem Gleichgewicht bringt, sind unsere Emotionen und Kognitionen. Emotionen und Stimmungen, die wir unbedingt haben wollen, sind beispielsweise Liebe, Freude, Euphorie, Unbekümmertheit, Leidenschaft, Anerkennung, Verbundenheit, Sympathie, Vertrauen und Zuneigung.

Emotionen und Stimmungen, die uns die Arbeit mit dem Pferd erschweren, sind Angst, Ärger, Wut, Intoleranz, Entnervtheit, Aggression, Hilflosigkeit, Entmutigung, Deprimiertheit und Enttäuschung. Angst ist eine ganz schwergewichtige Emotion im Umgang mit dem Pferd, denn insgeheim wissen wir alle, dass wir es definitiv **nicht** mit diesem kraftvollen und freien Tier aufnehmen können. Das ist vor allem der Grund, warum der Mensch sein Equipment immer weiter aufrüstet und den Druck erhöht, um sein Ziel zu erreichen, das Pferd zu kontrollieren. Aber Kontrolle, die sich auf Druck, Zwang und Gewalt aufbaut, wird, auch wenn es so zu sein scheint, niemals zu tatsächlicher echter Kontrolle führen, denn es kommt der Tag, an dem das Pferd etwas mehr fürchten wird als den Menschen.
Aber wie können wir unseren ureigenen menschlichen Instinkt der Angst unterdrücken? **Gar nicht!**

Wir können unsere Angst nicht beherrschen, sie nicht einfach zur Seite schieben oder wegwischen, denn sie sichert uns unser Überleben, so wie die Angst des Pferdes auch sein Überleben sichert. Aber wir können uns unserer Angst stellen. Und zwar, indem wir sie uns bewusst machen.
Wovor habe ich genau Angst? Welche Situationen an und bei meinem Pferd machen mir Angst?
Oft fürchten wir uns nicht vor dem Pferd an sich, sondern vor einer bestimmten Situation mit dem Pferd, in die wir geraten sind, oder in die wir geraten könnten, weil uns vertrauenswürdige Menschen schon immer davor gewarnt haben. „Gehe niemals hinter dem Pferd her!", ist ein Satz, den ich in meinem Leben oft gehört habe. Aber welche Sicherheit vermittelt mir dieser Satz? Vermittelt er mir irgendeine Sicherheit, oder dient er nur dazu, mir Angst zu machen? Ich für meinen Teil habe noch nie ein Pferd in einer entspannten Situation des Putzens plötzlich wahllos nach dem Menschen austreten sehen. Dennoch ist dieser Satz Teil von mir. Auch wenn ich die Warnung, die dieser Satz beinhaltet, noch nie erlebt habe und man meinen könnte, die Pferde hätten mich eines Besseren belehrt, rutscht mir das Herz in die Hose, wenn eines meiner Kinder zu dicht am Pferdepopo entlanggeht oder zu nah am Schweif steht. Komisch, oder? Es ist noch nie etwas passiert, trotzdem habe ich Angst davor, Angst dass etwas passieren könnte. Demnach fürchte ich mich nicht vor dem Pferd an sich, sondern vor dem Bild einer Situation, das mein Gehirn konstruiert.
Angst ist ein Urinstinkt von uns. Wir alle kennen sie, wir alle haben Angst. Das ist menschlich, richtig und wichtig.
Angst ist ein riesengroßer Baustein bei der Arbeit mit dem Pferd, denn wenn wir ehrlich sind, dann kennen wir alle Situationen mit dem Pferd, vor denen wir uns fürchten oder solche Momente, in denen wir schon einmal Angst hatten. Daher möchte ich dir mit der folgenden Grafik Gründe für Angst und einen möglichen Weg aus der Angst vorstellen.

Die meisten Pferdemenschen wünschen sich eine Seelenverwandtschaft mit dem Pferd, also eine tiefe Beziehung zueinander. Diese wird häufig durch unsere Verhaltensweisen gehemmt, da wir oftmals den Weg, etwas anders zu machen, nicht kennen. Wir haben einige Vorurteile gegenüber unseren Pferden (Pferde brauchen Dominanz und Kontrolle), auch gibt es viele Glaubenssätze („Setz dich durch!", „Der verarscht dich nur!" „Das macht der extra, lass ihm das nicht durchgehen!"), die unser Handeln gegenüber den Tieren, negativ beeinflussen. Auch wenn wir in einer bestimmten Situation nicht mehr wissen, was wir noch tun können, also hilflos sind, schlagen unsere Gefühle schnell in Angst um.
Wenn wir Angst haben, dann gibt es zwei Möglichkeiten, wie wir auf diese Angst reagieren. Eine Möglichkeit besteht darin, die Flucht zu wählen und zu versuchen, der Situation zu entkommen. Das funktioniert bei Pferden leider nicht, denn wir können sie ja nicht einfach sich selbst überlassen und uns aus dem Staub machen. Daher entscheiden wir uns oftmals blitzschnell für den emotionsgeladenen zweiten Weg und wechseln in den Angriffsmodus. Wir verwandeln unsere Angst mit Hilfe der Wut in eine Haltung gegen das Pferd. Wir greifen an. Oftmals üben wir dann viel zu viel Druck aus, schüchtern unser Pferd ein, können nicht mehr klar denken und versuchen nur noch die Situation zu „gewinnen". Wir setzen uns durch, zeigen dem Pferd, wer mächtiger ist, wir wollen es wieder unter Kontrolle bringen, komme was wolle, egal was dafür nötig ist. Ich denke jeder von uns kennt solche Situationen, in denen wir uns einfach nicht zu helfen wussten, in denen die Emotionen und der Ärger über die nicht vorhandene Kooperationsbereitschaft des Pferdes gesiegt hat. Unsere Lösung bestand darin, grob zu werden.

Aber was macht ein solches Verhalten mit unserem Pferd? Wenn wir es plötzlich bestrafen, weil wir selbst Angst bekommen haben, anstatt souverän

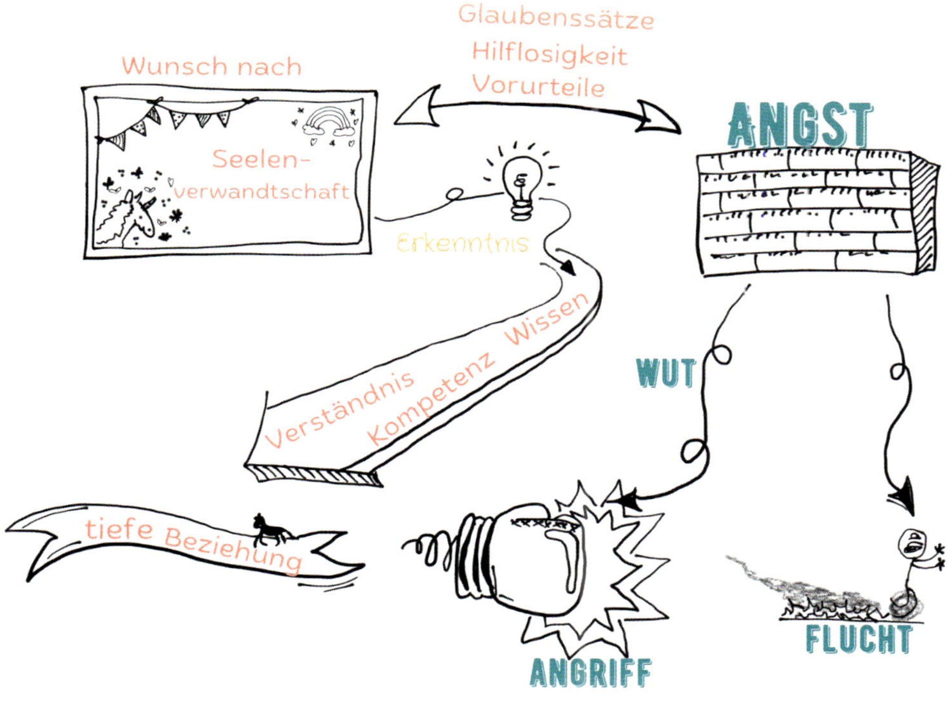

Ein Verständnis für die Angst zu entwickeln und mögliche Auswirkungen zu kennen ist sinnvoll.

zu agieren? Warum tappen wir so oft in diese Falle der Emotionen und der Angst? Denke nochmal an das Beispiel „Geh niemals dicht hinter dem Pferd her!“. Hier sitzt ein Glaubenssatz so tief in mir, dass er noch heute die Macht über meine Gedanken und damit meine Angst hat und immer wieder aufploppt, wenn es eine solche Situation gibt. Du wirst es schon vermuten, aber der Glaubenssatz „Setz dich durch!“, behindert unseren Geist auch hier. Diesen Mechanismus, der innerhalb von Sekunden abläuft, setzt unser klares Denken außer Gefecht und lässt uns kopflos handeln. Wir wenden die einzige Lösung an, die uns seit jeher angeboten wurde.

Hier möchte ich deinen Blick auf den Weg aus der Angst und Hilflosigkeit hin zu echter und tiefer Beziehung lenken. Sobald wir erkennen, dass in einer Situation etwas nicht stimmt, dass unsere Urteilsfähigkeit auszusetzen droht, dann sollten wir einen Schritt zurückgehen und versuchen, den Zustand der inneren Ruhe herzustellen, denn nur dann können wir klar denken. Es ist sinnvoll, die Situation aus einer anderen Perspektive anzuschauen und zu versuchen über unser neu erworbenes Wissen, unseren Verstand und Verständnis für das Pferd eine bessere, achtsamere Lösung für das Problem zu finden. Kann ich die Gegebenheiten verändern, damit es angenehmer für mich oder das Pferd wird? Habe ich wirklich Angst vor dem Pferd, vor einer bestimmten Situation mit dem Pferd oder vor einem ersonnenen Bild? Muss ich mich in dieser Situation wirklich durchsetzen oder gibt es auch eine andere Lösung? Kann ich mir Hilfe bei einem bestimmten Problem holen?

Mit Hilfe solcher Überlegungen können wir vermeiden, eine Mauer aufzubauen und in den Strudel der negativen Emotionen gesogen zu werden. Damit schützen wir uns und das Pferd schlussendlich vor dem Angriffsmodus. Denn wenn wir ehrlich sind, fühlen auch wir uns nicht gut, wenn wir im Affekt ungerecht reagieren.

Wenn ich mir also die Situation, in der ich Angst habe, bewusst mache, dann muss ich zurück an den Anfang. Dieses Buch beschäftigt sich vor allem damit. Ich möchte dir den Beginn vor dem Beginn zeigen. Das, was uns keine Reitlehrer jemals gesagt hat, was ich bisher in keinem Fachbuch über Pferde finden konnte. Den Grundstein für Beziehung. Die Möglichkeit, dir und dem Pferd das erste Kennenlernen zu ermöglichen und von diesem Punkt an noch einmal ganz neu zu starten. Pferde sind keine wilden Tiere, die dem Menschen nach dem Leben trachten, aber sie sind die Geschöpfe, zu denen wir sie mit Druck, Zwang und Schmerz gemacht haben, Tiere, die sich irgendwann nicht mehr anders zu helfen wissen, als sich aufzulehnen, als sich zu wehren, weil sie ihrem ureigeneren Instinkt der Flucht nicht folgen können, da wir Menschen sie festhalten.

Versuchen wir „Pferd" zu sprechen, werden die Begegnungen mit unserem Pferd bei jedem Mal ein wenig magischer.

Wenn wir innerlich stark, achtsam und mit einer freundlichen aber konsequenten Grundhaltung die Fragen der Pferde beantworten, bevor sie zu Problemverhaltensweisen werden, wenn wir Fehler zulassen, Vertrauen schenken und uns selbst und unserer Kompetenz vertrauen, dann werden wir eine so viel bessere Beziehung erhalten als eine, die auf die Nutzung von immer schärferem Equipment zurückzuführen ist.

Die nächste Gefühlsfalle, in die wir gerne hereintappen, auch ohne Angst zu haben, sind Ärger, Wut und Entnervtheit. Denn es gibt sie, diese Tage, an denen einfach nichts funktioniert, das Pferd uns partout nicht verstehen „will" und uns nach Strich und Faden „verarscht"! Das sind Sätze, die man auch gerne Mal als schlaue Bemerkung eines anderen Einstellers zu hören bekommt. Aber ist das tatsächlich so? Verarschen uns unsere Pferde? Von mir gibt es dazu ein klares **Nein!** Natürlich sind mir die oben beschriebenen Situationen und Glaubenssätze bekannt, selbstverständlich habe ich auch schon genau so gedacht, denn keiner von uns ist perfekt. Aber wir haben die wunderbare Gabe zu lernen, uns weiterzuentwickeln und uns und unser Verhalten zu hinterfragen. Nein, mein Pferd verarscht mich nicht, um mir mein Leben schwer zu machen. Mein Pferd versteht mich anscheinend gerade einfach nicht. Es weiß überhaupt nicht, was ich von ihm möchte. Vielleicht bietet es mir verschiedene Antworten auf meine Fragen an, die ich in meinem emotionalen Tunnel, in dem ich mich befinde, nicht wahrzunehmen vermag. Was hat mein Pferd dann für eine Wahl, als sich im Zweifelsfall gegen mich aufzulehnen und die Mitarbeit zu verweigern, wenn es schon ganz viel versucht hat, was ich vielleicht gerade nicht verstanden habe oder worauf ich einfach nicht geachtet habe.

Wenn wir nie zufrieden mit der Reaktion eines Pferdes sind, dann werden die Pferde auch nicht mit uns zufrieden sein. Sie werden uns immer weniger anbieten. Aber je weniger Pferde uns anbieten, umso mehr fordert der Mensch. Warum sollte das Pferd weiterhin Lust dazu haben, etwas anzubieten?

Ich arbeitete mal mit einer Schülerin, die ein Problem damit hatte, ihr Pferd beim Reiten zu motivieren. Nach ihrer Ansicht hatte sie ein bockiges Pferd, das die Arbeit verweigerte. Also sagte ich ihr, sie solle mit Plan reiten. Ich bat sie, sich eine kurze Übung zu überlegen, diese zu reiten und dann sofort aufzuhören, die Zügel lang zu lassen und ihr Pferd für die tolle Leistung zu loben. In der konkret beschriebenen Übung ging es um das Antraben. Sie sollte zu Beginn der kurzen Seite der Bahn antraben und am Ende wieder durchparieren zum Schritt. Anschließend sollte sie die komplette Runde im Schritt am langen Zügel und voller Dankbarkeit im Herzen reiten, bevor sie wieder kurz vor dem kurzen Ende der Bahn die Zügel aufnahm, um nach einem weiteren Antraben zu fragen. Von Runde zu Runde war das Pferd motivierter mitzuarbeiten. Es kam sogar so weit, dass das total „triebige" Pferd in der fünften Runde nur auf eine Stimmhilfe hin antrabte. Das Pferd wurde gesehen.

Ein innerer Monolog an dieser Stelle könnte sein: „Ich frage dich etwas und ich sehe, dass du dir Mühe gibst, meine Frage zu beantworten. Danke! Jetzt hast du dir eine Pause verdient!" Das Pferd könnte denken: „Traben? Ja, das kann ich! Oh, schon wieder Schritt, den Trab muss ich ganz schön gut gemacht haben, wenn wir jetzt schon fertig sind!"

Eine Woche später erzählte mir die Schülerin, dass sie mithilfe der Pausen das erste Mal seit langem einen tollen Linksgalopp geritten sei. Sie sagte, eigentlich wollte sie nur einen Zirkel reiten, aber da es so toll war, sei sie noch einen weiteren Zirkel geritten. Ich lächelte und sagte ihr Folgendes: Stell dir vor, meine siebenjährige Tochter sitzt total eifrig

Nero ist zufrieden und hört zu. Was wollen wir als nächstes machen?

am Küchentisch und bearbeitet ihre Mathehausaufgaben. Ich bin echt zufrieden, dass sie alles ohne Meckern und motiviert erledigt. Dann ist sie fertig mit ihrem Blatt und strahlt mich an. Natürlich möchte sie von mir hören, wie gut sie das gemacht hat und dass ich stolz auf ihre Leistung bin. Aber anstatt ihr diese Wertschätzung zu geben, lege ich ihr ein weiteres Blatt hin und sage ihr: „Weil du die Aufgaben so toll und mit so viel Eifer erledigt hast, bekommst du hier noch ein zweites Aufgabenblatt.“ Was meinst du, wie motiviert meine Tochter am nächsten Tag ihre Hausaufgaben erledigen wird?

Und da schließt sich wieder der Kreis dahingehend, dass wir meinen, wir dürften immer mehr verlangen, Fragen über Fragen stellen, die unser Pferd zu beantworten hat, ohne ihm eine Pause zu gönnen und uns bei ihm für seine Leistung zu bedanken.

Das Gegenteil dazu bringt uns so viel weiter!

Wir dürfen niemals zögern, in einer Übung einen Schritt zurückzugehen. Erlaube dir ineffizient zu sein! Versuche alles so einfach wie möglich für das Pferd zu gestalten. Je einfacher die Lösung ist, umso schneller wird das Pferd sie finden und umso zufriedener werdet ihr beide sein.

Wenn du also feststellst, dass Wut und Ärger in der Arbeit mit dem Pferd aufkommen, dann freu dich, denn das heißt, du hast die negativen Gefühle bemerkt und kannst sofort reagieren. Aber bitte ärgere dich nicht darüber, dass du wütend geworden bist, denn was gibt es Blöderes, als sich über den Ärger zu ärgern?

Nimm einfach wahr, dass du das Gefühl erkannt hast. Versuche zu atmen, frage dich, was genau jetzt diese Emotion auslöst und überlege dir, wie du dein Problem besser lösen kannst. Wie kannst du die Aufgabe abändern oder wie solltest du sie vereinfachen, damit dein Pferd sie versteht und dir antworten kann. Dein Pferd wird es dir danken, wenn du plötzlich eine Pause anbietest, dich wieder beruhigst und erst dann mit klarem und wachem Verstand anfängst, die Frage anders zu stellen. Denn wenn man Schwierigkeiten hat, lernt man so viel mehr, als wenn alles funktioniert. Aber nur, wenn der Gefühlszustand der Richtige ist und man in der Liebe bleibt.

Ich weiß, dass das beim eigenen Pferd sehr schwierig ist. Denn wir kennen unser Pferd sehr gut und wissen, was es kann und was nicht. Wenn es auf einmal vermeintlich Dinge nicht mehr kann, die es vorher beherrscht hat, neigen wir dazu, sein Verhalten als absichtliches Verweigern zu werten. Hier kann es sinnvoll sein, etwas tiefer zu blicken und die Perspektive zu wechseln.

Wenn meine Tochter sich plötzlich nicht mehr die Schuhe zubinden „kann“, werde ich wahrscheinlich nicht anfangen, ihr zu erklären, wie das funktioniert, denn ich weiß ja, dass sie die Schleife beherrscht. Aber was möchte mir meine Tochter damit mitteilen, dass sie schlagartig etwas nicht mehr kann? Welches Bedürfnis steht dahinter?

Braucht sie gerade mehr Aufmerksamkeit und Zuwendung? Hat sie am Tag vielleicht irgendetwas erlebt, was sie beunruhigt? Möchte sie mit mir ins Gespräch kommen? Wenn ich ihr einfach sage, dass ich weiß, dass sie ihre Schuhe zubinden kann und dass sie dies gefälligst tun soll, wütend werde und sie vielleicht sogar anschreie, habe ich auf der Beziehungsebene nichts gewonnen. Ich habe sie und ihr Problem nicht gesehen. Schlimmer noch, ich habe sie dafür bestraft, dass sie auf diese, für mich nicht klar verständliche Art und Weise versucht hat, mit mir in einen Dialog zu kommen und mir etwas mitzuteilen.

Damit du wirklich gut ausgerüstet bist, habe ich dir noch ein kleines Merkblatt erstellt, wie du am besten mit deiner aufkommenden Wut umgehen kannst.

Was tun, wenn die Wut kommt?

Ähnlich kann es beim Pferd sein. Es gibt Tage, da klappen die einen Sachen besser als die anderen und es gibt Tage, da möchte das Pferd sich bei uns rückversichern, ob noch immer alles so ist, wie es war. Es fragt uns, was es tun soll. Vor allem, wenn wir emotional nicht stabil sind. Denn ein instabiler Mensch kann das Pferd nicht beschützen, was wiederum dazu führt, dass sich das Pferd nicht entspannen kann. Während der ganzen Zeit, die wir gemeinsam verbringen, scannt es uns immer wieder auf unseren aktuellen Zustand und spiegelt uns schonungslos und ehrlich. Es erkennt sofort, wenn wir die innere Balance verlieren, was es dazu verleitet, erst recht unsere Kompetenz zu hinterfragen. Ein Pferd lebt immer im Hier und Jetzt, es interessiert sich nicht für die Vergangenheit und sorgt sich auch nicht um die Zukunft. Daher verzeiht es uns auch so viele Fehler. Es gibt uns zu jederzeit die Chance, neu anzufangen und es besser zu machen. Auch in Situationen, in denen wir unseren Geist nicht mehr kontrollieren können.

Pferde sind schnell auf 180, aber genauso schnell entspannen sie sich auch wieder. Wenn wir also bemerken, dass etwas in der Kommunikation nicht stimmt, ist es sinnvoll, eine Pause zu machen, dem Pferd und sich selbst Zeit zu geben, zu einer geerdeten Grundhaltung zu kommen und dann wieder von vorne zu beginnen. Ruhiger und entspannter Mensch gleich ruhiges und entspanntes Pferd.

Hey, alles klar bei dir?

Natürlich ist es auch immer möglich, dass mit dem Pferd etwas nicht in Ordnung ist, wenn es sich verweigert. Hier ist es wichtig genau zu beobachten und zuzuhören. Bleibe achtsam. Wenn sich an allen Umständen, die um das Pferd herum sind, nichts geändert hat, dein Pferd dir aber trotzdem „komisch" erscheint, solltest du genauer hinschauen. Hat es vielleicht Schmerzen?
Pferde sind unglaublich gut darin, Schmerzen zu verbergen. Um zu überleben dürfen sie niemals Schwäche zeigen, denn ein schwaches Pferd ist ein totes Pferd.

Wenn wir aber in Situationen, in denen uns das Pferd angeblich „verarscht", davon ausgehen, dass es weiß, was wir von ihm wollen und es sich absichtlich verweigert, dann schlittern wir in eine Auseinandersetzung mit dem Pferd, die meistens sehr viel Druck, negative Gefühle und Unzufriedenheit auf beiden Seiten mit sich bringt.
Wusstest du, dass ein Pferd mental gar nicht dazu in der Lage ist, strategisch zu denken? Es uns also de facto gar nicht „verarschen" kann? Seine Welt dreht sich stets um die Optimierung seines Zustandes und darum, seine Grundbedürfnisse zu befriedigen.
Erkennen wir in Verweigerungsverhalten oder unliebsamen Verhaltensweisen einen Ausdruck oder eine Frage und sind bereit, Fragen geduldig auch noch ein zehntes oder zwanzigstes Mal zu beantworten, wird sich das Pferd sicher und fair behandelt fühlen. Denn durch das Zügeln der Emotionen bleiben wir gerecht und neigen nicht dazu, zu strafen oder zu ermahnen.
Klar, kannst du nicht von Jetzt auf Gleich umschalten, immer konzentriert, achtsam und frei von negativen Emotionen sein, aber das erwartet auch keiner von dir. Veränderung braucht intensive Erkenntnisse und Emotionen. Diese Erkenntnisse müssen wir gewinnen, diese Emotionen müssen wir fühlen. Das kann durch das Lesen des Buches oder durch das Ausprobieren einiger Übungen sein. Plötzlich stellst du fest, dass etwas funktioniert und zwar besser, als es vorher lief. Wunderbar, du fängst an dich auf den Weg zu machen.

Etwas, was mich sehr beruhigt, ist die Tatsache, dass wir zum Glück alle inkompetent sind. Kein Mensch kann und weiß alles.
Aber es fällt uns häufig sehr schwer zuzugeben, dass wir etwas nicht wissen, dass wir keine vernünftige Lösung für ein Problem parat haben. Wir Menschen lieben es, Probleme zu lösen und auch anderen zu helfen, ihre Probleme zu lösen. Dabei bedienen wir uns gerne dem Repertoire dessen, was wir in unserem Leben gelernt haben. Was gut funktioniert hat, geben wir gerne weiter. Doch wenn wir ehrlich sind, dann klappen, auch wenn wir uns schon sehr sicher fühlen, manchmal Dinge nicht, und es gelingt uns auch nicht immer, alles gut zu machen. Und nein, wir müssen nicht alles gut machen. Es ist okay, etwas nicht zu können, aber es ist nicht okay, nicht wenigstens zu versuchen, etwas besser zu machen oder etwas Neues dazuzulernen.
Natürlich ist es für unser Gehirn einfacher und stressfreier, sich an bestehenden Problemlösestrategien festzuhalten und sich nicht explizit mit auftretenden Schwierigkeiten auseinanderzusetzen und neue Lösungen zu entwickeln. Etwas Neues zu lernen ist oft anstrengend. Es ist mit Scheitern verbunden und damit, sich mit sich selbst zu beschäftigen. Und es ist essenziell, sich mit sich selbst auseinanderzusetzen und sein Verhalten zu reflektieren. Denn die Selbstbeobachtung ist ein wichtiges Tool (das unbedingt in deinen Werkzeugkasten möchte), das neue Sichtweisen, anderes Denken und Handeln ermöglicht.
Wenn wir es schaffen, offen gegenüber unbekannten Perspektiven zu sein, über den Tellerrand der für uns komfortabel ist, hinauszuschauen und versuchen, uns von der Kontrolle hin zum Sich-auf-etwas-Einlassen entwickeln, dann haben wir schon viel verstanden.

Ein Mensch, der sich gut um sich selbst kümmert und ehrlich mit sich umgeht, der wird auch stets ein guter und vertrauensvoller Partner für sein Pferd sein.

Schon alleine die Tatsache, dass du dieses Buch liest, kann Veränderung bringen. Du hast deinen ersten „Mini-Changer“ in der Hand.

Diesen nennen wir „verrücktes Fachbuch“: Nimm dir einen Textmarker und markiere dir die Passagen im Buch, die dich ansprechen, die du merkwürdig findest und die, die du vielleicht unbedingt testen möchtest. Mache dir gerne auch Notizen. Teile deine Eindrücke mit anderen. Tausche dich über die Sichtweisen, die du hier aufgenommen hast, mit anderen aus und frage sie nach der Lektüre, die sie weitergebracht und inspiriert hat. Im Gespräch entstehen so neue Ideen und Sichtweisen.

Vielleicht hast du eine super gute Idee etwas umzusetzen, weil du den Impuls aus diesem Buch hast, mit deiner Freundin im Stall gesprochen, anschließend nochmal darüber nachgedacht und dann was ganz anderes mit deinem Pferd ausprobiert hast. Du kannst stolz auf dich sein! Du fängst an umzudenken und auszuprobieren. Forschende Neugier ist ein wunderbarer Motor für Veränderung!

Auch kann es erfrischend sein, aus gewohnten Mustern auszubrechen und einfach mal etwas Ungewöhnliches zu machen.

Apropos etwas anders machen: Versuche doch auch mal den Mini-Changer „Andersherum-Tag“. Nimm dir vor, heute vorrangig alles von rechts zu machen. Wenn du dein Pferd aufgehalftert hast, führe es von rechts zum Putzplatz. Putze zuerst die rechte Seite, lege den

Sattel von rechts auf, vergiss nicht, vorher den Sattelgurt zu lösen und ihn auf der linken Seite zu fixieren, so dass du auch diesen von der rechten Seite schließen kannst, trense von rechts- und steige schlussendlich von rechts auf. Beobachte dabei dein Pferd. Wie geht es ihm dabei? Ist es irritiert? Wie geht es dir damit?
Ich vermute, du musst dich sehr darauf konzentrieren, heute alles von rechts zu machen und es wird sicherlich außerhalb deiner Komfortzone sein. Super! Unser Gehirn muss arbeiten. Du hast zwar jetzt noch nichts „Neues" am Pferd gelernt, aber du hast in dich hineingeschaut und du hast die Perspektive gewechselt. Vielleicht hast du dich das ein oder andere Mal auch dabei erwischt, dass du nicht an „alles andersherum machen" gedacht hast.
Ziemlich wahrscheinlich ist aber, dass du dich so stark auf dein Tun konzentrieren musstest, dass du automatisch in einem pferdefreundlichen Mindset gelandet bist. Herzlichen Glückwunsch!

Kommen wir zurück zu unseren Emotionen und Gefühlen, denn davon haben wir noch ein paar auf Lager. Die nächsten, mit denen wir uns befassen, sind die Hilflosigkeit, die Enttäuschung und die

Marie sattelt Findus von der rechten Seite. Wie man sieht, nimmt er es gelassen, weil er regelmäßige Seitenwechsel kennt. Das ist nicht bei allen Pferden so …

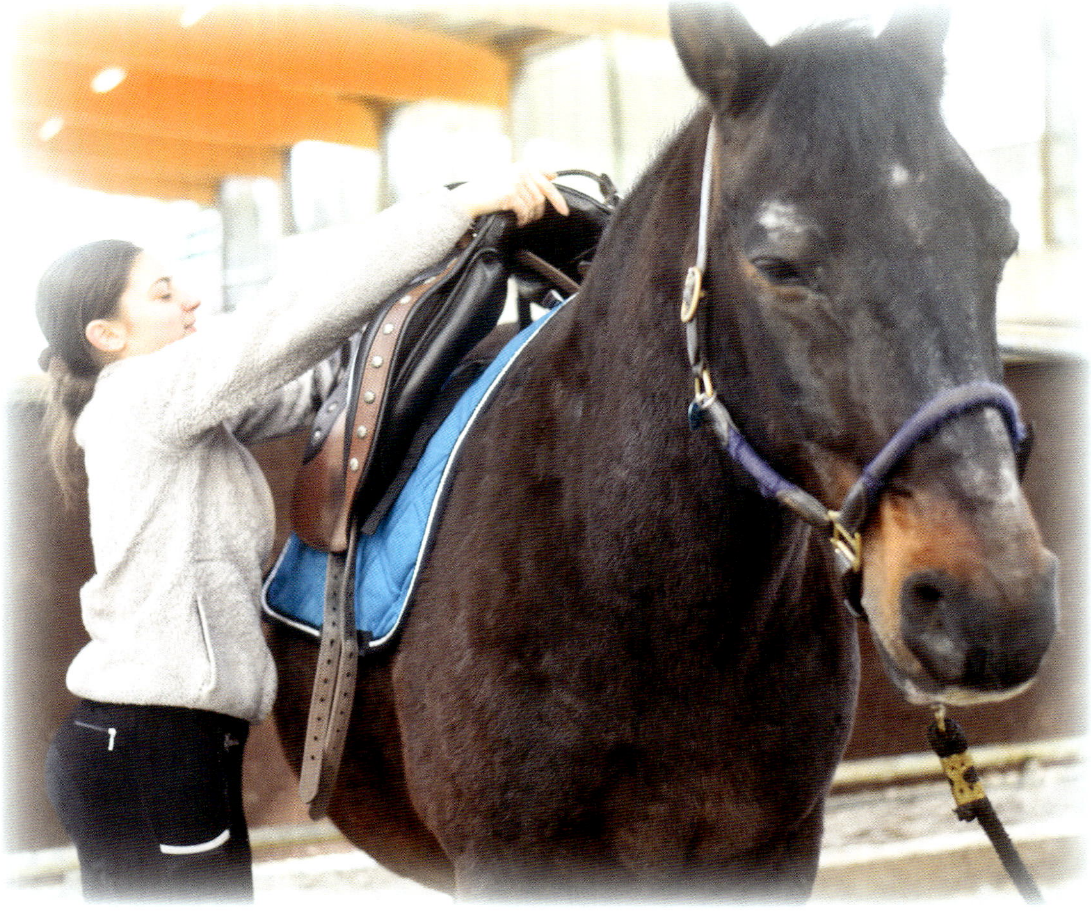

Entmutigung, denn auch aus ihnen können Wut und Ärger entstehen. Hilflosigkeit ist ein Gefühl, das mir im Unterricht häufig begegnet. Oft wissen Pferdebesitzer an einer bestimmten Stelle nicht weiter. Was kann ich tun „wenn ..." ist dann die große Frage.

Auf Hilflosigkeit folgt oft die Unsicherheit, verbunden mit der Angst, dass etwas passieren könnte. Auch das ist, wie du bereits weißt, ein explosiver Mix, der wiederum schnell zum Aufrüsten führen kann, da das Pferd einfach nicht anders kontrollierbar ist.
Auch hier habe ich ein schönes Beispiel für dich, was mir sofort in den Sinn kommt. Ein junges Pferd, das ich wöchentlich im Unterricht hatte, hat sich schwer verletzt und musste lange zur Schonung in die Box. Als es dann so langsam wieder bewegt werden durfte, war es natürlich sehr explosiv und willig sich zu bewegen. Oftmals ist es plötzlich „ausgetickt" und stieg und buckelte oder riss sich los. Seit der Verletzung hatte ich mit den Besitzerinnen nicht mehr trainiert, da das Pferd ja nicht gearbeitet werden durfte. Als die Weidesaison begann und alle loslegten, ihre Pferde wieder anzugrasen, sah ich die Besitzerin, wie sie das Pferd gezäumt und gesattelt nach draußen zur Wiese führte. Ich sprach sie an und fragte, ob jetzt doch alles so schnell verheilt sei und sie wieder reiten könne. Sie antwortete mir, dass sie das Pferd nicht mehr ohne größeres Palaver zurück zu seiner Box führen könne und die Tierärztin ihr den Tipp gegeben habe, den Rückweg von der Wiese bis zur Box zu reiten, da es dies mitmachte. Ich fragte sie, ob ich das Pferd zu seiner Box führen dürfe.
Ich begrüßte das Pferd, klärte die Hierarchie (siehe „Hallo, tollstes Pferd") und bat immer wieder, wenn es anfing sich von mir abzuwenden, um seine Aufmerksamkeit (siehe „Rechts-Links"). Anschließend führte ich es ohne Zwischenfälle zurück zu seiner Box. Danach fingen wir erneut mit dem Unterricht an. Nach zwei Stunden Übung konnte die Besitzerin mit ihrem Pferd wieder an Knotenhalfter und langem Seil zum Grasen rausgehen. Natürlich habe ich nicht gezaubert, sondern einfach mit Ruhe und Geduld dem Pferd verdeutlicht, dass es in Sicherheit ist und dass es mir wichtig ist, dass es auf mich und meine Bewegungen achtet und sich meiner Führung anschließt. Pferde sind sehr schnell empfänglich für diese klare und pferdefreundliche Kommunikation. Wenn sie verstehen, was man von ihnen möchte und ihnen zeigt, dass man sie beschützt, dann schließen sie sich gerne an.

Leider gibt es einen Haufen solcher Situationen und Fragen, in der die Pferdebesitzer nicht genau wissen, wie sie ihr Problem lösen können, um nicht aufrüsten zu müssen. Im Praxisteil beschreibe ich dir ausführlich die „Rechts-Links Übung", mit der du dir nicht immer, aber doch sehr verlässlich die Aufmerksamkeit deines Pferdes sichern und zurückholen kannst. Diese Übung kannst du immer dann nutzen, wenn du dich gerade hilflos fühlst und nicht weißt, wie du aus einer verfahrenen Situation herauskommen sollst.

Natürlich möchte ich dich auch hier wieder auf deine wachsamen Augen, deine Empathie, deine Liebe und deine Möglichkeit der Reflexion hinweisen. Denn das ist in allen Lagen und Situationen mit dem Pferd deine **Superpower!**

Der nächste Punkt meines Mindsets, den ich dir erläutern möchte, sind die Ziele.
Jeder Pferdebesitzer hat Ziele. Oft sind diese Ziele sehr hochgesteckt und ehrgeizig. Sie berücksichtigen meist nicht das Level der Kenntnisse und Möglichkeiten von Mensch und Tier.

Ich möchte dir anhand einer Grafik erklären, wie häufig die Zielvorstellung des Menschen nicht zum Pferd passen.

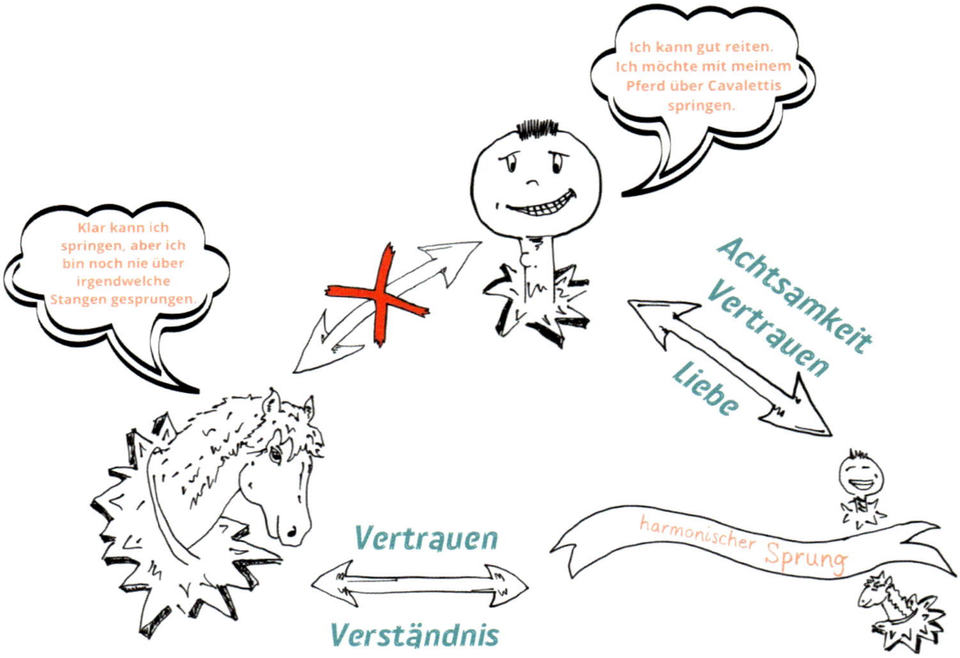

Die Ziele von Mensch und Pferd stimmen oft nicht überein. Demnach dürfen wir uns nicht wundern, wenn etwas nicht funktioniert.

Hier möchte der Mensch gerne mit seinem Pferd über Cavalettis springen. Er denkt sich, dass seine Fähigkeiten zu reiten dafür ausreichen. Das kann funktionieren. Aber was ist, wenn das Pferd plötzlich Angst hat, weil es noch nie über Stangen gesprungen ist oder vielleicht schon mal schlechte Erfahrungen gemacht hat? Mit dieser Voraussetzung werden Mensch und Tier nicht zu einer Einheit werden. Der Mensch wird etwas von dem Pferd verlangen und hinterher wird man sehen, ob es funktioniert hat. Entweder es klappt, zum Glück für das Pferd, oder es klappt nicht und der Mensch kommt wieder in die Situation sich durchsetzen zu „müssen", da er ja nun wirklich kein Hexenwerk von dem Pferd verlangt. Na, kommt dir diese Sichtweise schon bekannt vor?

Hier werden wir nie zu einem Einklang und tiefer Beziehung zu dem Pferd kommen.
Wenn aber der Mensch, das Pferd langsam und achtsam mit dem Cavaletti vertraut macht, ihm vom Boden aus zeigt, was er von dem Pferd möchte, dann macht er mit der Zeit seine Ziele zum Ziel des Pferdes. Das Pferd wird verstehen, was der Mensch möchte und gerne mitarbeiten. Es wird Erfolg haben. Hier gilt, was ich dem Pferd in Ruhe vom Boden aus erklärt habe, kann ich wunderbar auch im Sattel abrufen.

Natürlich habe auch ich Ziele. Klar möchte ich mit meiner Arbeit irgendwann irgendwo ankommen. Aber das wichtigste und erste Bestreben ist die gute Verbindung zum Pferd. Es ist ungeheuer bedeutungsvoll, das Band der Beziehung aufrecht

zu erhalten. Sobald man merkt, dass sich das Pferd ausklingt, ist das vorrangigste und beste Ziel, diesen Konnex wieder herzustellen und dann erst wieder an den anderen Zielen zu arbeiten.
Dennoch sind Ziele wichtig. Hättest du keine Ziele, so wäre es niemals möglich etwas zu erreichen und dich zu freuen, dass du etwas geschafft hast. Die Frage ist nur, wie gelangst du an dein Ziel?
Ich nehme mir für alles, was ich schaffen möchte, jede Menge Zeit. Da ich keinen Leistungsdruck habe, irgendetwas mit irgendeinem Pferd in kürzester Zeit schaffen zu müssen, lasse ich mir auch keinen machen. Ohne Leistungsdruck lebt es sich leichter mit Pferden. Denn ich weiß nicht, ob es dir schon aufgefallen ist, aber Pferde schauen im Gegensatz zu uns Menschen niemals auf die Uhr. Wie bereits erwähnt, leben Pferde immer im Hier und Jetzt, sie sind Meister darin, den Moment zu genießen. Sie sind immer bestrebt ihren aktuellen Zustand so zu optimieren, dass ihre Bedürfnisse erfüllt sind.
Meinen Schülern erkläre ich immer, dass eine Aufgabe oder Übung so lange dauert, wie sie eben dauert.
Klar geht eine Stunde, in der ich versuche ein Pferd in der Freiarbeit zu bitten mir seine Aufmerksamkeit zu schenken gegebenenfalls wie im Fluge um, ohne dass ich ein spektakuläres Ergebnis vorweisen kann. Denn vielen Pferdebesitzern ist ein glückliches und entspanntes Pferd, was dem Menschen seine Aufmerksamkeit schenkt, nicht Ergebnis genug. Denn es ist nicht messbar.
Soll jemand einem Pferd eine Piaffe beibringen, so kann man sehen, ob es die Piaffe am Ende beherrscht oder nicht. Beziehung, Motivation und Freude sind nicht so leicht zu „messen" wie eine Dressurübung. Hier müssen wir uns allein auf unsere Intuition, unsere Beobachtungs- und Reflexionsgabe verlassen, ob wir es geschafft haben, mit unserem Pferd ins Gespräch zu kommen oder nicht. Auch kann dieses zarte Band der Kommunikation und Verbundenheit immer wieder reißen und wir sind gezwungen, uns erneut um das Interesse des Pferdes zu bemühen.
Beziehung braucht Zeit und Geduld. Setz dir realistische Ziele und arbeite stets daraufhin, vergiss aber nicht dabei so flexibel wie möglich zu bleiben und nicht krampfhaft zu einem bestimmten Ergebnis kommen zu wollen. Zersetze das große Ziel in Teilziele und mache die Aufgaben für das Pferd so einfach wie möglich. Natürlich ist es auch möglich mehrere Ziele zu haben. Dabei ist es jedoch enorm wichtig, sich all dieser Ziele bewusst zu sein. Sobald du deine Ziele nicht mehr „zusammenhalten" kannst, besinne dich auf die wichtigsten und starte nochmal neu. Denke stets daran, deinen Freund Pferd dabei nicht aus dem Blick zu verlieren. Denn wir dürfen nicht vergessen, dass wir dem Pferd gegenüber eine große Verantwortung haben. Es soll glücklich sein dürfen und Spaß an dem haben, was es mit uns tut.

Gemeinsam zu joggen ist viel schöner, als gejoggt zu werden.

Um dir deine Ziele zu verdeutlichen, habe ich für dich eine Vorlage erstellt. Oben kannst du deine Ziele im Bezug auf dein Verhalten eintragen. Das könnte zum Beispiel sein: „Ich möchte meine Wut ausbremsen", „Ich möchte verlässlich die Ruhe finden" oder „Ich brauche mich nicht durchzusetzen". Unten kannst du dir Gedanken darüber machen, welche Ziele du im Bezug auf dein Pferd hast, also was du mit ihm gemeinsam erreichen möchtest. Das könnte zum Beispiel sein: „Ich möchte mein Pferd stets am langen Strick führen können", „Ich wünsche mir die Aufmerksamkeit meines Pferdes" oder auch „Ich möchte das mein Pferd steht, wenn ich es tue". Setze dir realistische Ziele und nicht zu viele. Nicht ohne Grund hast du „nur" acht Kästchen zur Verfügung. Wenn du fertig bist mit dem Ausfüllen hänge dir deine Vorstellungen gut sichtbar auf und schaue regelmäßig nach, wie es um die Erreichung deiner Vorstellungen steht. Ich freue mich schon jetzt riesig darauf, wenn du deinen ersten Haken an ein erreichtes Ziel setzen kannst!

Meine Ziele

Verschaffe dir einen ersten Überblick

Wie du eben bemerkt hast, passt zu Zielen wunderbar die Flexibilität. Denn um unsere Ziele zu erreichen, ist es von unschätzbarem Wert von Tag zu Tag flexibler zu werden. Wenn etwas nicht so funktioniert, wie wir es uns vorstellen, dann sollten wir einfach die Vorgehensweise ändern. Es ist sinnvoll dabei zu versuchen, die eigenen Ideen zu den Ideen der Pferde zu machen. Andersherum ist es aber auch gut, die Ideen der Pferde aufzugreifen und für sich zu nutzen. Wenn du ohne Leistungsdruck arbeitest und viel Freude an der Zeit mit deinem Pferd hast, dann ergeben sich so viele Dinge wie von selbst. Du wirst merken, wenn dein Pferd soweit ist, den nächsten Schritt zu machen. Bis dahin änderst du, variierst, vereinfachst und freust dich, wenn dein Pferd dich verstanden hat.

Zur Veranschaulichung hier wieder ein Beispiel: Kürzlich erzählte mir die Besitzerin meines Herzenspferdes, dass sie momentan an den Seitengängen im Trab arbeitet. Letztens hat sie festgestellt, dass ihr Pferd bei der dritten Erkundigung nach dem Seitengang die Frage nicht mehr beantworten wollte. Stattdessen bot er aber einen schönen Galopp an. Nun wollte die Besitzerin aber aus trainingstechnischen Gründen den Seitengang noch ein letztes Mal reiten. Was nun? Da „Setz dich durch, notfalls auch mit Gewalt", für uns keine Lösung ist, musste eine andere Idee her. Daher schlug ich vor, umzudenken. Nochmal zur Veranschaulichung: Wir haben hier die Ausgangssituation, dass ein Seitengang gefragt wurde, das Pferd aber mit „Galopp" antwortet. Gut, Galopp also. Schön, Galopp finden wir auch gut. Also eine Runde galoppieren, das Pferd danach loben, dann wieder nach dem Seitengang fragen. Antwort des Pferdes: „Seitengang ist mir zu anstrengend, aber guck mal, ich kann ganz toll galoppieren!" Jetzt folgt das gleiche Prozedere wie oben, galoppieren, den Galopp genießen, sich bedanken und wieder nach dem Seitengang fragen. Das macht man völlig frei von negativen Emotionen und mit gleicher Vergnügtheit an der Idee des Pferdes. Irgendwann wird das Pferd verstehen, dass einen zwar der Galopp, also der Vorschlag des Pferdes beglückt, aber man trotzdem nicht aufgeben wird, nach dem Seitengang zu fragen. An dieser Stelle wird es wahrscheinlich den Seitengang anbieten. Das ist der Moment, aus dem Sattel zu springen, völlig aus dem Häuschen zu sein, das Pferd zu bejubeln und den Feierabend einzuläuten.

Hallo, mein Freund, lass uns doch ein wenig plaudern.

Vermutlich wird das Pferd sich beim nächsten Mal, wenn es in eine solche Situation kommt, daran erinnern, dass der Mensch beim letzten Mal auch nicht aufgegeben hat und früher das erbetene Verhalten zeigen. Denn es hat gelernt, dass es für seine eigenen Gedanken nicht bestraft wird, nein, sie sogar ausleben darf, immer und immer wieder, aber am Ende dann doch noch einmal gebeten wird, das erwünschte Verhalten zu zeigen. Diese Situation löst ein Problem durch Perspektivwechsel. Es schadet nicht, die Geistesblitze des Pferdes aufzunehmen, aber trotzdem am Ball zu bleiben. Wir können freundlich und geduldig auf das Pferd eingehen, ohne die Kontrolle zu verlieren. Wir können eine solche und ähnliche angebliche „Problemsituationen“ ganz einfach auflösen, ohne in die Falle alter Glaubenssätze zu tappen. Werde kreativ, lass dir etwas einfallen und freu dich, wenn auch du Ideen hast, um fordernde Situationen durch andere Betrachtungsweisen friedlich und für beide Seiten beziehungsfördernd aufzulösen.

Damit unser Gehirn auch weiterhin gefordert ist, Neues zu lernen, möchte ich dir an dieser Stelle den Mini-Changer „Kuddelmuddel“ anbieten. Und zwar beschäftigt sich dieser mit der alltäglichen Situation des Hufe Auskratzens. Wir Menschen sind sehr effektiv darin diese Aufgabe zu erledigen und sicherlich hast du eine feste Reihenfolge, in der du vorgehst, habe ich auch. Aber heute fängst du mal hinten rechts an, dann vorne links, dann vorne rechts und dann hinten links. Oder erst hinten links, dann hinten rechts, dann vorne links und vorne rechts. Vielleicht kratzt du auch die Vorderhufe mal nur von einer Seite aus und lässt dir den entfernteren Huf angeben. Natürlich brauchst du jetzt wesentlich länger und ja, du wirst vermutlich auch dein Pferd um seine Mitarbeit bitten, weil du es nochmal mehr zur Seite dirigierst. Hier ergibt sich wunderbarerweise die Chance zum Dialog mit dem Pferd. Zudem schenkst du einer Tätigkeit Aufmerksamkeit, die du sonst im „Autopilot“ beherrschst. Vergiss nicht, dich zu bedanken, denn auch Hufe geben ist keine Selbstverständlichkeit. Wie war das für dich? Total blöd oder eigentlich ganz witzig?

Der letzte Punkt meines aktuellen Mindsets ist das Vertrauen. Grundsätzlich gebe ich jedem Pferd, dem ich begegne einen großen Vertrauensvorschuss. Ich gehe davon aus, dass es gerne mit mir zusammenarbeitet und dass wir zusammen eine schöne Zeit verbringen werden. Im Gegenzug kann das Pferd darauf vertrauen, dass ich es gerecht behandeln werde. Denn wenn man gerecht ist, gewinnt man alles. Das Pferd hat immer mehr Lust mitzuarbeiten und die Beziehung vertieft sich. Zudem kann ich von meinem Pferd nicht erwarten, dass es mir vertraut, wenn ich im Gegenzug nicht auch ihm vertraue. Wenn ich also nicht bereit bin, Vertrauen zu schenken, werde ich niemals welches von meinem Pferd erhalten, da es für das Pferd klüger ist, skeptisch zu bleiben und sich nicht fallen zu lassen.

Nun habe ich dir meine komplette mentale Werkzeugkiste beschrieben.
Wenn du jetzt anfängst, langsam die verschiedenen Bereiche des „neuen Mindsets" zu erproben, dann sei geduldig mit dir. Wenn du etwas findest, was besonders gut geklappt hat, dann merke es dir, oder noch besser: Schreibe es auf. Neue Verhaltensweisen dahingehend zu etablieren, dass wir nicht mehr über sie nachdenken müssen, braucht viel Zeit und Übung. Aber immer, wenn wir uns Dinge, die super gut funktionieren, auch regelmäßig vor Augen führen und sie wiederholen, dann können wir diese Kompetenz in unserem Unterbewusstsein manifestieren.

Ein Mini-Changer, der garantiert zu viel guter Laune führt ist „Keep Smiling". Versuche ab jetzt jedes Mal, wenn du in den Stall kommst, dein Pferd anzulächeln, wenn du es erblickst. Aber so richtig lächeln, so dass man dein von Herzen kommendes Lächeln auch erkennen könnte, wenn du einen Mund-Nasen-Schutz tragen würdest.
Ich vergleiche das gerne mit dem Lächeln, dass meine Kinder haben, wenn sie freudestrahlend auf mich zukommen, weil sie mir irgendetwas Tolles zeigen möchten. Kinder können sich so großartig freuen. Über all die Kleinigkeiten im Leben, über die wir Erwachsene gerne hinwegsehen. Aber Freude ist ein so schönes und bereicherndes Gefühl, von dem man eigentlich nicht genug haben kann. Also freue dich mit mir über (Wieder-) Sehensfreude und schenke deinem Pferd und vielleicht auch jetzt gerade dir ein fettes Lächeln.

Ich habe bereits erwähnt, dass ich dir mit meinen Gedanken und Ideen Zugang zum Beginn vor dem Beginn geben möchte. Damit meine ich, dass es schön wäre, wenn du dir die Zeit und Ruhe gönnen würdest, dein Pferd neu kennenzulernen. Ein unbefangenes Kennenlernen, ganz ohne Ansprüche an den Anderen zu stellen. Damit gibst du auch dem Pferd die Chance, dich kennenzulernen. Dieser (Neu)Beginn kann jederzeit erfolgen. Wenn du dich neu ausrichtest, weil du merkst, dass du in der Beziehung zu deinem Pferd etwas verändern möchtest. Es ist nie zu spät für das Vorher, für den Schritt zurück, den so viele Pferdemenschen

Lachen und Freude sind ein großartiger Motor und Beziehungsbooster!

überspringen, weil sie es schlicht nicht besser wissen. Keiner hat ihnen gesagt, dass das Leben mit Pferden so viel einfacher wird, wenn es nicht unser Ziel ist, sie zu dominieren, zu unterdrücken und zu kontrollieren. Wir müssen uns nicht durchsetzen. Aber es wäre schön, sie kennenzulernen, sie lieben zu lernen, mit all ihren Eigenarten und „Macken". Wenn ich von tiefer, ehrlicher Liebe spreche, dann meine ich nicht die Tatsache, das Pferd zu umsorgen, ihm teures Futter zu kaufen, es mit jedem nur erdenklichen Equipment auszustatten, sondern die Liebe, die uns zum Lachen bringt, die uns erfüllt, die uns wohlwollend beobachten lässt, die Verständnis hat. Aber diese Liebe ist keine Einbahnstraße. Schon Adelbert von Chamisso hat gesagt:

„Liebe ist kein Solo. Liebe ist ein Duett."

Lass uns gemeinsam die Pferde sehen, lass uns versuchen, ihre Sprache zu lernen und sie besser zu verstehen. Denn wenn wir so auf unsere Pferde zugehen, bekommen wir Ergebnisse, die wir nie erwartet hätten. Wir gehen in Beziehung. Das ist nicht leicht, aber für jeden erlernbar. **Sich auf Beziehung einzulassen ist keine Technik, sondern eine innere Haltung.** Natürlich gibt es Techniken, die uns dabei helfen, aber die beste Technik für den Beginn nützt uns gar nichts, wenn wir sie nicht mit der richtigen inneren Einstellung anwenden, einem positiven Mindset pro Pferd. Auch du kannst das und es wird dich glücklicher und zufriedener im Umgang mit deinem Pferd machen.

Eine Schülerin schrieb mir, nachdem wir zwei Wochen und damit meine ich zweimal 60 Minuten, miteinander an dem „Beginn" gearbeitet hatten, folgende Nachricht: „Hey Jenny, ich möchte nur kurz unsere letzte Spaziergeh-Erfahrung mit dir teilen: Askari ist mittlerweile so viel achtsamer, das ist unglaublich. Hab heute ziemlichen Muskelkater gehabt und konnte nicht so flink laufen wie sonst

Jedes Pferd hat es verdient, um seiner selbst willen geliebt zu werden.

und er hat sich dem Tempo direkt angepasst. Und das Gras ist kaum noch ein Thema. Bin fasziniert, wie gut und schnell Unterschiede zu sehen sind!" Und das höre ich oft. „Jenny welchen Knopf hast du gedrückt? Ich habe auf einmal das Gefühl, ich hätte ein völlig anderes Pferd!"
Ich habe keinen Knopf gedrückt und dem Pferd nichts „zugeflüstert", ich habe den Besitzern gezeigt, was ihnen eigentlich ganz zu Beginn, als sie die Welt der Pferde betraten, hätte erklärt werden müssen: Dass es Sinn ergibt, dem Pferd gegenüber achtsam zu sein. Es zu sehen und ihm mitzuteilen, dass wir es beschützen werden, egal was kommt, dass wir ihm Grenzen setzen, wann immer es danach fragt, und dass wir es lieben, um seiner selbst willen, bedingungslos und ehrlich. Nicht nur, wenn es toll ist, sondern auch dann,

wenn es Dinge tut, die wir nicht verstehen. Versuchen wir zu verstehen, warum es diese Dinge tut, dann wechseln wir die Perspektive, schauen mit einem anderen Blickwinkel auf die Situation und erhalten oftmals Erkenntnisse, die uns faszinieren, die uns weiterbringen. Es ist nicht die Magnetfelddecke, die 15. Schabracke, das schicke Halfter oder die glitzernde Bandage, die unsere Liebe zum Ausdruck bringt, sondern der Wille und Wunsch das Pferd zu sehen und der Beziehung von Beginn an eine Chance zu geben.

Da ich mir sicher bin, dass du nun mit all den neuen Mindset-Ideen im Kopf direkt loslegen magst, möchte ich dir noch eine weitere Hilfe an die Hand geben. Denke bitte einmal an dein Pferd und an all die Eigenschaften, die du an ihm besonders toll findest. Was macht dein Pferd aus? Wann bringt es dich zum Lachen? Mache dir bewusst, wie toll dein Pferd ist und dass es einen ganz eigenen Charakter hat.
Überlege dann auf der anderen Seite bitte auch, in welchen Situationen es dich völlig auf die Palme bringt. Welche Verhaltensweisen deines Pferdes nerven dich total? Erst wenn du dir bewusst machst, was dich stört, welche Triggerpunkte bei dir Wut und Ärger auslösen, dann kannst du solche Situationen erkennen und Lösungen dafür finden. Denn oftmals haben wir tatsächlich nur kleine Probleme, die wir schnell angehen und lösen können, um zu fluffigen Partnern zu werden.
Zur Auflistung deiner Gedanken kannst du gerne meine Vorlage nutzen.

Think about

Du und dein Pferd

Zum Abschluss der Mindset-Theorie möchte ich dich dazu ermuntern, nicht nur dich selbst zu reflektieren, sondern auch andere zu hinterfragen. Es kann nicht schaden, wenn wir ein gelassenes Verhältnis zu denen aufbauen, von denen wir lernen möchten. Denn es ist sinnvoll, auch die, die es vermeintlich besser als man selbst weiß, kritisch zu beäugen. Auch hierzu habe ich ein vortreffliches Beispiel für dich.
Die Besitzerin meines Herzenspferdes hatte sich für einen Tageskurs in Sitzschulung eingetragen, der von einer externen Expertin an unserem Stall abgehalten wurde. Da sie kurzfristig ausfiel, bot sie mir an, an dem Kurs für sie teilzunehmen. Da ich nie wirklich professionell Reiten gelernt habe, wusste ich genau, dass dieser Kurs ganz weit außerhalb meiner Komfortzone sein würde. Natürlich sagte ich trotzdem zu, denn auch den Dingen gegenüber aufgeschlossen zu sein, die einem nicht behagen, schadet nicht.
Der Kurs war super! Die Trainerin gefiel mir. Sie hat uns viele Dinge toll erklärt und auch die Übungen für den Menschen auf dem Boden sowie die Aufgaben auf dem Pferd waren anspruchsvoll und zielführend.
Ich sitze nicht sehr häufig auf einem Pferd. Mein Herzenspferd bin ich an diesem Tag sogar zum ersten Mal geritten und das im Westernsattel, ebenfalls eine Premiere. Dem Feedback der anderen Kursteilnehmer und der Trainerin nach, haben wir uns dafür ganz gut geschlagen.
Aber wir hatten das ein oder andere, um es in meinen Worten zu sagen, „Kommunikationsproblem." Es hat nicht alles auf Anhieb geklappt, manchmal waren wir uns in der Richtung oder der Gangart nicht einig. Da ich Chex als besonders motiviertes Pferd kenne, das hingebungsvoll mitarbeitet, habe ich zuerst meine Interaktionen hinterfragt. Habe ich falsche Signale gesendet? Hat er mich nicht verstanden, weil ich nicht so feine Sitzhilfen geben kann wie seine Besitzerin? Habe ich die Zügel zu kurz gehalten? Mit Geduld und Ruhe habe ich

versucht, ihm zu erklären, was ich möchte. Von Seiten der Trainerin erntete ich irgendwann ein: „Der hat keinen Bock mehr, sag ihm deutlich, dass er nicht bestimmt, wann Ende ist.", oder auch: „Du musst die Tür nur mal richtig zutreten, wenn er nicht reagiert!"
Okay, habe ich verstanden, aber Nein!
Wenn ich selbst nicht mindestens zu 95 % sicher bin, dass ich meine Signale richtig gesetzt habe, dann kann ich nicht den Druck auf mein Pferd erhöhen. Vor allem auf eines, das ich nur motiviert und wohlwollend kenne, das meine Nähe sucht, weil es sich bei mir sicher fühlt und das bis jetzt der Reiterin oben geduldig zugehört und phantastisch mitgearbeitet hat.
So toll ich diese Trainerin fand und so viel ich von ihr an diesem Tag lernen durfte, so war ich doch in diesem Punkt nicht ihrer Meinung. Aber das ist in Ordnung. Ich habe die Anweisung nicht befolgt und einfach wie gehabt weitergemacht, weil ich sie nicht für richtig gehalten habe.

Und damit sind wir bei deinem nächsten Mini-Changer „Bauchgefühl".
Wir Menschen haben teilweise ein so unglaublich gutes Bauchgefühl, dass ich mich manchmal frage, warum wir so oft unseren Verstand entscheiden lassen.
Wenn du eine Situation hast, in der du dir nicht ganz sicher bist, ob es richtig ist, was du gerade tust, dann horch mal in dich hinein. Auch wenn etwas überhaupt nicht funktioniert, kann es sinnvoll sein, kurz innezuhalten und das Bauchgefühl zu fragen, wie es die Situation gerade bewertet. In diesem Moment gehen wir automatisch in uns, befinden uns auch hier wieder in einem Zustand der inneren Ruhe, da wir uns mit uns selbst beschäftigen, wir gönnen damit dem Pferd eine Pause und eröffnen die Chance auf einen Neustart der Übung oder der Situation. **Trau dich! Trau dich „Nein!" zu sagen, zu Verhaltensmustern und Vorschlägen, die dir nicht richtig erscheinen. Denn nur wer „Nein!" zu Dingen sagt, die ihm nicht behagen und die nicht überzeugen, sagt wirklich „Ja!" zu seinem Pferd.**

Die Körpersprache des Menschen

Dass man nicht nicht kommunizieren kann, haben die meisten von uns dank Paul Watzlawick schon mal in ihrem Leben gehört. Sobald Menschen miteinander in Aktion treten, ist alles in der Begegnung Kommunikation. Wenn sich der Mensch wohlfühlt, nimmt er eine offene Körperhaltung ein, lächelt und teilt sich gerne mit. Fühlen wir uns nicht besonders wohl, verkriechen wir uns in unserem Körper und schützen ihn durch gekreuzte Arme und/oder Beine. Das sind jetzt zwei sehr einfach gelagerte Beispiele, aber ich denke, die Message ist klar. Auch wenn wir uns nicht verbal äußern, so sagen wir doch viel, allein mit unserem Körper.

Was nach kritischem Beobachten aussieht, ist einfach nur Konzentration.

Da wir uns bereits einig sind, dass wir mit unseren Pferden nicht auf „Mensch" kommunizieren können, brauchen wir einen anderen Weg. Dieser Weg ist unsere Körpersprache.

Schon allein dadurch, dass wir versuchen, mithilfe unseres Körpers mit den Pferden zu „sprechen", verhalten wir uns ihnen gegenüber respektvoll und höflich. Auch braucht man mit einer eindeutigen Gestik viel weniger Druck, so dass eine wesentlich feinere Kommunikation mit dem Pferd möglich wird. Es entsteht Dialog statt Dominanz, Verständnis und klare Verständigung lösen Missverständnisse auf.

Das bedeutet natürlich nicht, dass es nie wieder zu Fehlinterpretationen oder Missverständnissen zwischen dir und deinem Pferd kommen wird. Aber die Missverständnisse an sich verlieren die Macht über unser weiteres Handeln und unsere negativen Emotionen. Sobald du erkennst, dass eine Fehlinterpretation nicht gleich eine Widersetzlichkeit des Pferdes ist, über die man sich aufregen sollte, und du mit Verständnis und einer Veränderung in deinem Verhalten reagierst, kannst du deine negativen Emotionen in Schach halten. Wenn etwas nicht funktioniert, nicht schlimm! Wir versuchen es einfach noch mal etwas anders. Trau dich, auszuprobieren! Nehme ein Tool aus deiner Werkzeugkiste dazu, packe eines weg, oder erfinde einfach ein völlig Neues, deiner Kreativität im Umgang mit deinem Körperausdruck und mit deinem Pferd sind keine Grenzen gesetzt. Man lernt nie aus, besonders nicht in der Pferdewelt! Auch gibt es in unseren Trainingseinheiten zukünftig keine Gewinner oder Verlierer mehr, denn es liegt an dir, deinem Pferd zu erklären, wie gut, klar und sicher du eure Zweierherde anführen kannst.

Ein guter Leader ist eine Person, der das Pferd gerne folgt.

Also, lass uns gemeinsam ein unsichtbares Band der Kommunikation zwischen Mensch und Pferd knüpfen und den Weg zum Dialog über die Körpersprache öffnen. Aber bitte bedenke, dass

Lass uns gemeinsam knüpfen, bis ein wundervolles Band entsteht ...

Kommunikation immer in beide Richtungen geht, also beobachte dein Pferd und gib ihm die Chance mitzureden.

Pferde unterhalten sich den ganzen Tag mit Hilfe von Körpersprache. Sie schauen sich an, sie blinzeln, sie legen die Ohren an, sie kräuseln die Nüstern, all das können Informationen sein, die sie anderen geben, es ist subtil, aber es ist Kommunikation.
Und was ist mit dem Menschen? Meist verhält sich der Mensch im Stall nun ja, wie ein Mensch eben. Er macht sich oft gar keine Gedanken darüber, was er körpersprachlich ausdrückt. Wir gehen häufig zum Pferd, erledigen unsere Aufgaben an und mit dem Pferd, ohne uns wirklich Gedanken über unsere Kommunikation zu machen. Im Gegenzug dazu interessiert sich unser Pferd auch nicht sonderlich für uns, es sei denn, wir bringen das ersehnte Möhrchen mit. Kommunikation miteinander? Hier meist fehl am Platz. Aber warum ist das so? Zum einen, weil uns Menschen oftmals nicht bewusst ist, wie viel wir über unseren Körper ausdrücken können und dass wir durch ihn unser einzig mögliches Medium besitzen, mit dem Pferd in Kontakt zu treten.
Mit der Lektüre dieses Buches hast du bis jetzt gelernt, im Geiste immer offen für etwas Neues zu sein, Glaubenssätze zu hinterfragen, dir ein pferdefreundliches Mindset zuzulegen und weißt nun, dass dein Sprachrohr und Zugang zum Pferd nicht deine Stimme, sondern dein Körper ist. Aber warum interessiert sich mit dieser Erkenntnis dein Pferd trotzdem nicht sehr viel mehr für dich?
Weil wir, so wie wir gezwungen sind, eine Fremdsprache mit dem Pauken von Vokabeln, Satzkonstruktionen und dem ständigen Wiederholen der Übungen zu lernen, auch die Fremdsprache „Körper für Pferde“ erst durchdringen müssen.

Den ganzen Tag arbeiten wir mit unserem Pferd und achten dabei in den meisten Fällen nicht auf unsere Körpersprache, geschweige denn, dass wir darüber nachdenken, dem Pferd mit unserem Körper etwas mitteilen zu können, wenn wir es pflegen und versorgen oder von A nach B führen. Vielleicht hat unser Pferd am Anfang versucht, uns zu deuten, aber da es feststellen musste, dass wir die ganze Zeit über nur kauderwelschen oder eh nebenbei noch mit etwas Anderem beschäftigt sind, ihm also keine klaren und eindeutigen Botschaften senden, hört es nicht mehr zu. Das kannst du dir in etwa so vorstellen:
Du hast einen Bekannten, der dich täglich für circa zwei Stunden besucht und dich in der kompletten Zeit auf seiner Fremdsprache zutextet. Obwohl

Lass uns gemeinsam mehr sein, als „nur" der Törtchen-Bringdienst!

du versucht hast, mit ihm in Kontakt zu treten, gelingt es dir einfach nicht. Deine Signale, etwas zum Gespräch beitragen zu wollen, erkennt dein Gegenüber überhaupt nicht oder ignoriert sie. Am Anfang warst du noch bestrebt, ihm besonders gut zuzuhören und Punkte zu finden, an denen vielleicht ein Dialog möglich wäre, aber da dein Bekannter einfach jeden Tag stumpf eure Begegnungszeit für seine Kommunikation beansprucht, kommst du überhaupt nicht zum Zuge. Wenn er dich irgendwo hinbringen, oder er dir irgendwas zeigen möchte, nimmt er dich einfach bei der Hand und zieht dich mit sich. Ja, er ist freundlich und lächelt dich dabei stets an, manchmal streicht er dir auch wohlwollend über die Schulter, aber du verstehst leider nichts von dem, was er dir mitteilen möchte. Also folgst du, weil du gelernt hast, dass alles andere zwecklos ist. Eine Kommunikation, geschweige denn, ein halbwegs gleichberechtigtes Gespräch, ist partout nicht möglich.
Was würdest du vermutlich tun?
Richtig, einfach abschalten, dass Gelaber über dich ergehen lassen, mit dem sicheren Wissen, dass es irgendwann vorbei ist und dein Bekannter wieder, nachdem er dir noch ein leckeres Törtchen zugesteckt hat, nach Hause abzieht.
Was ist dein Benefit aus dieser Begegnung? Yes, maximal das Törtchen! Ich weiß, das ist eine etwas skurrile und spookige Vorstellung, aber ich denke du verstehst, worauf ich hinaus möchte.

Lass uns gemeinsam „Körpersprache für Pferde" lernen, damit wir uns mit unserem Pferd verständigen können. Damit es weiß, dass wir etwas zu ihm sagen und bestrebt sind, mit ihm in einen Dialog zu kommen, anstatt es wahllos mit unserem Körper zuzutexten.

Um Körpersprache zu lernen, gibt es wie auch beim Mindset einige Facts, die ich dir gerne anhand einer Grafik vorstellen möchte.

Der erste Punkt, mit dem wir uns beschäftigen sollten, ist unsere Energie. Die Energie ist quasi unser Motor, um die Kommunikation ins Rollen zu bringen. Es ist essenziell, unsere Kraft so zu lenken und so aufzubauen, dass unser Pferd klar versteht, wann es gemeint ist, also wann wir tatsächlich mit ihm reden möchten. Bei uns Menschen ist das ziemlich einfach. Wenn ich bestrebt bin, mit einem Mitmenschen in Kontakt zu treten, dann stelle ich mich aufrecht hin, mein Kopf ist erhoben, ich suche Blickkontakt zu meinem Gegenüber, lächle und gehe auf meinen Mitmenschen zu. Dann fange ich an zu reden. Demnach kannst du auch hier schon feststellen, dass wir als Opener einer Kommunikation in den meisten Fällen zuerst unseren Körper benutzen. Das funktioniert auch beim Pferd. Daher ist es essenziell, dass ich vor dem Gespräch meine Energie einschalte. Wie du in der Grafik erkennen kannst, gibt es dafür einen An- und Aus-Schalter oder auch einen Chill- und Dynamikmodus, dessen wir uns bedienen sollten.
Um also mit dem Pferd zu sprechen, schalten wir uns ein: Richte deinen Körper auf! Dabei kannst du dir vorstellen, dass bei dir so wie bei einer Marionette ein Faden am Kopf befestigt ist, der dich komplett aufrichtet.

Dein Tool „Körpersprache des Menschen“ – eine kleine Übersicht.

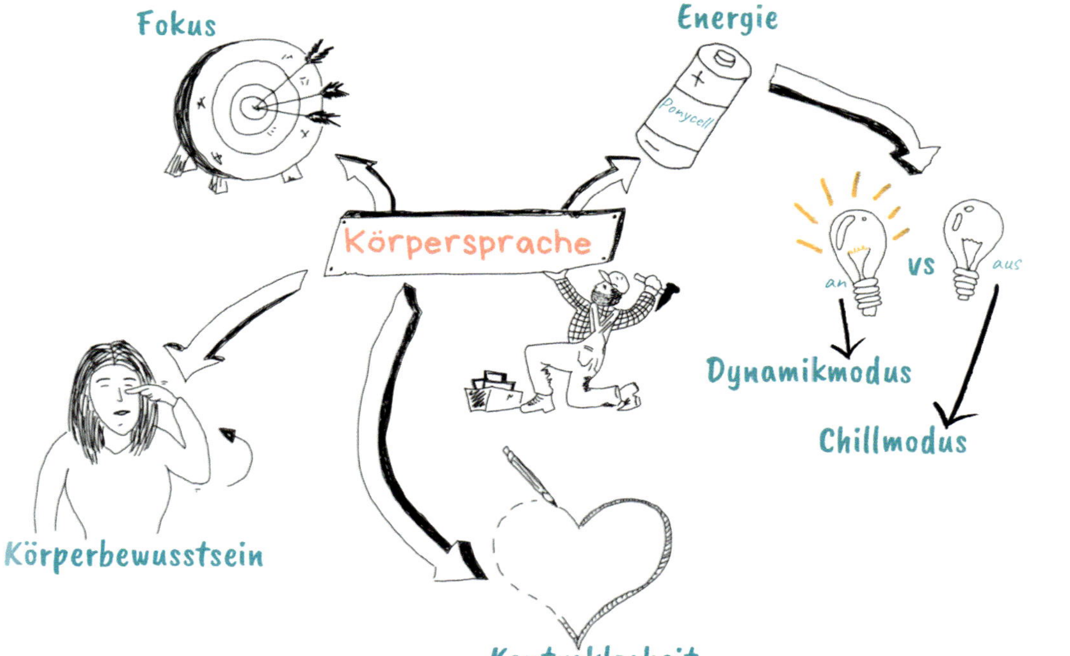

Du kannst auch einmal die Arme mit den Handflächen nach vorne ausgerichtet, nach oben strecken, dich meeeega langziehen und anschließend deine Arme seitlich am Körper wieder absenken. Vergiss nicht, den Kopf in seiner Aufrichtung zu belassen. Anschließend solltest du einmal lächeln, denn auch dein Pferd fühlt positive Energie. Wenn du frohen Mutes mit einem Lächeln im Gesicht auf dein Pferd zugehst, dann impliziert das deine Freude an der Arbeit mit ihm.

Um dich vor dem Besuch bei deinem Pferd in positive Stimmung zu versetzen, kannst du auch lauthals lachen. Denn wenn wir lachen, entstehen in unserem Gehirn positive Botenstoffe. Dabei ist skurrilerweise nicht entscheidend, ob uns gerade nach Lachen zumute ist oder nicht. Wir können unsere Emotionen positiv beeinflussen, wenn wir auf der Körperebene das tun, was wir normalerweise tun, wenn es uns besonders gut geht und wir glücklich sind, nämlich lachen und uns freuen. Es ist also möglich, die Psyche mithilfe unseres Körpers wissentlich zu manipulieren. Probiere es einfach mal aus, wenn es dir für dein pferdefreundliches Mindset gerade nicht ausreicht, deinen Ballast an der imaginären Garderobe, am Stalleingang, abzugeben. Auch bei Situationen, in denen einfach nichts klappt mit deinem Pferd, ist es hilfreich, einfach mal über sich selbst, die Situation oder das Pferd zu lachen. Denn Lachen ist immer besser als Wut oder Ärger und Freude in Kombination mit: „Ist nicht schlimm, probieren wir es einfach nochmal etwas anders", immer viel schöner als Frustration.

Im Gegensatz zu unserem Dynamik-Modus brauchen wir auch den Aus-Knopf, also einen Chillmodus. Damit können wir unserem Pferd mitteilen, dass wir jetzt gerade gar nichts von ihm möchten, wir es loslassen und es sich entspannen kann.

Um dich abzuschalten, nimm wieder das Bild der Marionette: Stell dir vor, alle Fäden, außer dem, der den Rumpf hält, würden abgeschnitten, das heißt, du würdest völlig ineinander zusammenfallen. Deine Arme hängen entspannt neben dem Körper, dein Kopf ist locker, du schaust zum Boden und dein Gewicht verlagerst du so, dass deine Hüfte sich einknickt. Atme dabei ganz entspannt und lass dein Pferd auch in Gedanken los (hier hat sich das Singen von „Alle meine Entchen" oder irgendeines anderen Liedes bewährt).

Die Marionette als inneres Bild für Dynamik- und Chillmodus.

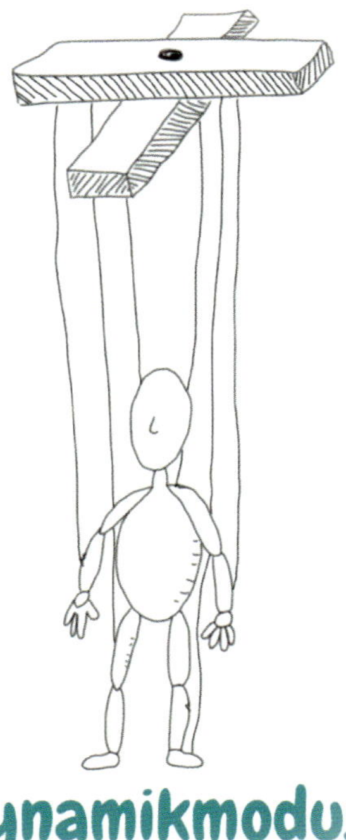

Dynamikmodus

Wenn du dich in diesen Chillmodus begibst, ist das quasi dein Belohnungstool, um dem Pferd zu sagen, dass es etwas gut gemacht hat, dass es deine Frage richtig beantwortet hat. Du stellst also im An-Modus eine Frage an dein Pferd, reagiert es in die Richtung, in die du möchtest und sei es nur eine Gewichtsverlagerung, schneidest du mental all deine Fäden ab und fällst in dich zusammen – Pause! Das impliziert dem Pferd folgenden Dialog:

Mensch: „Kannst du rückwärts gehen?"

Pferd: „Ich weiß gerade nicht, was mein Mensch möchte, aber er guckt so intensiv auf meine Brust, irgendwie ist mir dieser Druck unangenehm, oh, jetzt kommt er auch noch näher, da lehne ich mich doch mal ein Stückchen nach hinten."

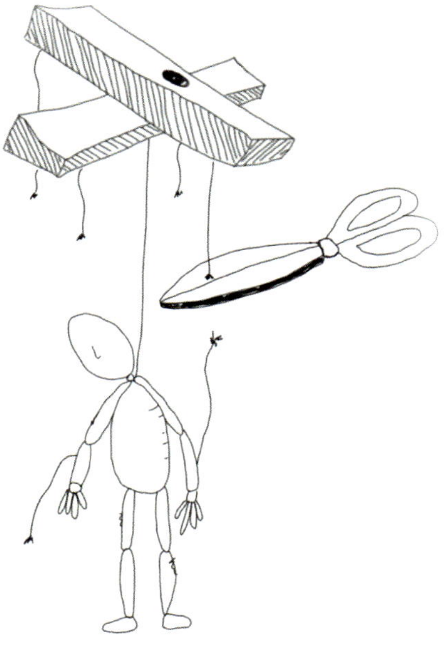

Chillmodus

Der Mensch bemerkt, dass das Pferd sein Gewicht nach hinten verlagert und wechselt sofort in den Chillmodus, bleibt also stehen, sackt in sich zusammen und schaut auf den Boden: „Danke, Pferd, dass du meine Frage in die richtige Richtung beantwortet hast."

Pferd: „Oh, mein Mensch bleibt stehen. Komisch!?"

Der Mensch schaltet sich wieder ein und stellt die gleiche Frage: „Kannst du rückwärts gehen?"

Pferd: „Oh, jetzt schaut er mich schon wieder so eindringlich an, dann gehe ich jetzt mal besser einen Schritt nach hinten."

Der Mensch bemerkt die Reaktion des Pferdes und schaltet sich sofort wieder aus. Nach einer kurzen Pause schaltet er sich wieder ein und fragt erneut.

Pferd: „Okay, wenn ich rückwärts gehe, dann hört mein Mensch auf, mich so anzustarren. Wenn er mich gleich wieder anschaut, dann gehe ich direkt rückwärts. Oh ja, er macht sich wieder groß und schaut in meine Richtung, schnell ein Schritt zurück. Mmh, jetzt lässt er mich wieder in Ruhe. Vielleicht möchte er einfach nur, dass ich rückwärts gehe? Das überprüfe ich gleich nochmal, wenn er mich wieder so anschaut."

Der Mensch wiederholt seine Frage in genau dieser Art und Weise, mit Ruhe, Geduld und indem er sich an und aus schaltet.

Pferd: „Ach so, ich soll einfach rückwärts gehen, wenn du so auf mich zukommst. Klar, kein Problem, dass mache ich doch gerne für dich! Und jetzt wo ich zwei Schritte gemacht habe, lobt mich mein Mensch auch noch ganz doll und oh ja, jetzt krault er meine Lieblingsstelle, ich glaube, das habe ich sehr gut gemacht! Ich werde jetzt mal genauer darauf achten, ob mein Mensch mir eine Frage stellt!"

Was machen wir als Nächstes?

Wie du anhand dieses Gesprächs sehen kannst, braucht das Pferd erst einmal eine gewisse Zeit, zu erkennen, dass der Mensch jetzt gerade nicht kauderwelscht, sondern es gezielt anspricht. Sobald es versteht, dass wir ihm eine Frage stellen, wird es bestrebt sein, diese zu beantworten, um wieder zurück in die Pause, also seine Ruhe, zu kommen. Natürlich wird dieser Prozess dauern. Auch unser Timing spielt eine ganz entscheidende Rolle, denn wir sind gehalten, sofort zu registrieren, wann unser Pferd auf unsere Frage antwortet und es just in diesem Moment mit der Pause zu belohnen, um zu sagen: „Genau, das wollte ich von dir! Danke, dass du einen Schritt nach hinten gegangen bist!“ In den meisten Fällen verstehen die Pferde sehr schnell, was wir von ihnen möchten, denn sie sind wie du weißt „Körper“-Muttersprachler und damit absolute Sprachgenies!

Fehlt diese klare An- und Entspannung unseres Körpers, haben wir es häufig mit unmotivierten oder unentspannten Pferden zu tun, da sie sich nicht fallen lassen können. Auch kann daraus resultieren, dass die Pferde keinen Spaß am Training haben, denn sie wissen nicht, ob und wann es für sie eine Pause gibt, in der sie nachdenken und das Erlernte verarbeiten können. **Zusätzlich vermitteln wir, auch wenn wir es nicht möchten, mit einem dauergespannten Körper Stress.** Dies wiederum lässt unser Pferd entweder nicht mehr stillstehen, weil es permanent unsere Anspannung spürt und aufnimmt, oder es stumpft ab. Im zweiten Falle müssten wir unser Feuer immer weiter entfachen, um das Pferd noch zu erreichen. Demnach wären wir gezwungen, unsere Energie immer weiter, also über die Möglichkeiten des Körpers hinaus, zu erhöhen. Um dieses Ziel zu erreichen, machen wir das, was wir bisher gelernt haben: Wir steigern den Druck und rüsten auf, denn ansonsten lässt sich das Pferd ja nicht mehr bewegen und kontrollieren. Zeitgleich manifestiert sich in unseren Köpfen das Bild vom faulen und unmotivierten Pferd, was keine Lust hat zu arbeiten und was man stets antreiben muss. Das führt zur Unzufriedenheit auf beiden Seiten und der Tatsache, dass auch der Mensch vielleicht nicht mehr so viel Spaß und Freude an der Arbeit mit dem Pferd hat, da er nicht verstehen kann, warum er sein Pferd immerzu antreiben muss. „Abgestumpfte“ Pferde machen auch die herrlichste Motivation des Menschen irgendwann mürbe, das lässt uns verzweifeln. Entweder holt man sich an dieser Stelle Hilfe von außerhalb, sucht nach passenden Lösungen in Fachbüchern oder sozialen Netzwerken, oder man rutscht immer wieder ganz schnell in negative Emotionen, die oft mit der bereits bekannten Strategie der Aufrüstung einhergehen. Aus Wut und Ärger resultiert, dass der Mensch das Pferd unfair behandelt, da er erbost auf dessen scheinbaren Unwillen ist, die Beziehung Pferd-Mensch verschlechtert sich zunehmend.
In diesem Beispiel wird klar, dass im Pferdetraining mit der Zeit aus einer Mücke ein Elefant werden kann. Ein kleiner Stein der Unwissenheit und falschen Kommunikation, also eine große Lawine von unerwünschtem Verhalten auslösen kann. **Aber hey, genauso wie die Mücke stetig wächst, können wir den Elefanten auch ganz zügig wieder schrumpfen lassen, wenn wir eindeutig und fair kommunizieren!**

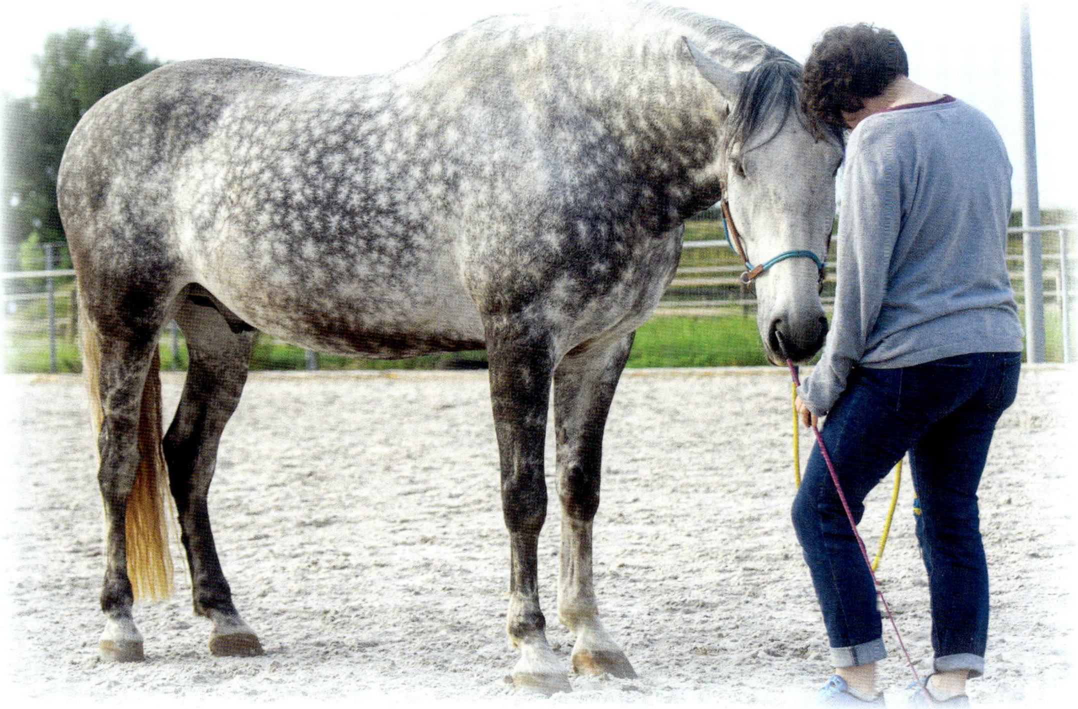

Klarer Chillmodus, Blick auf den Boden hängender Oberkörper und eingeknickte Hüfte: Galeon nimmt die Pause an.

Deutlicher Aktionsmodus: Aufrechte Körperhaltung, fokussierter Blick: Galeon weiß, dass jetzt eine Frage kommt.

An dieser Stelle möchte ich dir ein Beispiel aus meiner Praxis geben: Vor kurzem habe ich ein neues Trio in meinem Unterricht dazu gewonnen. Das Gespann aus Mutter und Tochter hatte bereits seit mehreren Monaten Unterricht bei einer Horsemanship-Trainerin in der Bodenarbeit. Leider führte dieser Unterricht nicht zum gewünschten Erfolg, denn das absolut unwillige, unmotivierte Pferd ließ sich auch von der Trainerin nicht dazu animieren, sich schneller und fleißiger vorwärts zu bewegen. Also wechselten sie zu mir. Als die Mutter mir vom Unwillen des Pferdes erzählte, freute ich mich sehr auf die erste Stunde. In dieser erklärte ich dann die Bedeutung der Körpersprache, den Chill- und Dynamik-Modus und die Notwendigkeit der Progression (siehe „Die Sache mit dem Druck") und vor allem des plötzlichen Loslassens, der Hilfen. Dann führte ich das Pferd. Nach drei Runden der genauen Erklärung und dem Hinweis an das Pferd, dass ich ihm ab jetzt mit meiner Körpersprache die Signale zum Antreten, schneller Gehen und Anhalten vermittele, ging das Pony motiviert und achtsam neben mir her, zeigte mit seiner Ohrensprache, dass es mir zuhört und auf mich fokussiert ist und trabte schlussendlich sogar nur auf die Hilfen von Energie und Fokus an. Nach dieser Runde ging ich zurück zu den Beiden und fragte, wann sie ihr Pferd das letzte Mal so dynamisch gesehen hätten. Die Tochter antwortete mir darauf, dass sie das Pferd noch nie so motiviert und vorwärtsgehend gesehen habe.

Mit fleißiger Übung dieser Führstrategie war es den Beiden bereits nach einer Woche (Menschen-) Training möglich, dass Pferd nur mittels klarer körpersprachlicher Signale zu beschleunigen. Die Progression der Hilfen bis hin zum Einsatz der Gerte waren schon nach kurzer Zeit nicht mehr nötig. Der träge Elefant, oder auch Balu der Bär, wie er mir vorgestellt wurde, war innerhalb von kurzer Zeit, in der die Körpersprache des Menschen konsequent geübt wurde, wieder zur schnellen, wendigen Mücke geworden.

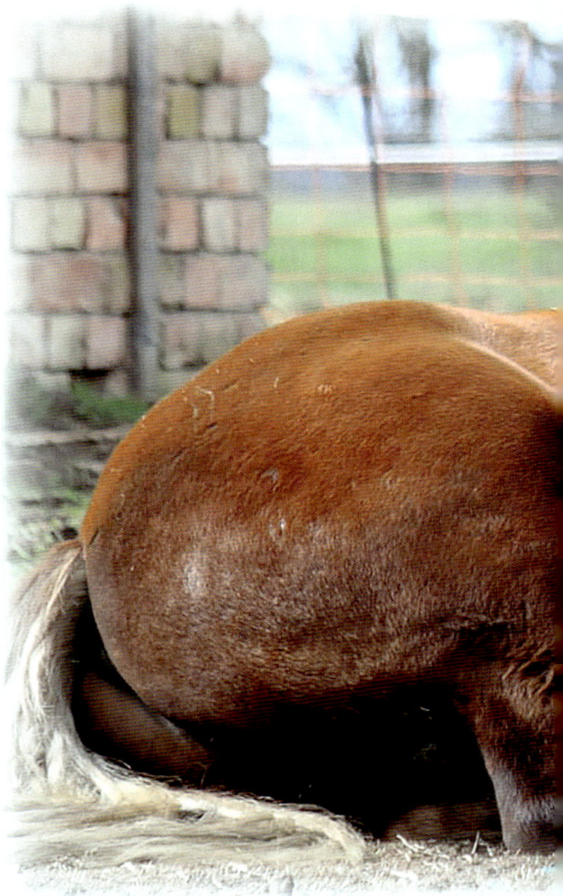

Tiefe Entspanntheit auf beiden Seiten.

Wenn du also nach der Anspannung des Körpers und der richtigen Reaktion des Pferdes, körperlich übertriebene Entspannung demonstrierst oder die entsprechende Hilfe löst, setzt du ein deutliches Signal für dein Pferd. **Eine übermäßige Relaxation ist zu Beginn sinnvoll, denn um „Körper" zu erlernen ist es clever, die „neuen" Bewegungen besonders exzentrisch auszuführen.** Ich weiß, dass wir uns dabei manchmal etwas blöd vorkommen, aber es hilft unserem Körperbewusstsein dabei, die frischen „Befehle" zu erkennen und aufzunehmen. Diese Übertriebenheit hilft uns dabei, tatsächlich loszulassen!

Im Umgang mit dem Pferd wünschen wir uns stets Kontrolle und Sicherheit. Daher fällt es uns logischerweise schwer, unser Pferd freizugeben, in den Chillmodus zu wechseln und es somit aus den Augen zu „verlieren". Denn ein Pferd, dass ich nicht anschaue, kann ich nicht kontrollieren. **Aber dieses Loslassen ist zwingend erforderlich! Denn ohne Entspannung kann ich irgendwann keine neue Spannung mehr aufbauen, ohne das Loslassen von Hilfen kann ich keine neuen Hilfen geben.**

Hand in Hand geht damit die Notwendigkeit einher, wie du schon aus dem Mindset weißt, dass wir unseren Pferden vertrauen. Wir möchten immer, dass unsere Pferde auf uns zählen. Oft vergessen wir dabei aber, dass auch wir dem Pferd vertrauen müssen. Vertrauen bedingt sich gegenseitig, das heißt wenn es auf einer Seite gänzlich fehlt, wird auch der Andere niemals in der Lage sein, sich fallen zu lassen. Und wenn ich vertraue, darauf zum Beispiel, dass mein Pferd bei mir bleibt und sich weiterhin für mich interessiert, auch wenn ich es loslasse, also in den Chillmodus wechsele und es nicht kontrolliere, dann wird es das auch eher tun, als wenn ich die ganze Zeit völlig angespannt immer wieder zu ihm hinsehe, um zu überprüfen, ob es sich noch immer so verhält, wie ich es gern hätte.

Ich ziehe meinen Körper ein wenig in der Mitte zusammen und frage Cap, ob er auf mich zukommen kann. Der Führstrick liegt wieder locker zwischen zwei Fingern, womit ich die Möglichkeit habe, ihm sanft die Richtung zu weisen, wenn er eine weitere unterstützende Hilfe benötigt.

Cap versteht sofort, dass ich mich groß mache und ihn um einen Rückwärtsschritt bitte, den er direkt ausführt.

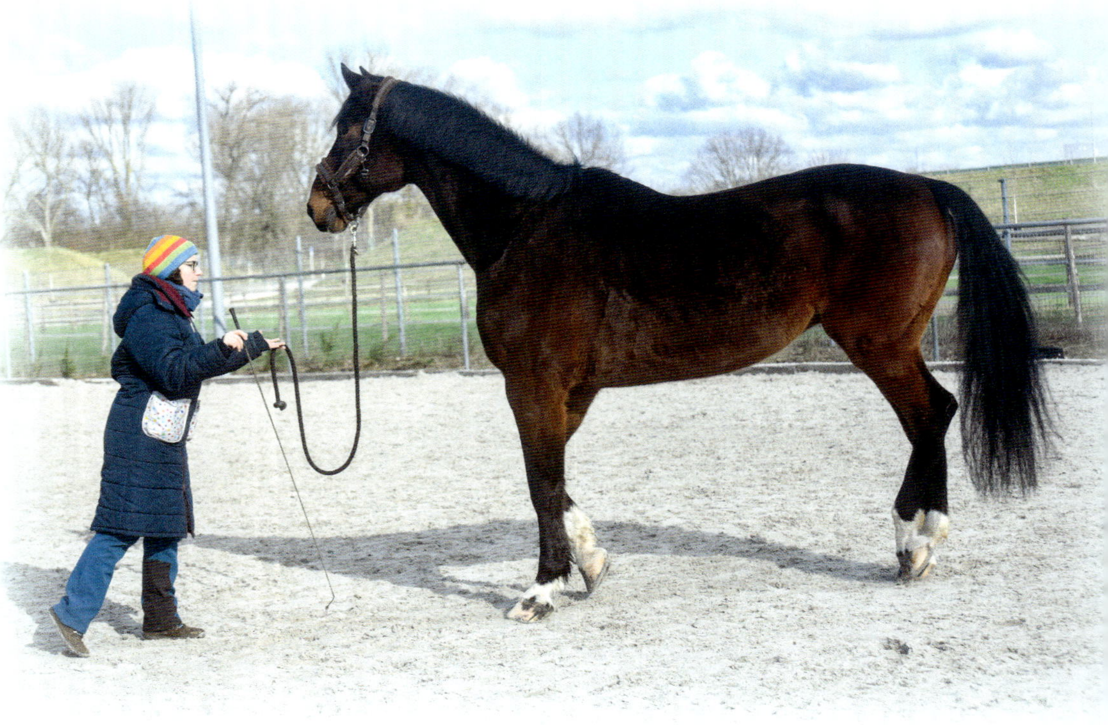

Wie du erkennen kannst, entsteht durch die fehlende Entspannung und das fehlende Loslassen der Hilfen eine Abwärtsspirale. Diese können wir allein durch die Kontrolle unseres Ein- und Ausschalters und unsere mentale Stärke schon zu Beginn durchbrechen können – eine phantastische Vorstellung oder!?

An dieser Stelle müssen unsere Pferde jetzt nur noch verstehen und lernen, dass wir plötzlich versuchen „Pferd" zu sprechen und bestrebt sind, mit ihnen in einen Dialog zu kommen. Damit das gelingt, brauchen wir außer unserem Wechsel vom Chill- in den Dynamik-Modus vor allem den Fokus. Unser Fokus sagt, wohin unsere Energie gelenkt werden soll.

> Wohin wir unsere Aufmerksamkeit lenken, dahin fließt unsere Energie. Wenn wir also kein Ziel vor Augen haben, dann wird auch nichts geschehen.
>
> Sabine Bohlmann in Willow

Stell dir vor, du hättest in deinen Augen Taschenlampen, mit denen du stets den Weg vor dir ausleuchten kannst. Dahin, wo deine Augen schauen, bewegt sich auch dein Körper, er folgt also der Lebendigkeit, die du aussendest. Je klarer du deine Schaffenskraft im Fokus zentrierst, umso verständlicher wird dein Anliegen für dein Pferd. Schaust du also, wie in unserem Beispiel oben, dem Pferd auf die Brust, wenn du es rückwärts schicken willst und sendest all deine Power und Gedanken in diese Richtung, dann wird das Pferd diese Willenskraft spüren und darauf reagieren: Es verlagert sein Gewicht nach hinten.
Wie du siehst, bedeutet Fokus nicht, mehr Druck zu machen, sondern Körper und Geist so auszurichten, dass völlig klar wird, was der Mensch vom Pferd möchte, also welche Frage er ihm stellt. Hier gilt die Devise:

Mache weniger, mit mehr Fokus!

Je geringer der Druck ist, den wir ausüben, umso erfolgreicher werden wir sein.
Des Weiteren kannst du mit deinem Fokus sowohl schickende als auch ansaugende Hilfen kreieren. Möchtest du dein Pferd von dir wegbewegen, dann sende deinen Fokus genau auf diese Stelle, die weichen soll und verstärke im Zweifelsfall deine Energie.
Möchtest du, dass dein Pferd zu dir kommt, nutze die Mitte deines Körpers, stelle dir vor die Taschenlampe strahlt aus deinem Zentrum, also deinem Bauch heraus nach hinten und „sauge" das Pferd zu dir. Hier kann es hilfreich sein, sich etwas klein zu machen, um damit den rückwärtigen Einsatz zu verstärken.

Fehlt mein Fokus, kann es sein, dass mein Pferd über Gegenstände hinweg, anstatt darum herumläuft, dass es verwirrt ist und meine Hilfengebung nicht versteht, oder dass ich Schwierigkeiten habe, mein Pferd auf die Kreisbahn zu schicken. Letzteres ist häufig zu beobachten, wenn der Mensch sein Pferd longieren möchte, es aber immer wieder nach innen drängt. Kommt dir bekannt vor?

Die meisten Menschen laufen beim Auf-die-Kreisbahn-Schicken des Pferdes hauptsächlich seitwärts und schauen stets auf die Hinterhand, um diese vorwärts zu treiben oder in das Gesicht des Pferdes, um zu schauen, wie es reagiert. Dabei wenden sie dem Pferd meist ihren kompletten Oberkörper zu und kreuzen ihre Beine. Viel sinnvoller ist es, an dieser Stelle den Fokus auf das Vorwärts zu richten, selbst den Weg, wenn auch auf einem kleineren Kreis, zu beschreiten und dabei mit den Taschenlampen-Augen die Strecke zu beleuchten. Somit machst du deutlich, wohin

dein Pferd gehen soll. Auch wendest du damit deinen Fokus vom Treiben (Ständiger Blick auf die Hinterhand) ab. Das heißt, du bist in Gedanken nicht andauernd dabei, dein Pferd anzutreiben, sondern du gehst einfach davon aus, dass es so lange in der Gangart bleibt, um die du es gebeten hast, bis du etwas anderes fragst. Natürlich kann auch hier das Pferd nachfragen, ob es okay ist, wenn es weniger macht, dann kannst du noch immer eine treibende Hilfe einsetzen. Sicher ist, du arbeitest definitiv mit einer anderen Einstellung, wenn dein Hauptaugenmerk nicht mehr darauf liegt, dein Pferd ununterbrochen voran zu treiben.
Trau dich, solche Wechsel der Perspektive und des Fokus einfach mal auszuprobieren und auf seine Verwertbarkeit für deine persönliche Werkzeugkiste zu überprüfen. Ich kenne einige Pferd-Mensch Paare, die durch diesen Fokuswechsel viel mehr Spaß an der Longenarbeit haben.

Sobald wir uns mit den Wegen beschäftigen, die unsere Pferde für und mit uns gehen sollen, kommen wir als nächstes auf die Konturklarheit. Wenn ich als Mensch weiß, wohin ich gehen möchte und was ich erreichen will, ist es unerlässlich, meine Strecke genau zu kennen und beizubehalten. Wenn wir uns völlig ziellos im Raum bewegen, können wir von unserem Pferd nicht erwarten, dass es „in der Spur bleibt". Daher ist es wichtig, dass du dir über jeden deiner Schritte im Klaren bist und deine Füße bewusst voreinander setzt. Dann weißt du immer, wo du hinlaufen möchtest und was diese Schritte bei deinem Pferd auslösen sollen. Wissen über den Weg, den ich gehen möchte, in Kombination mit dem klaren Fokus auf das Tier und die gemeinsame Bewegung, versetzt meist Berge oder eben Pferde.

Auch musst du dich häufig viel weniger bewegen. Zum Beispiel, wenn du möchtest, dass dein Pferd Abstand nimmt. Schicke dein Pferd in dieser Situation von dir weg, anstatt durch ein Rückwärtsgehen und Ausweichen selbst die Distanz herzustellen, die du gerne hättest. Ein

Mein Blick und mein genauer Fokus auf den Weg, den wir beschreiten wollen, zeigt Cap, wo es hingeht. Er kann sich entspannt anschließen, da er weiß, wo es langgeht.

Rückwärtsgehen unsererseits wertet unser Pferd häufig als Einladung näherzukommen, denn wir geben Raum frei.
Auch solltest du dir vor jeder Übung bewusst machen, welche Kontur du in den Sand „zeichnen" möchtest. Das hat zwei ganz entscheidende Vorteile. Zum einen weißt du, was du willst, und zum anderen sind Konturen endlich. Das heißt, du wirst dir mit Sicherheit keine zwanzig verschiedenen Wege überlegen, die du mit deinem Pferd gehen möchtest, denn die Gefahr, dass du dich in deinen Gedanken und Vorstellungen verstrickst und deinen Fokus verlierst, ist dabei ziemlich hoch. Daher überlegst du dir eine Aufgabe, erledigst diese und belohnst ganz nebenbei dein Pferd noch mit einer Pause, wenn ihr gemeinsam eine Aufgabe abgehakt habt und du beginnst, dir eine Neue auszudenken. Das motiviert dein Pferd ungemein, denn es weiß, dass du nie planlos handelst, also immer fokussiert bist und genau weißt, wie die Aufgabe aussieht und was du erreichen möchtest. Das schafft Vertrauen, Sicherheit und Motivation.

Da ich weiß, dass das jetzt sehr verwirrend klingt, zeige ich dir ein Trainingsbeispiel:
Du hast dich heute dazu entschieden, mit drei Pylonen auf unterschiedliche Art und Weise deine Energie, deinen Fokus und deine Konturklarheit zu trainieren. An dieser Stelle sage ich bewusst, dass **du** vorhast, **dich** zu trainieren, denn die meisten Körperbewegungen, die wir uns von unseren Pferden wünschen, beherrschen sie bereits. Ja! Dein Pferd hat all die Bewegungen, die du dir von ihm erhoffst auf seiner motorischen Festplatte irgendwo gespeichert. Der entscheidende Faktor ist, dass du diese Bewegungen zu dem Zeitpunkt, an dem du sie sehen möchtest, auslösen kannst, ohne dabei grob zu werden. Natürlich müssen wir bestimmte Übungen oder Lektionen der hohen Schule mit unseren Pferden trainieren, aber auch diese Veranlagung, solche Bewegungen ausführen zu können, steckt bereits in unseren Pferden. Etwas, was unser Pferd von seinem Interieur und Exterieur her nicht mitbringt, werden wir auch niemals antrainieren können. Das ist in etwa so wie die Tatsache, dass du es niemals schaffen wirst, deinen Ellenbogen mit deiner Zunge zu berühren. Egal wie lange du trainierst, was nicht geht, geht nicht![1]
Denke dir immer: Dein Pferd ist der Profi und du lernst jetzt, so zu fragen, dass es dir zur gewünschten Zeit die richtigen Antworten gibt. Also, ab zu den drei Pylonen!

Plan 1: Slalom um die Pylone

Dein Ziel ist es, mit deinem Pferd einen Slalom um die Pylone zu gehen. Du stellst dich an den Start, etwa drei bis vier Meter von deinem 1. Hütchen entfernt zusammen mit deinem Pferd auf. Ihr seid in der klassischen Führposition, das heißt, dein Pferd läuft auf deiner rechten Seite. Wie du dein Pferd besonders achtsam führen kannst, erkläre ich dir später im Praxisteil.

Starte mit der 1. Runde. Bitte mach nach jeder Runde eine kurze Pause und reflektiere, ob alles so geklappt hat, wie du es dir vorgestellt hast. Vergleiche auch die einzelnen Runden miteinander und prüfe, ob die Kommunikation besser wird. Wichtig: Versuche dein Pferd nicht am Kopf zu begrenzen. Es heißt Führen nur über Körpersprache!

1. Runde: Du gehst einfach mal drauflos, so wie du sonst immer durch einen Slalom gegangen bist.

2. Runde: Jetzt visualisierst du vorher den Slalom und machst dir ganz bewusst, welche Kontur du mit deinen Schritten in den Sand malen möchtest.

---

1 Naaaa, hast du es versucht?

3. Runde: Zusätzlich benutzt du jetzt die Kreuze, also ungefähr die Mitte zwischen zwei Pylonen, um deinen Fokus zu verändern. Möchtest du dein Pferd nach außen lenken, drehst du Fokus und Körper leicht nach außen. Möchtest du dein Pferd wieder näher zu dir holen, änderst du deinen Fokus auf die linke Seite und drehst dementsprechend deinen Körper dort hin. Leuchte mit deinen Taschenlampenaugen die Kontur für dein Pferd auf dem Boden aus.

4. Runde: Versuche am Ende um den letzten Pylon herum zu drehen und den Slalom wieder zurück zu laufen.

Na, merkst du eine Veränderung zwischen den unterschiedlichen Runden? Probiere diese Übung unbedingt auf beiden Seiten und versuche dich danach auch in höheren Gangarten oder mit noch mehr Pylonen. Du kannst außerdem den Abstand der Pylone von ganz eng beisammen, bis hin zu ganz weit auseinander variieren. Trau dich, einfach mal herum zu spielen und euch zu erproben. Ich versichere dir, es ist ein tolles Gefühl, gemeinsam mit dem Pferd einen ganz engen Slalom nur mithilfe von körpersprachlichen Signalen zu bestreiten.

Tipp: Wenn du etwas früher als in der Mitte zwischen zwei Pylonen deinen Fokus wechselst, schaffst du engere Kurven. Probier's doch mal.

Plan 2: Kreise um die Pylone

Auch bei dieser Übung legst du gemeinsam mit deinem Pferd in Führposition die Strecke zurück und machst immer einen größeren Kreis um die Hütchen herum. Probiere auch diese Übung in unterschiedlichen Runden zu bestreiten.

1. Runde: Einfach mal machen. Du hast eine grobe Idee im Kopf? Also, los geht's!

2. Runde: Visualisiere deine Kreise, male dir mental die Kontur auf den Boden und lege erst dann los.

3. Runde: Nimm jetzt auch noch verstärkt deinen Fokus mit hinzu. Das heißt: Da, wo du hinmöchtest, in diese Richtung dreht sich dein Körper. Wenn dein Pferd nicht reagiert, kannst du auch mit deinen Schultern übertriebene Hilfen geben.

Reflektiere nach jeder Runde, wie gut es geklappt hat. Wenn dir etwas einfällt, was du anders machen kannst, dann probiere dich gerne aus. Teste so lange herum, bis du den richtigen Schlüssel für das Schloss des gemeinsamen Erfolges gefunden hast.

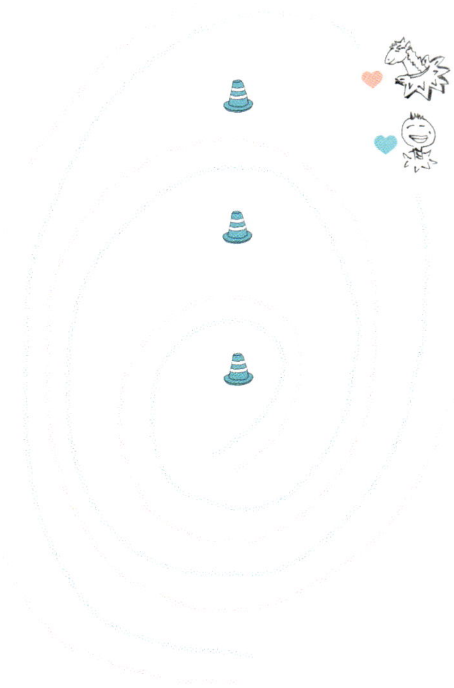

die Ursache genau erspüren, benennen und Möglichkeiten der Verbesserung anbieten. Just in dem Moment, indem wir den Grund der Schwierigkeit wahrgenommen und korrigiert haben, funktioniert die Kommunikation und damit die Übung. An dieser Stelle zeigen uns Pferde wirklich sehr oft, wie fein und aufmerksam sie sind und mit welcher Trennschärfe sie uns stets beobachten, analysieren und zu deuten versuchen, so dass manchmal absolute Kleinigkeiten der Grund dafür sind, dass etwas nicht – oder eben doch funktioniert. Gräme dich nie, wenn du einen Fehler nicht finden kannst. So lange du achtsam mit dir und deinen Bewegungen bist, wird es dir irgendwann auffallen. Sollte auch das nicht klappen, lass dich filmen oder beobachten und hole dir Tipps von anderen. Manchmal macht man etwas, was man selbst nicht wahrnimmt, aber ein anderer oder das Video dir hinterher sagen kann.

Es schadet wirklich nie, stolz auf sich und das Pferd zu sein!

Fehlt es dir an Konturklarheit, dann kann es passieren, dass dein Pferd immer wieder nach innen oder nach vorne drückt. Es ist auch möglich, dass es in deinen Bereich eindringt. Außerdem kann es passieren, dass dein Pferd nicht erkennen kann, wohin du möchtest, oder dass es beim Anhalten schräg stehen bleibt. Erstaunlicherweise können ganz kleine Fehler in menschlichen Gesten schon dazu führen, dass eine Übung nicht funktioniert. Wundere dich nicht, wenn es etwas länger dauert, bis dir auffällt, wo gerade das Problem liegt. **Bitte ärgere dich nicht darüber, sondern versuche weiterhin mit deiner forschenden Neugier den Patzer zu finden.**

Manchmal erkenne ich in einem Prozess bei meinen Schülerinnen, dass etwas nicht funktioniert. Oftmals kann ich aber erst zum Ende oder manchmal auch erst in einer der nächsten Stunden

Jetzt hast du wieder einige To-dos für deine Liste erhalten, die du fleißig mit deinem Pferd erproben kannst. Frag es stets nach seiner Meinung zu den Dingen und freue dich über deine Erfolge in der Kommunikation. Denn ich versichere dir, dass du mit den Sprachtools aus diesem Kapitel deinem Ziel „Pferd für Menschen" zu lernen wieder ein Stückchen näherkommst!

Denke immer daran: So lange sich Mensch und Pferd in ihrem Tun wohlfühlen und sich in einer positiven Energie und einer guten Körperstimmung miteinander verbinden, so werden sie beim Training Spaß und Freude empfinden!

To-do-Liste Körpersprache

Der kleine Helfer für deinen Stallschrank

Die Körpersprache der Pferde

„Hey Du, es lohnt sich hinzuschauen! Echt!"

Als Nächstes beschäftigen wir uns mit der Körpersprache der Pferde. Allein über diese Thematik kannst du bei tieferem Interesse einige gute Fachbücher finden, die sich intensiv mit der Ausdrucksweise und Sprache der Pferde beschäftigen.[2]

Der Einfachheit halber und vor allem, damit du einen groben Überblick erhältst, beschränken wir uns hier auf fünf wesentliche und sehr aussagekräftige Bereiche, deren Beobachtung und Beachtung dir in deinem Alltag mit dem Pferd weiterhelfen werden. Wenn wir in der Lage sind, die Veränderungen in diesen Bereichen des Pferdekörpers zu lesen und zu dekodieren, können wir immer tiefer in den Dialog mit dem Pferd eintauchen. Denn je besser wir verstehen, was es uns mitteilen möchte, umso genauer können wir zuhören und versuchen, seine Gesten zu deuten. Ich bin immer wieder von den Pferdebesitzern beeindruckt, die innerhalb kürzester Zeit der Beobachtung genau sagen können, dass und auch was genau faktisch bei ihrem Pferd nicht stimmt.

Bevor wir uns konkret mit der pferdischen Kommunikation beschäftigen, möchte ich dir die Erkenntnis mitgeben, dass **Pferde die Welt entgegen unseren menschlichen Erwartungen nicht so wahrnehmen, wie wir es tun.** Erst recht sollten wir nicht davon ausgehen, dass sie genauso wie wir auf die Reize der Welt reagieren.

Pferde sind keine Menschen und menschliche Eigenschaften, Ideen oder Handlungsweisen erklären niemals pferdisches Verhalten!

Natürlich können wir anhand von vermenschlichten, verständlichen Beispielen verschiedene Verhaltensweisen oder Motivationen beziehungsweise Ablehnungen der Pferde erklären oder verstehen lernen. Die Vermenschlichungen, wie du sie in diesem Buch in zahlreichen Beispielen wiederfindest, sind vor allem dazu da, bei dir als Leser Verständnis und Spürsinn für pferdisches Verhalten zu entwickeln, nicht um pferdisches Verhalten zu erklären. Es ist mir ein großes Anliegen, Empathie zu erzeugen und deine Achtsamkeit auf den alltäglichen, selbstverständlichen Umgang mit dem Pferd zu lenken und diesen zu hinterfragen. Denn Pferde sind Lebewesen und verdienen stets unseren Respekt, unsere Umsicht und unsere Liebe!

2 Empfehlungen meiner Lieblingstitel findest du am Ende des Buches.

Es fällt uns leicht, Tiere wie Menschen zu behandeln und zu interpretieren, denn wir sind Menschen und erkennen die Liebe und Sehnsucht, die wir uns aus der Verbindung mit ihnen versprechen, in ihnen wieder. Wir sind uns sicher, dass unsere Pferde uns genau so sehr lieben, wie wir sie.

Funktionieren sie nicht, erklären wir ihr Verhalten ebenfalls vorrangig mit menschlichen Eigenschaften. Oftmals erkennen wir nicht, an welcher Stelle **unserer** Kommunikation oder **unserem** Umgang, das Problem liegt und suchen die Antwort beim Pferd. Erst wenn wir uns immer wieder bewusst machen, dass Pferde außerhalb ihrer Herde stets mit Partnern zu tun haben, die ihre Sprache nicht sprechen, aber trotzdem immer irgendetwas von ihnen wollen, was sie häufig einfach nicht durchschauen, dann können wir die Perspektive wechseln und verstehen lernen.

Aus dieser Misere resultierend begegnet uns häufig, wie du ja auch schon im Kapitel über das Bild des Pferdes lesen konntest, die Meinung verschiedenster Pferdemenschen, dass die Pferde bestimmte Verhaltensweisen „mit Absicht" zeigen: „Das macht der doch extra, er weiß, dass er das eigentlich nicht darf!", „Sie testet jetzt gerade wer das Spielchen hier gewinnt", oder auch „Er möchte auf jeden Fall gefallen!".

Wie bereits kurz erwähnt, sind Pferde gar nicht dazu in der Lage, absichtsvoll im Voraus zu planen. Dass sie keine Planungsfähigkeiten besitzen, ist ganz logisch, wenn wir ihre Strategie zum Überleben, die Flucht, in unserer Betrachtung und Bewertung ihres Verhaltens berücksichtigen. Ein Pferd, das im Ernstfall erst mal in Ruhe darüber nachdenkt, ob es weglaufen soll oder nicht anstatt sofort loszusprinten, verliert viel wertvolle Zeit, in

Konzentration auf beiden Seiten – ein gelungener Dialog!

der ein Angreifer ihm näherkommen und es töten kann.
Pferde leben nach der Devise: erst handeln, dann denken. Besser grundlos fliehen, als erwischt zu werden. Um sein Überleben zu sichern, muss es demnach auf jeden Fall auf jegliche Planungsaktivitäten verzichten und einfach das tun, was in seinen Genen programmiert ist: Weglaufen und zwar schnell!

Dass wir Menschen den Pferden absichtsvolles Handeln zuschreiben, liegt vor allem daran, dass wir selbst uns allzu oft wissentlich oder sogar mit Absicht „danebenbenehmen" und daraus schlussfolgern, dass es uns die Tiere gleichtun.
Pferde sind unsere Familienmitglieder, unsere Freunde. Sie nehmen schnell einen wichtigen Platz in unserem Herzen und unserem Leben ein. Daher überhäufen wie sie mit unserer Art der Zuneigung, wir geben Unmengen von Geld aus, für allen möglichen Schnick Schnack (und ja, das kann man auch als Nicht-Pferdebesitzer), den es wohl braucht, damit unser Pferd glücklich sein kann.[3] Allein in Deutschland wird der Umsatz der Pferdewirtschaft auf circa 6,7 Milliarden Euro pro Jahr geschätzt.[4] Die Auswahl an Equipment und Wohlfühlartikeln, die unsere Pferde scheinbar für ein glückliches Leben brauchen, sind schier endlos.
Ergänzend zu der materiellen Seite unserer Pferdeliebe ist es möglich, Pferde gern zu haben, zu respektieren und dabei trotzdem anzuerkennen, dass ein großer Unterschied zwischen ihnen und uns besteht. Denn das Verhalten eines Tieres mit dem eines Menschen gleichzusetzen, sorgt für Schwierigkeiten auf beiden Seiten.[5] Entgegen unserem menschlichen Irrglauben haben Pferde niemals die Absicht, uns das Leben schwer zu machen.[6]
Pferde leben immer im Hier und Jetzt! Ein Pferd ist stets bestrebt, seinen eigenen Zustand zu optimieren. Es möchte entspannen, etwas fressen, mit seinen Pferdebuddys auf der Weide herumtoben und vor allem keine anstrengenden Arbeiten verrichten. Optimierung des aktuellen Zustandes jetzt in diesem Moment. Nicht morgen, nicht gestern, **Jetzt!**
Daher sind sie auch so unverblümt, denn wir erhalten auf das, was wir tun und fragen, immer eine unmittelbare Reaktion, eine Antwort des Pferdes. Ob sie uns gefällt oder nicht, das Pferd sagt ehrlich was es gut findet und was nicht. Wenn wir lernen, diese Signale zu lesen, zu deuten und für das Pferd adäquat zu ändern, dann gestehen wir ihm ein Mitspracherecht zu. Natürlich wird es im Training immer auch Situationen geben, in denen wir etwas vom Pferd möchten, was ihm nicht gefällt. Klar haben wir Gründe, warum wir manchmal nicht auf das Pferd hören können und wir dem meckernden Teenager neben uns sagen müssen: „Doch, ich möchte wirklich, dass du das jetzt tust!" Aber es ist nicht verkehrt in Situationen, die keine wirkliche Wichtigkeit haben, auf die Reaktionen des Pferdes zu achten und ihm ein gewisses Mitspracherecht zuzugestehen. Ein Pferd, das sich verstanden fühlt, wird immer lieber mit uns zusammenarbeiten, als eines, das permanent in seinen Gesten und seinem Habitus ignoriert und dominiert wird.
Auch ist es wichtig, dass Menschen und Pferde Fehler machen dürfen! An uns liegt es, diese „Fehler" in so adäquater Weise zu korrigieren, dass das Pferd niemals Angst davor hat, welche zu machen, weil es unsere Strafe fürchtet. Eine gute und positive Lernatmosphäre, die Raum zum Ausprobieren und sich erproben gibt, die stets unter dem Aspekt geführt ist, das Pferd noch ein bisschen mehr zu motivieren und

3 vgl. Janet L. Jones, Horse Brain – Human Brain, Kosmos Verlag 2022

4 https://www.pferd-aktuell.de/deutsche-reiterliche-vereinigung/zahlen--fakten

5 vgl. Horse Brain – Human Brain S. 286

6 vgl. Horse Brain – Human Brain S. 286

Die Fünf großen Kommunikationsbereiche des Pferdes.

noch ein bisschen mehr Freude am Zusammensein herauszukitzeln, wird immer ein Setting sein, in welches sich auch das Pferd gerne begibt.

Um Pferde besser lesen zu können, schärfen wir unseren Blick für die folgenden fünf Kommunikationsbereiche:

Die Augen

Die Augen des Pferdes liegen im Gegensatz zu denen des Menschen seitlich am Kopf. Daraus resultiert, dass unsere Pferde quasi eine Rundumsicht besitzen. Ihr Gesichtsfeld beträgt in etwa 340°. Einzig direkt zwischen den Augen nach vorne und die letzten Winkelgrade, die hinter den Hinterbeinen und der Kruppe liegen, sind für sie dunkel, also nicht erkennbar.

Der Mensch hingegen hat ein Gesichtsfeld von etwa 90°, kann also wesentlich weniger Raum betrachten als das Pferd. Im Bereich der Sehschärfe sind uns unsere Pferde dagegen deutlich unterlegen, denn sie sehen nur etwa halb so gut wie wir. Das bedeutet, dass Pferde viele Dinge eher verschwommen wahrnehmen. Um dies auszugleichen heben sie oftmals ihren Kopf hoch und reißen ihre Augen auf, dazu spitzen sie die Ohren und blähen die Nüstern, um zur Unterstützung auch akustische und olfaktorische Signale zu erhalten.[7]

Ein plötzliches Heben des Kopfes quittiert der Mensch häufig mit einem Rucken am Strick. Wenn man jetzt aber einmal davon ausgeht, dass unser Pferd in diesem Moment etwas gesehen hat, wozu es noch weitere Informationen benötigt, weil es

7 Horse Brain – Human Brain S. 41–58

eben nicht besonders scharf sehen kann und sich vielleicht auch nicht ganz sicher ist, ob der Mensch an seiner Seite wirklich zu 100 % für seine Sicherheit sorgen kann, dann entsteht auch hier ein neuer Weg der Achtsamkeit auf pferdisches Verhalten und des Verständnisses.

Wenn ein Pferd etwas scharf erkennen, also wirklich sehen soll, dann muss das Objekt mindestens einen Meter entfernt vor dem Pferd ausgerichtet werden. Um dieses Objekt anschließend genau zu fokussieren, braucht es noch einen weiteren Moment. Also auch hier spielen uns Zeit, Geduld und Ruhe wieder positiv in die Karten, wenn wir unseren Pferden etwas Neues präsentieren. Die Tatsache, dass Pferde mit ihren Augen schlecht fokussieren können, erklärt, warum sie sich bei plötzlichen Bewegungen vor oder neben ihren Körpern erschrecken dürfen.

Seilt sich plötzlich eine Spinne in unserem äußeren Sichtfeld ab und wir erkennen nur irgendeine schemenhafte unscharfe Bewegung, würden sich die meisten von uns auch erschrecken und vielleicht sogar reflexartig nach diesem „Ding“ schlagen.

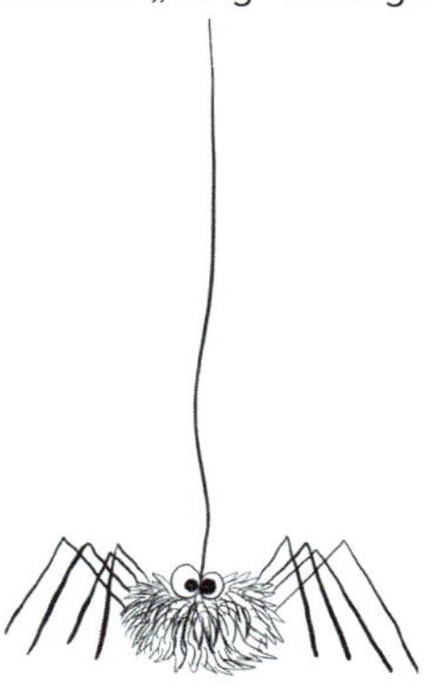

Ich streiche Cap sanft mit dem Handrücken über das Auge ...

... er schließt sein Auge und entspannt sich.

Wenn wir uns die Augen des Pferdes als Kommunikationsmedium genau anschauen, so können wir an kleinen Indizien feststellen, wie es unserem Pferd geht.
Glänzende, wache und lebhafte Augen deuten darauf hin, dass es unserem Pferd gut geht. Trübe Augen oder auch ein ausdrucksloser Blick können auf Unwohlsein oder Schmerzen hindeuten. Können wir das Weiße in den Augen eines Pferdes sehen, dann hat es meistens Angst oder ist sogar panisch.
Ein entspanntes Pferd blinzelt regelmäßig oder schließt beim Chillen sogar ein wenig die Augen. Auch um die Augen herum sind keine „Sorgenfalten" zu erkennen.
Kommt Stress oder Unwohlsein auf, stellt das Pferd das Blinzeln ein und reißt förmlich die Augen auf und den Kopf hoch, um ja nichts zu verpassen, was um es herum geschieht.

Wenn du bemerkst, dass dein Pferd nicht mehr blinzelt oder große Sorgenfalten um seine Augen herum zeigt, ist es sinnvoll, inne zu halten und zu schauen, was diese Sorgen bei deinem Pferd auslöst. Wenn du nichts Genaues erkennen kannst, kann es hilfreich sein, dein Pferd zu unterstützen, wieder einen entspannten Zustand zu erlangen. Um beim Pferd Entspannung herzustellen, können wir ganz sanft mit unserem Handrücken über die Augen des Pferdes streichen. Wenn wir den regelmäßigen Lidschluss auslösen, helfen wir dem Pferd dabei, wieder zurück in seine Ruhe zu finden.[8] Wichtig dabei ist, dass auch du dich zu dieser Zeit in deiner inneren Ruhe befindest, denn ein gestresster und angespannter Mensch kann niemals Ruhe für sein Pferd ausstrahlen. Wehrt es sich jedoch gegen deine Hand, solltest du ihm deine Fürsorge nicht aufzwingen, sondern nach anderen Lösungen suchen.

8 vgl. Hero Merkel – Embodiment für Pferde, campus. pferdefluesterei.de

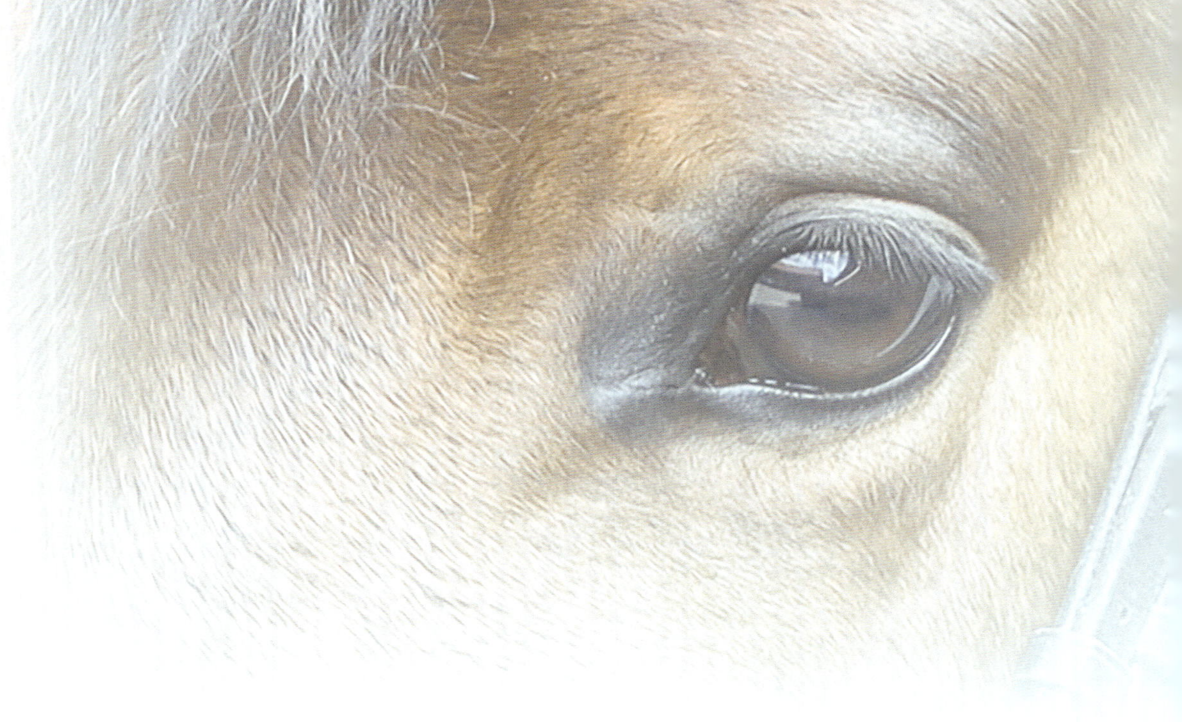

Entspanntes Maul

Angespanntes Maul

Das Maul und die Nüstern

Das Maul und die Nüstern des Pferdes sind ein wahrer Quell der Kommunikation und mit ein bisschen Übung und Blickschulung auch relativ leicht zu deuten. Ein entspanntes Pferd lässt meist die Unterlippe hängen und zeigt auch sonst keine Falten in der Maulpartie.
Ein gespanntes Pferd dagegen presst die Lippen aufeinander und zeigt viele tiefe Falten. Ein solch angespanntes Maul kann, wenn es sich gar nicht lockern mag, auch auf Schmerzen hindeuten, also bitte schaue auch hier genau nach, ob sich dein Pferd auch entspannen kann oder die Anspannung in der Maulpartie über einen längeren Zeitraum beibehält.
Auch erste kleine Fältchen in der Maulpartie können ein Zeichen für Unbehagen sein, oder dafür, dass dem Pferd nicht gefällt, was wir gerade von ihm möchten.

Die Maulpartie kann man ebenfalls aktiv lockern und entspannen. Hier ist es sinnvoll, das Pferd zum Schlecken und Kauen, dem sogenannten Leerkauen, anzuregen. Das kann man machen, indem man vorsichtig über seine Zunge streichelt. Wenn du Angst davor hast, von deinem Pferd dabei gebissen zu werden, dann solltest du damit noch ein bisschen warten, bis ihr eine vertrauensvolle Beziehung zueinander aufgebaut habt und du dir sicher sein kannst, dass es dich nicht beißen wird.

Das Schlecken und Leerkauen an sich, was immer schnell als „Jetzt denkt er nach!" interpretiert wird, hat mehrere Bedeutungen und muss immer aus dem Kontext heraus, in dem dieses Verhalten gezeigt wird, betrachtet und interpretiert werden. Die Deutungsvarianten reichen vom Unbehagen über Konfliktverhalten oder Unterlegenheitsverhalten bis hin zu Entspannung und Wohlbefinden. Wie du siehst, haben wir hier eine ganze Palette an

Möglichkeiten, so dass es schwerfällt, immer nur die eine Deutungsweise heranzuziehen.
In der Mensch-Pferd Beziehung handelt es sich beim Leerkauen meist um eine unterwürfige Geste, die sich in unterschiedlichen Situationen zeigt. Zum einen kann sie gezeigt werden, wenn wir uns Pferden annähern und in ihre Individualdistanz eintreten, auch beim Treiben oder Fortschicken des Pferdes dient diese Geste als Beschwichtigungssignal.[9]
Als Übersprungshandlung lässt sich das Lecken und Kauen ebenfalls beobachten, vor allem in Konfliktsituationen. Solche Situationen entstehen, wenn der Mensch widersprüchliche Signale sendet und/oder das Pferd überfordert ist.[10]

Selbstverständlich kann es ebenfalls signalisieren, dass sich dein Pferd nach einer für es stressigen, schwierigen oder auch anspruchsvollen Situation wieder entspannt. Es baut also die Spannungen in seinem Körper, die durch eine bestimmte Übung verursacht werden können, wieder ab. Die in solchen Momenten gezeigten, mahlenden Kaubewegungen bei meist geschlossenem Maul, verbunden mit einem Absenken des Kopfes oder einem Schnauben, können ziemlich sicher als Zufriedenheitsreaktion und als Verarbeitung und Verstehen von Learnings interpretiert werden: „Jetzt denkt er nach!".[11]

9 Dr. Gerry M. Neugebauer, Julia Karen Neugebauer: Lexikon der Pferdesprache – Neue Wege zur artgerechten Kommunikation, Eugen Ulmer Verlag, 2020, vgl. ausführliches Zitat S. 125

10 Lexikon der Pferdesprache S. 125

11 Lexikon der Pferdesprache S. 125

Die Ohren

Entgegen der landläufig sehr verbreiteten Meinung, dass Pferde unglaublich gut hören können, ist es wichtig, für ein verständnisvolles Miteinander auch darüber aufzuklären, dass diese Annahme nicht korrekt ist.
Pferde hören in einem leicht höheren Frequenzbereich als Menschen, sind aber nicht dazu in der Lage, Tonhöhen wahrzunehmen, die wir als sehr niedrig bezeichnen. Niederfrequente Töne nehmen Pferde eher über Vibrationen in ihren Zähnen, beziehungsweise ihrem Kiefer wahr, wenn sie grasen. Auch über die Hufe werden leichte Vibrationen an das Pferdehirn übertragen, die es dann auswertet.[12]
Unsere Stimme erscheint, entgegen unseren Vermutungen, unserem Pferd sogar ein kleines wenig leiser, als ein danebenstehender Mensch sie wahrnehmen würde.
Warum erscheint es uns dann aber immer so, als ob unsere Pferde wesentlich besser hören könnten als wir?
Das liegt vor allem an der unterschiedlichen Wahrnehmung zwischen Pferd und Mensch. Ein Pferd ist evolutions- und überlebensbedingt vor allem darauf trainiert, auf leise, kurze und dezente Geräusche zu achten, denn diese könnten die Gefahr ankündigen. Der Mensch hat keinen Grund, die kleinen Töne um ihn herum immer wieder zu beachten und zu analysieren, denn sie sichern nicht sein Überleben. Auch ist der Mensch häufig eher mit seinen inneren Monologen (Pläne, Ideen, Sorgen, Gedanken) beschäftigt, als mit den knackenden Zweigen auf der Ausreitstrecke.[13]

12 vgl. Horse Brain – Human Brain S. 71–74

13 vgl. Horse Brain – Human Brain S. 74

Tonic ist nicht wütend, sondern voll fokussiert.

An dieser Stelle möchte ich dir den Mini-Changer „Hör genau" an die Hand geben. Da wir ein ähnlich gutes Hörvermögen wie unsere Pferde haben, versuche doch einmal, dich in die Wahrnehmung des Pferdes einzufühlen. Stelle dich allein oder gemeinsam mit deinem Pferd auf eine Koppel, den Putzplatz oder bleibe beim Spazieren gehen einfach mal stehen. Versuche nun deine Wahrnehmung besonders auf kleine Geräusche zu lenken. Was kannst du jetzt hören? Wenn es dir leichter fällt, schließe auch einmal die Augen und konzentriere dich nur auf deine auditive Wahrnehmung (Bitte dies mit Pferd nur im geschützten Rahmen!). Welche Geräusche rücken für dich besonders in den Vordergrund? Kannst du menschenwichtige Geräusche ausblenden, um dich zum Beispiel auf das Knacken der Zweige zu konzentrieren?

Pferde sind interessanterweise auch dazu in der Lage, Geräusche perfekt zu interpretieren. Sie wissen genau, wann das Auto ihres Menschen am Stall vorfährt, sie können sogar aus der Tonlage der menschlichen Stimme interpretieren, in welcher Stimmung wir sind. Auch erkennen sie ihre Artgenossen am Wiehern und wissen, was sie ihnen mit unterschiedlichen Arten des Rufes mitteilen möchten. Diese Fähigkeit der Pferde ist ein weiteres Indiz dafür, dass wir unser pferdefreundliches Mindset zwingend benötigen, um unsere negativen Emotionen zu kontrollieren und dass wir Freundlichkeit und Freude auch über unsere Stimme zu unserem Pferd transportieren.
Was Mensch und Pferd gemein haben, ist ihre Intoleranz gegenüber Lärm. Beide bekommen Stress, wenn sie regelmäßig Lärmquellen ausgesetzt sind. Daher kann beispielsweise auch ein lauter Stall zu permanentem Stress beim Pferd führen.[14]

14 vgl. Horse Brain – Human Brain S. 71–83

Verschiedene Ohrpositionen plus Erklärung.

Wenn wir uns jetzt die Ohren ebenfalls als Kommunikationselement anschauen, können wir einiges über den Gemütszustand unseres Pferdes erfahren. Hat unser Pferd ein reges Ohrenspiel, dann ist dies ein Zeichen für Aufmerksamkeit und Wachsamkeit.
Stellt es die Ohren nach vorne, ist seine Aufmerksamkeit nach vorne gerichtet und es zeigt eine positive Grundeinstellung. Zur Seite gestellte Ohren, sehe ich sehr oft in unserer Art der Arbeit – das Pferd konzentriert sich auf uns und unsere Bewegungen und schenkt uns allzeit ein oder auch zwei Öhrchen Aufmerksamkeit.[15]
In anderen Fällen kann ein solches, zur Seite gestelltes Ohr aber auch Unsicherheit oder Unterwerfung beziehungsweise Angst bedeuten. Werden die Ohren aktiv nach hinten gestellt, so können sie zum einen die nach hinten gerichtete Aufmerksamkeit ausdrücken oder auch Unbehagen oder Abwehrbereitschaft anzeigen. Bei vielen Pferden, vor allem Wallachen, konnte ich häufig beobachten, dass sie im Spiel auch mit dem

Menschen die Ohren in dieser Art und Weise zurücklegen. Lange habe ich gedacht, dass dies zwingend ein Zeichen von Unbehagen oder dem Übergang zur Aggression ist. Es kann aber auch einfach besonders intensive Konzentration und Fixierung auf eine bestimmte Aufgabe ausdrücken.

Welche Deutung relevant ist, hängt davon ab, ob wir den Pferden trotz dieser Ohrhaltung weiterhin Fragen stellen können oder nicht. Ein aggressives Pferd wird kaum durch einen Wechsel des Fokus oder der Energie auf Entspannung und Harmonie umschalten. Ein auf uns konzentriertes Pferd schon. Legt ein Pferd hingegen seine Ohren eng an den Körper, so haben wir es tatsächlich mit Aggression, massiver Abwehr gegen menschliches Verhalten, egal ob geritten oder am Boden, oder großer Angst zu tun – hier ist es immer sinnvoll, achtsam und gegebenenfalls auch vorsichtig zu sein und das eigene Verhalten zu überprüfen.[16]

15 Margit H. Zeitler-Feicht: Handbuch Pferdeverhalten – Ursachen, Therapie und Prophylaxe von Problemverhalten, Eugen Ulmer Verlag, 3. Auflage 2015, vgl. ausführliches Zitat S. 156–157

16 vgl. Handbuch Pferdeverhalten S. 156–157

Der Schweif

Wenn es besonders warm ist und die Insekten um unsere Pferde schwirren, dann können wir es auffallend häufig und intensiv beobachten: Das Schweifschlagen. Aber der Schweif unserer Pferde dient nicht nur der Insektenabwehr, sondern auch der Kommunikation. So ist ein eingeklemmter Schweif, ähnlich wie bei Hunden ein Ausdruck für Angst. Wird der Schweif jedoch hochgestellt, ist oftmals eine hohe Erregung beim Pferd zu erkennen, was auch mit der Signalfunktion für das pferdische Spiel einhergehen kann. Wird der Schweif leicht vom Pferd getragen, so kann dies Aufmerksamkeit signalisieren, wobei ein normal herunterhängender Schweif vor allem auf Entspannung aber auch Schmerzen hindeuten kann.[17]

Das Schlagen mit dem Schweif können wir ebenfalls unter dem Aspekt der Verständigung betrachten, denn es kann auch ein Hinweis an den Menschen sein. Beim Reiten sowie bei der Bodenarbeit gilt der schlagende Schweif als Zeichen für ein physisch und psychisch verkrampftes Pferd.[18] Auch kann er ein Zeichen für zu viel Druck sein und die Message des Pferdes als ein klares „Lass das!“ oder „Hör auf damit!“ interpretiert werden. Es ist also in den meisten Fällen tatsächlich ein Ausdruck von Unbehagen, einhergehend mit der Aufforderung an uns, den Druck zu reduzieren, mit der Frage aufzuhören oder die Frage anders zu stellen. Daher: Nimm stets auch die Signale wahr, die dein Pferd dir mit seinem Schweif sendet!
Auf der positiv kommunizierenden Seite ist es ebenfalls sinnvoll, den Schweif näher zu

---

17 vgl. Handbuch Pferdeverhalten S. 156–157

18 Lexikon der Pferdesprache S. 156

Verschiedene Schweifpositionen und ihre Bedeutung.

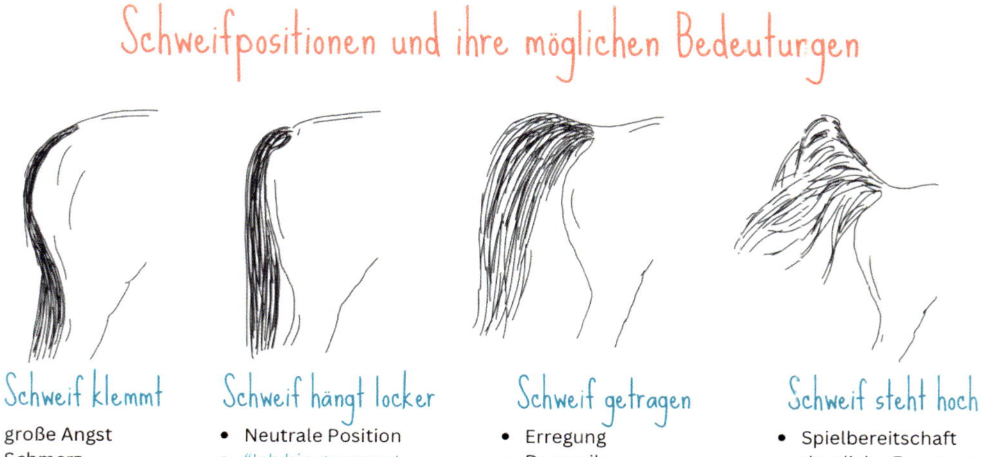

Schweif klemmt
- große Angst
- Schmerz
- "Es geht mir gar nicht gut!"

Schweif hängt locker
- Neutrale Position
- "Ich bin gespannt, was wir heute machen"

Schweif getragen
- Erregung
- Dynamik
- Aufmerksamkeit
- "Das macht Spaß, ich bin dabei!"

Schweif steht hoch
- Spielbereitschaft
- deutliche Erregung
- hohe Energie
- "Ich will Action!"

betrachten. Denn eine Entspanntheit im Schweif und ein Heben der Schweifrübe für kraulende Menschenhände kann ein wahrer Beziehungsbooster sein. Man wird es nicht glauben, aber einige Pferde lieben es, an der Schweifrübe gestreichelt und massiert zu werden. Es geht sogar so weit, dass Pferde, wenn sie sich im Körperpflegemodus befinden, ihrem Menschen aktiv das Hinterteil zudrehen, weil sie gerne auch am Schweif gekrault werden möchten. Tue deinem Pferd den Gefallen und streichele es vor allem an den Stellen, die es dir zeigt und bei denen es ein „Genussgesicht" macht. Dein Pferd zeigt dir damit ein deutliches Signal des Vertrauens[19] und dass es sich gerade in deiner Gegenwart sehr wohl fühlt.

Was die Körper- und Fellpflege betrifft, kann es auch sinnvoll sein, in Situationen, in denen dein Pferd sich kratzt, inne zu halten und das Kratzen dieser Stelle anzubieten. Ein Dialog könnte hier wie folgt aussehen:

Pferd: „Warte kurz, ich muss mich da gerade mal kratzen."

Mensch: „Ich sehe, dass es dich juckt, kann ich dir behilflich sein?"

Pferd: „Oh, jetzt kratzt mein Mensch mich an dieser fiesen Stelle, oh, das tut gut."

Mensch: „Na, geht es dir jetzt wieder besser? Können wir unsere Übung fortsetzen?"

Pferd: „Wie schön, dass mein Mensch gesehen hat, dass es mich gerade teuflisch gejuckt hat. Vielleicht kann er mir ja auch beim nächsten Mal helfen, besonders bei einer Stelle, die ich nicht so gut erreichen kann. Aber ja, jetzt muss ich nicht mehr die ganze Zeit an die juckende Stelle denken und ich kann mich wieder auf die Aufgabe konzentrieren."

Es kann sinnvoll sein, die Arbeit zu unterbrechen, um dem Pferd etwas Gutes zu tun. Hier fördern wir aktiv die Lernatmosphäre und geben dem Pferd Raum für seinen körperlichen Ausdruck. Natürlich werden an dieser Stelle auch die Stimmen laut, die sagen: Wenn du die Übung unterbrichst, dann nutzt dein Pferd das zukünftig aus und wird immer wieder dieses Verhalten zeigen.
Ich denke aber, dass du mittlerweile so viel Wissen und Feingefühl gesammelt hast, dass du in der Lage bist, deinem Pferd ein Mitspracherecht einzuräumen und zu erkennen, wann dies sinnvoll ist. Oftmals kann sich durch solche Kleinigkeiten auf der Bindungsebene auch die gesamte Kommunikation mit dem Pferd verbessern. Ein Pferd, das mich gerne in seiner Nähe hat, wird immer motivierter mitarbeiten, als eines, das mich ständig kritisch beäugt.
Natürlich möchte ich an dieser Stelle nicht propagieren, dass man Pferde nicht erziehen muss und dass wir unsere Pferde nur verhätscheln sollten. Beantworte die Fragen deines Pferdes, konsequent, fair und freundlich und agiere so, dass dein Pferd dich verstehen kann. Natürlich ist es auch in Ordnung auf die Frage „Kannst du meinen Schweif kraulen?" mit „Nein!" zu antworten, wenn du dies gerade nicht möchtest oder es die Situation nicht zulässt.
Mir ist es wichtig zu betonen, dass es eine Wechselbeziehung zwischen Mensch und Pferd geben sollte, in denen beide zu Wort kommen und gehört werden. Passt das in bestimmten Situationen nicht, so ist es letztendlich immer der Mensch, der über die Dos and Don'ts entscheidet.

19 Lexikon der Pferdesprache S. 97

Die Sache mit dem Druck

Druck ist ein Thema, mit dem wir uns unweigerlich auseinandersetzen sollten, wenn wir etwas mit Pferden zu tun haben wollen, denn wir haben gelernt, dass er der Katalysator für die Dialoge mit unseren Pferden ist.

Wenn wir bewusst wahrnehmend mit offenen Augen durch den Stall schlendern und unsere Miteinstaller beobachten, so werden wir ständig und andauernd mit den verschiedensten Formen von Druck konfrontiert: Die eine Reiterin rammt ihrem Pferd die Sporen in die Seite, das Mädchen am Putzplatz schreit ihr Pony immer wieder an, der junge Mann am Führstrick ruckt mehrfach daran, damit sein Pferd stehen bleibt und die Horsemanshiperin auf dem Platz wedelt wild mit ihrem Stick, um das Pferd rückwärts zu schicken. Diese Beispiele sind sehr offenkundig und verdeutlichen Erscheinungsweisen, in denen wir Menschen unseren Pferden Druck machen, um die Ergebnisse zu erzielen, die wir gerne hätten. Zumeist verfolgen wir damit das Ziel, das Pferd zu erziehen, das Gefühl zu haben, die Kontrolle zu behalten oder einfach diese blöde Hufschlagfigur im richtigen Tempo zu reiten. Der Mensch denkt oftmals, das Pferd verweigere sich ihm, und er müsse den Druck nur entsprechend erhöhen, um sein Ziel zu erreichen. Natürlich ist es dann einfacher und geht zweifelsohne schneller zu Zwang und Dominanz zu greifen, wenn man etwas mit einem Pferd erreichen möchte, als sich die Mühe zu geben, die Sprache der Pferde zu lernen. Aber da wir ja genau dies anstreben, ist es notwendig, dass wir das Wort „Druck“ für uns neu definieren und mit dem Druck, den wir

Auf die sanfte Frage: „Kannst du deinen Kopf etwas absenken?“...

... antwortet Cap mit: „Ja, kann ich.“, worauf sich der Druck, den mein Daumen und Zeigefinger aufgebaut haben, sofort löst.

unseren Pferden Tag für Tag machen, besonders achtsam umgehen.
Es ist unerlässlich, Druck als etwas zu verstehen, was dem Pferd unangenehm ist und was es vermeiden möchte. Um diesem Druck zu entgehen, weicht oder folgt es, in der Hoffnung, dass er dadurch verringert wird und es sich wieder entspannen, also den für sich optimalsten Zustand herstellen kann.

An dieser Stelle möchte ich dir erklären, was für ein Pferd bereits Druck sein kann. Denn wenn wir wissen, was Druck beim Pferd erzeugt, dann können wir viel achtsamer damit umgehen und schon den „sanften" Druck für uns nutzen, anstatt immer mehr aufzurüsten.

Zur Veranschaulichung des Drucks, beginnen wir bei der Energie, mit der sich Pferde untereinander bewegen. Ich möchte dir ein ziemlich eindeutiges Beispiel geben, was du sicherlich auch schon mal beobachten konntest: Wenn sich ein Pferd der Heuraufe nähert, was im Rang höher steht als die anderen, dann machen sie meistens Platz. Das ranghöhere Pferd bewegt die rangniedrigeren Pferde. Aber wodurch gelingt ihm das? Pferde agieren teilweise so subtil und dezent, dass wir ihre Handlungen oftmals gar nicht wahrnehmen können. Das heißt, ich kann hier auch erst in der Erklärung einsetzen, die für uns Menschen im wahrnehmbaren Bereich liegt.
Das Erste für uns wirklich erkennbare Signal ist, dass das ranghöhere Tier ein anderes anschaut. Mit diesem Blick in die Augen und seinen begleitenden Gesten macht es seine Absicht deutlich: „Ich möchte an die Raufe und du sollst mir Platz machen!". Jetzt geht es langsam auf das andere Pferd zu. Geht das gewünschte Pferd nicht zur Seite, legt es die Ohren an und warnt: „Es wäre besser für dich, wenn du mir Platz machen würdest!". Die nächste Eskalationsstufe ist dann das Schlagen mit dem Kopf: „Wenn du jetzt nicht weg gehst, dann werde ich dich beißen!", worauf schlussendlich der Biss folgt. Das ranghöhere Pferd scheut sich nie davor gegebenenfalls zu beißen. Es weiß, dass der Biss oder der Tritt die logische Konsequenz der zunehmenden Dringlichkeit der Information ist. Entweder das andere Pferd reagiert, oder es wird gebissen, so einfach, so pferdisch. Auch wirst du beobachten können, dass dieser Dialog sehr schnell abläuft, vom ersten Anschauen, Ohren Anlegen, Kopf Schlagen und Beißen vergehen meist nur wenige Sekunden. Geht das andere Pferd weg, egal zu welcher Zeit des Dialogs, kehrt sofort wieder Ruhe ein, die Situation ist für beide Seiten geklärt. Das weichende Pferd ist nicht wütend auf das ranghöhere Pferd und überlegt sich, wann und bei welcher Gelegenheit es dem „blöden Beißer" eins auswischen kann. Das schickende Pferd steht in der Hierarchie über ihm, es hat seine Absicht deutlich gemacht, diese gegebenenfalls mit seinen Zähnen durchgesetzt und das andere Pferd ist zufrieden. Wahrscheinlich wird es beim nächsten Mal früher reagieren und es nicht erst zum Biss kommen lassen, denn es weiß, dass der Biss auf jeden Fall als Konsequenz seiner Nichtreaktion auf der höchsten Eskalationsstufe folgen wird. Auch das beißende Pferd macht sich keine Gedanken über sein Tun, es scheut sich nie gegebenenfalls seine Zähne oder Hufe zu benutzen um sein Anliegen deutlich zu machen. „Ich bin ranghöher als du, ich will da hin, also geh weg!"

Anhand dieses Beispiels können wir beobachten, dass sich der Druck, den ein Pferd auf das andere macht, steigert. Das heißt, es fängt sanft an und endet im Biss. Wir haben also eine progressive Steigerung in der Art und Weise, wie Pferde sich einander verständlich machen. Genau so sollten wir unsere Hilfen aufbauen. Zuerst sollten wir, wie du es im Kapitel über die Körpersprache des Menschen bereits gelernt hast, mit unseren Augen und unserem Fokus, anschließend mit unserem Körper

mitteilen, was wir wollen und dann erst geben wir die nächsten Hilfen. Es ist wichtig, dass die Hilfen immer intensiver werden, bis eine Reaktion des Pferdes erfolgt. Stärker werdende Hilfen kann unser Pferd verstehen, denn sie verdeutlichen die Dringlichkeit der Information und machen uns glaubwürdig. Wenn eine Frage, die der Mensch stellt, am Ende mit einem „Biss" durchgesetzt wird, so kennt das Pferd die Eskalationsstufen und wird immer wissen, dass auch der Mensch als anleitendes und führendes Individuum in der Pferd-Mensch-Beziehung, so wie das Pferd, beißen wird, wenn es nicht reagiert. Daher wird es bestrebt sein, schon die kleinsten Signale des Menschen zu lesen und zu verstehen, um den „Druck" so gering wie möglich zu halten. Wenn wir also unsere Hilfen sukzessiv steigern, dann kann es abschätzen, wann es reagieren möchte und wie viel Druck es aushalten will, ehe es eine Antwort auf die von uns gestellte Frage gibt. In den meisten Fällen werden wir die Antworten der Pferde auf minimale Impulse unsererseits erhalten, wenn wir die Frage korrekt stellen. **Aber auch hier gilt, so viel wie nötig, so wenig wie möglich!**

Auch sollten die Hilfen klar und eindeutig aufeinander folgen, wobei wir immer mit der freundlichsten Frage beginnen. Wird diese nicht beantwortet, erhöhen wir den Druck, bis wir eine Antwort erhalten. Sobald das Pferd auch nur die geringste Anstrengung zeigt, unsere Frage zu beantworten, belohnen wir es mit der Pause, beenden demnach sofort den Druck und loben das Pferd. Eine stufenweise Erhöhung der Hilfen ist für das Pferd glaubwürdig und verständlich. Und wenn der Mensch daraus resultierend an einem Tag einmal beißen muss, wenn das Pferd, obwohl wir uns sicher sind, dass wir körpersprachlich korrekt kommunizieren, partout nicht reagiert, dann muss er eben einmal beißen. **Wichtig: Das funktioniert nur ohne negative Emotionen und mit dem richtigen Mindset.** Sobald du feststellst, dass Wut oder Ärger bei dir aufkommen, weil etwas nicht so funktioniert, wie du es dir vorstellst, solltest du aussteigen und dich erden. Überlege, was genau passiert ist und warum dein Pferd nicht regiert hat. **In den allermeisten Fällen finden wir den Fehler bei uns selbst.** Vielleicht haben wir nicht richtig gestanden, nicht in die richtige Richtung geschaut oder zu schnell und zu unachtsam zu viel Druck aufgebaut. Versuche den Fehler zu entdecken und beginne einfach nochmal von vorn. Denn in einer emotional negativen Verfassung kannst du niemals neutral, wertfrei und fair den Druck aufbauen, den es braucht, um eine Antwort des Pferdes auf die gestellte Frage zu erhalten.

Oft sehe ich, wie schnell der Mensch im Affekt die Gerte entsprechend intensiv nutzt, wenn das Pferd nicht auf die ersten Fragen reagiert. Zur Veranschaulichung möchte ich den angewendeten Druck mit einer Skala messen. Wir nehmen eine Skala von eins bis fünf. Unter null verstehe ich das Anheben der Gerte, eins ist das Wedeln mit der Gerte neben dem Pferd, zwei ist das Finden des Pferdes, also eine sanfte Berührung, drei ein leichtes Tippen, vier ein Touchieren und fünf ein festeres Touchieren. Ich nehme bevor ich anfange das Pferd zu touchieren erstmal mit der Gerte den sanften Kontakt zum Pferd auf, bevor ich locker aus dem Handgelenk mit dem Tippen anfange. Somit kann ich bereits die Anspannung meines Armes, die ich benötige, um die Gerte zuerst vom Boden zu heben und anschließend damit neben dem Pferd zu wedeln als weitere feine Hilfe verwenden. In dieser Zeit, die es braucht, um die Gerte zu heben, zu wedeln und schlussendlich das Pferd zu finden und es tatsächlich zu berühren, hat es die Gelegenheit, bereits zu reagieren. Eine Reaktion des Pferdes, egal an welcher Stelle des „Hilfeprozesses“ würde zum sofortigen wieder sinken lassen der Gerte führen.

Wenn ich auf diese Art den direkten Kontakt zum Pferd über meinen verlängerten Arm aufbaue, fällt es mir leichter, die Gerte besonders gezielt und dosiert einzusetzen, da ich sie nicht mit Schwung auf das Pferd zuführe und es somit gleich relativ feste oder auch gar nicht, wenn ich es nicht „getroffen“ habe, berühre. Ein nicht Berühren des Pferdes versetzt uns meist in den inneren Zwang ganz schnell das Pferd doch berühren zu müssen, weil wir ja jetzt unbedingt die nächste Hilfe geben möchten. Demnach werden wir ungeduldig mit uns und projizieren dies auf unser Pferd, was ja noch immer nicht unsere Frage beantwortet hat.

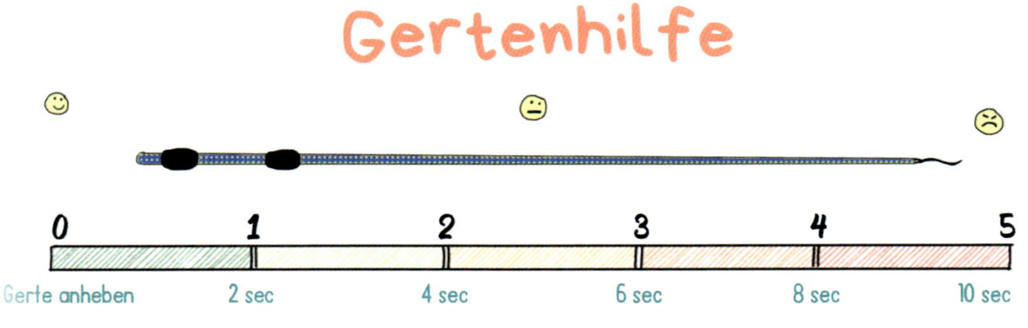

Aus unserer Ungeduld heraus werden wir mit sehr hoher Wahrscheinlichkeit bei unserem nächsten Versuch, den körperlichen Kontakt zum Tier herzustellen, noch einmal fester probieren das Pferd zu treffen, denn wir haben ja schon eine Unternehmung „verschenkt". Dies ist eine häufige Situation, in der wir ungerechterweise den Druck auf das Pferd erhöhen, weil wir einen Fehler von uns ausbügeln möchten. Daher ist es sinnvoll, sich selbst die Zeit und Ruhe zu geben, die Gerte gezielt zu führen. Denn wenn ich meine Hilfen durchdacht und stets mit Achtung und Respekt verwende, ist die Wahrscheinlichkeit, dass ich unfair werde oder zu schnell meine Hilfen steigere, sehr gering.

Baue ich meine Hilfen in dieser Art auf, dann brauche ich mindestens 10 Sekunden der Hilfengebung, bis ich bei der Eskalationsstufe fünf ankomme. Das heißt, ich gebe eine Hilfe, warte kurz ob das Pferd reagiert, gebe die nächste Hilfe, warte, ob das Pferd reagiert usw.

Da wir Menschen, wie bereits erwähnt, sehr zur Ungeduld, vor allem mit den uns anvertrauten Tieren neigen, nehmen wir uns oft nicht die Zeit und geben den Pferden wiederum nicht die Gelegenheit, schon auf leichte Hilfen zu reagieren. Der Mensch macht das nicht mit Absicht und auch nicht mit dem Willen, das Pferd ungerecht zu behandeln oder ihm gar Schmerz zuzufügen. Oft werden wir einfach, wie bereits oben beschrieben, aus unserer Aufgeregtheit heraus schneller oder stärker, weil wir uns ein Ergebnis wünschen oder einen eigenen Fehler korrigieren möchten. Um sich die Gertenhilfe bewusst zu machen, möchte ich dir den Mini-Changer „Touch with love" vorstellen:

Bevor du an deinem Pferd trainierst, gönne dir einen ersten Selbstversuch. Stelle dich in Schrittstellung seitlich neben eine Wand. Deine Gerte liegt locker und entspannt in der von der Wand abgewandten Hand. Das kann die Stallwand, die Wohnzimmerwand oder das Gartenhäuschen sein, völlig egal. Die Wand repräsentiert den Pferdekörper. Natürlich bewegst du dich gerade nicht, was die Übung einfacher werden lässt. Das ist gar nicht schlimm, denn es geht hier in erster Linie um dein Körperbewusstsein. Berühre jetzt so schnell es geht mit der Gerte die Wand. Hast du direkt beim ersten Mal die Wand getroffen oder musstest du „nachlegen"? Was meinst du jetzt? Mit welcher Intensität auf unserer Skala würdest du deinen Touch bewerten? Bei meinem Selbstversuch gerade an der Garagenwand war es mit Sicherheit mindestens eine Vier. Drehe dich um und führe die gleiche Übung inklusive der Einschätzung auf der Skala mit deiner anderen Hand aus.
Als nächstes lockerst du noch einmal deine Schultern, schaust nach vorne in die Ferne und hebst jetzt langsam die Gerte an. Wedele anschließend kurz damit. Ein Auf und Ab mithilfe der Fingerspitzen ist wünschenswert. Habe die Gerte stets in einer leichten Hand. Suche nun bewusst nach der Wand und berühre diese. Lasse anschließend die Gerte wieder sinken. Welche Zahl auf der Skala würdest du dir nun für die Berührung geben? Wechsele auch hier die Seite, führe die Übung genauso aus und bewerte dich erneut. Wenn du Unterschiede zwischen der rechten und linken Hand spürst, dann nutze deine Gelegenheit, dass du gerade eh vor der Wand stehst und übe noch ein wenig weiter. Versuche auch, deine Augen zu schließen und fühle dich ganz in die Bewegung hinein. Je häufiger du diesen Körperablauf trainierst, auch ohne Pferd, desto eher geht er dir in Fleisch und Blut über, so dass du nicht jedes Mal über die einzelnen Schritte nachdenken musst. Wenn du das Gefühl hast, den Ablauf gut und fein zu beherrschen, dann kralle einmal deine ganze Hand um den Knauf und füge eben jenen

Bewegungsablauf erneut durch. Merkst du, wie diese Spannung, die nur von deiner Hand ausgeht, den kompletten Arm blockiert? Dass sogar deine Schulter dicht macht, wenn du anfängst die Wand zu suchen? Hier hast du jetzt also noch einmal eindrucksvoll erlebt, was ich mit der leichten Hand meine. Normalerweise ziehe ich meine Gerte stehst mit Daumen und Zeigefinger haltend hinter mir durch den Dreck. Wenn meine Gerte nach einem Jahr stetem Gebrauchs an der Spitze kaputtgeht, dann habe ich in diesem Falle definitiv eine Investition pro Pferd getätigt, wenn ich mir eine Neue kaufen muss.
Nutze stets deine Fingerspitzen, um die Gerte anzuheben. Das leichte Wippen erzeugst du ebenfalls durch den Druck der Finger. Wenn du anschließend dein Pferd suchst, reicht eine Beugung im Unterarm und du kannst einen sanften Kontakt herstellen. Nutze auch hier die Elastizität deiner Fingerspitzen, um das Pferd anzutippen. Bleibe stets locker und lasse zwischenzeitlich in jeder Situation des Prozesses sofort den Arm wieder sinken, um auch das plötzliche Loslassen der Hilfe zu üben. Denn die größten Probleme haben wir meist nicht mit dem Aufbauen von Druck, sondern mit dem Nachgeben! Probiere, auch wenn du dir an der Wand stehend etwas blöde vorkommst, all diese unterschiedlichen Möglichkeiten aus. Entscheide, welcher Bewegungsablauf sich für dich gut, fein und sicher anfühlt! Übe diesen Ablauf ein paar Mal, um ihn dir bewusst zu machen, denn wenn dein Körper gelernt hat, was er zu tun hat, dann wird es dir neben deinem Pferd wesentlich leichter fallen, in dieser Ruhe und Gelassenheit zu bleiben, die du dir dank einer Wand antrainiert hast. Mit einem so trainierten Körperbewusstsein fällt es dir leichter fair und fein zu kommunizieren.

Wenn es dir ab und an bei deinem Pferd schwerfällt, wirklich fair mit Liebe zu touchieren, dann möchte ich dir ganz laut sagen, **du bist nicht allein!**

„Hey komm, wir wollen wirklich los!“

Im Unterricht sehe ich ganz oft, dass meine Schüler den Hang dazu haben, wenn sie die ersten Hilfen, Fokus und Stimme eingesetzt haben und ich dann sage: „Jetzt die Gerte.“, die Gerte gleich mindestens bei einer drei oder einer vier zu verwenden. Denn schließlich hat das Pferd auf die ersten beiden Hilfen ja schon nicht reagiert. Da ist sie wieder, die Ungeduld, gekoppelt mit dem Wunsch ein Ergebnis zu erzielen und die gestellte Aufgabe im Unterricht gut zu lösen. Allzu schnell vergessen wir im Alltag, was wir im „Touch with love“ geübt haben. Es fällt dir jetzt wahrscheinlich direkt auf, dass meine Schüler gleich drei bis vier Schritte, nämlich die Gerte zu heben, zu wedeln und das Pferd zu suchen einfach übersprungen haben.
Wir müssen tatsächlich erst lernen, geduldig, wachsam und achtsam mit unseren Hilfen zu werden. Denn es ist nicht einfach, wirklich immer freundlich anzufangen und dann erst

progressiv stärker zu werden. Dieses Verhaltensmuster ist uns oft nicht bewusst, daher sollten wir versuchen, es uns bewusst zu machen. Es braucht ein großes Maß an Selbstwahrnehmung und -reflektion, um ein feines Körperbewusstsein und eine entsprechende -koordination zu erreichen und uns hin zu einer einfühlsamen und fairen Kommunikation zu trainieren.

Schreibe dir doch ab und an nach dem Training einmal auf, was in deinen Augen heute gut geklappt hat und woran du noch arbeiten könntest. Lass dich auch gerne filmen und werte anschließend dein Verhalten aus, so bekommst du ein wunderbares Feedback von deinem Auftreten, deiner Körpersprache und den Reaktionen deines Pferdes.

Trainingsbeobachtung

Nutze die Reflexion als Werkzeug zum Erfolg

Je feiner und genauer wir mit unseren Hilfen und dem Druck umgehen, umso feiner reagieren unsere Pferde. Ich möchte sogar so weit gehen und festhalten, dass wir in der Lage sind, den Druck mithilfe klarer und geübter Kommunikation auf ein absolutes Minimum zu reduzieren. Denn wenn unsere Pferde erst einmal gelernt haben, dass wir mithilfe unserer Körper zu ihnen sprechen, anstatt sie mit immer stärker werdendem Druck zu dominieren und eine Reaktion zu erzwingen, dann werden sie eher versuchen, auf eine Frage zu antworten, als nichts zu tun.

Wir sollten uns stets vor Augen führen, dass Pferde die Welt nicht wie wir Menschen wahrnehmen. Daher ist es sinnvoll, sich fortlaufend darin zu bemühen, unsere Anliegen so zu formulieren, dass das Pferd sie verstehen kann. Das impliziert auch: Egal wie lange etwas dauert, es ist wichtig, nie die Geduld und die Liebe zu verlieren!

Aus all dem, was du jetzt gelernt hast, ergibt sich folgendes Zusammenspiel der Hilfen, also die geniale Hilfengebung, die wir nutzen:

Du brauchst das perfekte Timing, also den richtigen Zeitpunkt dafür, wann du eine entsprechende Hilfe benutzt. Frage dich immer: Was möchte ich erreichen? Wie komme ich ans Ziel? Das Pferd kann nur dann deinem Impuls folgen, wenn er adäquat, zielführend und bedacht gegeben wird.

Des Weiteren brauchst du die passende Intensität deines Zutuns. Reagiert dein Pferd nicht auf die ersten Hilfen, nutzt du die Eskalationsstufen. Verlasse dich hierbei auf deine Intuition, deine Ruhe und deine Gelassenheit. Die Steigerung geht, wie du weißt, so lange, bis die gewünschte Reaktion kommt. Dann beendest du sofort die Hilfengebung durch dein Like, also die Bestätigung des

Pferdes, was bedeutet, dass du alle deine Hilfen, die du gegeben hast, sofort löst und dich wieder in den Zustand „Null" zurückversetzt. Bitte denke stets daran, dass dein Pferd lediglich dann auf die nächste Hilfe engagiert reagiert, wenn es durch dein passendes Timing deiner Belohnung versteht, dass es etwas richtig gemacht hat. Natürlich darfst du dein Pferd immer zusätzlich auch mit Worten, Freude und Euphorie loben!
Die drei Elemente Timing, Intensity und Like sind unzertrennlich miteinander verbunden und nur als gut funktionierendes Gesamtkonstrukt kannst du die optimalste, klarste und verständlichste Hilfe für dein Pferd geben. **Üben lohnt sich!**

Was den Druck im Allgemeinen angeht, so möchte ich ins Bewusstsein rücken, dass wir evolutionär betrachtet als Beutegreifer, die wir nun mal sind, über dem Pferd als Fluchttier stehen. Dementsprechend sorgt allein diese Tatsache dafür, dass wir unseren Pferden mit unserer bloßen Anwesenheit Druck machen können. Natürlich spielen auch hier unser Mindset sowie die Sicherheit und Autorität, die wir ausstrahlen, eine große Rolle.
Pferde, die wir vorsichtig und sinnvoll dem Druck der Frage aussetzen, werden gerne bereit sein, zu versuchen, die Antwort zu finden und dem Menschen zu vertrauen. In dem Moment, in dem wir Druck als Macht missbrauchen, wird sich unser Pferd verschließen und uns nicht einschätzen können, das wiederum führt zum Verlust des Vertrauens.

Zusammengefasst können wir also festhalten, dass wir den Druck brauchen, um mit dem Pferd zu kommunizieren. Und, dass wir uns in Geduld üben müssen. Ich weiß, dass das sehr schwer ist, aber es ist ein Anfang auf dem Weg zu einer guten Beziehung. Je achtsamer wir unsere Mittel einsetzen und je geduldiger und liebevoller wir mit unseren Pferden umgehen, umso eher werden sie bereit sein auch uns etwas zu geben. Auch müssen wir uns darüber im Klaren sein, dass wir den Druck so lange konsequent freundlich erhöhend aufbauen sollten, bis das Pferd eine Antwort gibt. Dann aber sollte der Druck sofort nachgelassen werden.

1. Cap erschreckt sich, reißt den Kopf hoch und schnellt zurück.

Wir müssen nicht rucken oder grob werden, um unsere Ziele zu erreichen. Dazu möchte ich dir noch ein Fotobeispiel geben, dass meine liebe Irena während einer Session zufällig mit ihrer flinken Kamera eingefangen hat:

2. Ich versuche über das Rechts-Links am Strick seine Aufmerksamkeit zu bekommen, aber Cap ist so eingefroren, dass ich sofort erkenne, dass er nicht auf meine Körpersprache reagiert.

3. Also drehe ich mich um und schaue, was Cap aufgeregt haben könnte.

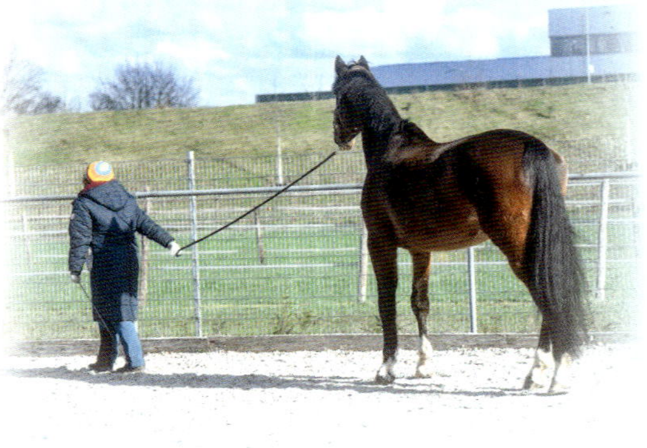

4. Ich gehe noch einen Schritt auf die Gefahr zu und mache das „Wächterschnauben“[19] von Sharon Wilsie. Damit vermittele ich dem Pferd, dass ich die Gefahr auch erkannt habe.

[19] vgl. Sharon Wilsie, Sprachkurs Pferd, Kosmos Verlag S. 19

5. Anschließend gehe ich wieder ins Rechts-Links und frage Cap, ob er sich jetzt, da die Gefahr gebannt ist, wieder anschließen kann. Er scheint erst noch kurz skeptisch ...

6. ... aber gleich im nächsten Moment folgt er mir.

7. Wir können mit unserer Arbeit fortfahren.

Hier siehst du eine Problemlösung, die sich allein auf einen gegenseitigen Dialog bezieht. Wenn wir hinschauen und hinterfragen:

Cap: „Oh, Gott, da ist etwas Schreckliches, schnell weg!“

Jenny: „Kannst du dich mir anschließen?“

Cap: „Ich bin verzweifelt, ich habe solche Angst, ich kann mich gar nicht mehr bewegen!“

Jenny: „Lass mal sehen, was ist denn da? Ach, da hinten, der Tiger. Den habe ich auch gesehen und ja, ich bin mir sicher, jetzt ist er weg. Kannst du dich nun wieder anschließen?“

Cap: „Wenn du ganz sicher bist, dass der Tiger weg ist, komme ich gerne mit. Gut, dass du auf mich aufpasst, bei dir fühle ich mich sicher!“

Durch diese Art der Problemlösung habe ich nicht nur so wenig Druck wie möglich gemacht, sondern dem Pferd auch meine Kompetenz bewiesen. Ich zeige ihm, dass ich die Gefahr auch gesehen habe, dass sie weg ist und dass sich das Pferd nun guten Gewissens wieder anschließen kann. Solche Situationen boostern unsere Beziehung, denn ich reiße mein Pferd nicht aus der Situation heraus und sage: „Komm schnell, wir wollen weitermachen!", sondern nehme es in seiner Not ernst und stelle mich schützend vor es.

Je achtsamer wir werden und je mehr Wissen und alternative Handlungsmöglichkeiten wir sammeln, umso feiner werden auch unsere Hilfen werden können. Hier möchte ich dich noch einmal darauf aufmerksam machen, welche „Druckmittel" uns Menschen schon allein über unseren Körper zur Verfügung stehen.
Zum einen sind da unsere Augen, mit denen wir etwas fixieren können. Unser Blick allein kann Pferde bewegen und du wirst erstaunt sein, wie schnell das funktioniert. Dann können wir unseren Körper einsetzen, um Druck zu machen. Wir können uns groß aufrichten und selbstbewusst auf ein Pferd zugehen. Wir können unsere Arme und Hände als zusätzliche Verstärker nutzen.
Du wirst dir nicht vorstellen können, wie vielen Pferden allein unsere Anwesenheit in einem Roundpen, mit Blick auf das Pferd an Druck reicht, um völlig durchzudrehen und fliehen zu müssen.
Wir brauchen nicht zwingend eine Gerte, wobei sie zugegebenermaßen als Verlängerung des Armes sehr hilfreich ist. Ein Pferd sollte niemals Angst vor der Gerte haben. Es soll die Gerte als das kennen, was es ist, eben die Verlängerung unseres Armes. Ein Pferd hat selten Angst vor der Gerte an sich. Liegt eine auf dem Platz herum, wird sie gerne gleich bespielt und beschnuppert. Angsteinflößend wird sie erst in den Händen des Menschen. Da es niemals unser Ziel sein sollte, unseren Pferden Angst zu machen, sollten wir die Gerte mit Bedacht einsetzen. Immer nach dem Grundsatz, so viel wie nötig, so wenig wie möglich und niemals ungerechtfertigt. **Einem Pferd, das Angst hat, kann man keine Fragen stellen!** Nur ein beruhigtes und entspanntes Pferd ist in der Lage, uns zuzuhören und mit uns in ein Gespräch zu kommen.

Am Anfang wird das schwer sein, aber unsere Pferde lernen relativ schnell, wenn wir adäquat und für sie verständlich kommunizieren, was wir von ihnen möchten. Gerne sind sie bereit, genau das zu tun, was wir von ihnen erfragen. Natürlich sollten wir die Momente, in denen sie in die richtige Richtung denken mit Pausen und kompletter „Drucklosigkeit" belohnen, damit sie sich entspannen können. Denn erst dann ist es ihnen möglich zu verstehen, wann sie etwas richtig machen und was wir uns von ihnen wünschen.

Mensch versus Pferd

Ein Missverständnis kommt selten allein

Der Mensch spricht nicht „Pferd" und das Pferd spricht nicht „Mensch". Das ist eine Tatsache, die wir nicht verleugnen können. Während ich dir jedoch garantieren kann, dass das Pferd auch niemals „Mensch" sprechen wird, weiß ich auch, dass im Gegenzug der Mensch mit Geduld und Motivation „Pferd" lernen kann.
Gehen wir einmal davon aus, ich fahre nach England. Was meinst du, wie ich dort am allerbesten zurechtkomme?
Richtig, indem ich Englisch lerne. Es scheint für jeden Menschen absolut logisch zu sein, dass es das Einfachste ist, wenn man mit Menschen aus anderen Ländern kommunizieren möchte, ihre Sprache zu lernen. Warum ist das bei Pferden nicht so? Wenn wir mit Pferden kommunizieren, machen wir dies meist auf „Mensch" und wundern uns, warum sie uns nicht verstehen und nicht wie Menschen reagieren. Dafür gibt es eine ganz simple Erklärung: Das Pferd ist eben kein Mensch.
Selbst artspezifisch unter Menschen können wir nicht davon ausgehen, dass beispielsweise Inder die gleichen Vorstellungen und Rituale haben wie wir Deutschen. Da ist das okay, wir sind tolerant, denn es handelt sich ja schließlich um eine völlig andere Kultur. Wir respektieren diese Kultur und versuchen uns so gut es eben geht an diese anderen Denkweisen anzupassen.
Wenn dieser Grundgedanke doch für die meisten Menschen logisch und klar nachvollziehbar ist, warum schaffen wir es dann nicht, auch beim Pferd so zu denken?

Ich glaube, dafür gibt es verschiedene Gründe. Zum einen denken viele Menschen, sie seien dem

Einfach beieinander zu sein, ist auch ein schöner Zeitvertreib.

Pferd weit überlegen und befinden sich nicht auf der gleichen (Kommunikations-)Stufe. Natürlich sind wir Menschen dem Pferd in vielerlei Hinsicht überlegen, aber gibt uns das das Recht, Pferde nicht mit Respekt und Freundlichkeit zu behandeln? Ich denke nicht!
Als nächstes kommt die Problematik hinzu, dass es für Pferde keine wirkliche Gebrauchsanweisung gibt, die für jedes Pferd funktioniert. Nun gut, wir können fast jedes Pferd striegeln, führen und ihm die Hufe auskratzen. Obwohl auch da bei dem einen oder anderen die Schwierigkeiten schon anfangen. Natürlich gibt es eine Art Leitfaden in Form von mannigfaltigen Ratgebern, Fachzeitschriften, Videoportalen, Vorträgen, Onlinecoachings, „Akademien“, Seminaren und Ähnlichem, mit Ideen und Anregungen, wie man mit dem Pferd umgehen sollte. Aber da haben wir den nächsten Knackpunkt. Fachliteratur u.ä. kosten Zeit, Geld und Gedanken. Zudem ist es ebenfalls nicht leicht, den für sich richtigen Weg zu finden, wenn einem klar wird, dass man neue Anregungen haben möchte. So wird ein Buch oder Kurs auch schnell mal zur Enttäuschung, wenn doch nicht das gewünschte Thema in der erwarteten Tiefe geboten wird. Oftmals sind wir hier auch schon im Bereich „mit“ dem Pferd unterwegs. Haben also Pferdebesitzer, die sich Gedanken machen, weil vielleicht etwas nicht funktioniert, oder sie im Allgemeinen eine neue Richtung einschlagen möchten.
Bevor man sich ein Pferd zulegt, ist es sinnvoll, sich einen Haufen Gedanken zu machen: Was möchte ich für ein Pferd haben? Wie alt soll es sein? Könnte ich ein junges Pferd selbst anreiten? Wie viele Besitzer darf mein Pferd vorher gehabt haben? Woher weiß ich, dass es keine schlechten Erfahrungen mit Menschen gemacht hat? Was möchte ich mit dem Pferd machen? Möchte ich auf Turniere gehen, oder möchte ich es als verlässlichen Freizeitpartner haben? Wo soll es untergebracht sein? Wie teuer darf die Unterbringung

Sinnlos ist ein Leben ohne Sinn für Unsinn!

sein? Was muss ich beachten, wenn es um die Fütterung geht? Wie oft müssen Physiotherapeuten, Osteopathen, Tierärzte und Zahnärzte mein Pferd sehen? In welchem Intervall müssen die Hufe bearbeitet werden? Woran erkenne ich Krankheiten? Was brauche ich an Equipment?
Dies sind schon einige Fragen, die man sich stellen könnte. Und da sind wir noch nicht beim Umgang mit dem Pferd angekommen. Denn allein zum Umgang könnte ich aus dem Stehgreif ohne groß nachzudenken drei weitere Seiten voller Fragen niederschreiben.
Du siehst, das wäre jetzt ziemlich viel Arbeit für mich und für dich auch, denn du müsstest die Fragen alle lesen und dir dazu Gedanken machen. Dir würden bei der Lektüre wahrscheinlich Fragen auffallen, über die du noch gar nicht nachgedacht hast, die also völlig neu für dich sind.
Und ja, das ist ein Problem. Der Mensch sollte so viel wissen, um dem Pferd ein gutes, artgerechtes und faires Leben zu ermöglichen. Als Pferdebesitzer sollte man in so vielen Bereichen ein Experte sein, dass einen diese Informationsflut leicht erschlägt. Denn dazu, dass sie riesig ist, muss man auch noch differenzieren, welche Informationen sinnvoll sind und was sowohl zum Menschen als

auch zum Pferd passt. Auch sollte man erkennen können, wenn etwas partout nicht passt.

Wie viel einfacher ist es dann, sich zu sagen, dass das doch alles gar nicht so schwer sein kann. Es haben so viele Menschen Pferde, die das auch irgendwie hinbekommen und auch sicherlich einige, die es noch schlechter machen als man es selbst je tun würde. Warum sollte man also nicht eher zu denen gehören, die ihren Job als Pferdebesitzer gut machen? In unserer Überheblichkeit fällt es uns leichter, diese eine Frage mit einem klaren „Ja" zu beantworten als sich über die 1000 anderen Fragen Gedanken zu machen und gegebenenfalls ihre Antworten aufwendig zu hinterfragen und zu recherchieren.
Und so zieht ein Pferd nach dem anderen zu einem Menschen, der es wahrhaftig gut meint, der schon Einiges gelernt hat und voller Liebe für das Tier ist, aber den Schwierigkeiten oder „Ungehorsam" in manchen Situationen einfach völlig unvorbereitet treffen.
Die Überlegung, sich dann einen Experten zu suchen, wenn man ein Problem hat, ist auch so viel komfortabler, als sich im Vorhinein Strategien zu überlegen und sich teuer schulen zu lassen, damit manche Probleme gar nicht erst auftauchen. Und wenn das auch nichts nützt, dann kann man immer noch dem Pferd die Schuld für das Fehlverhalten in die Schuhe schieben, denn man selbst hat ja wirklich alles Menschenmögliche getan, es zufrieden zu stellen. Hach, wie herrlich einfach und angenehm eine solche Denkweise ist!
Das Pferd ist für viele Menschen ein Tier, das dafür da ist, zu funktionieren, schließlich will der Mensch reiten. Dafür kauft man sich oder seinen Kindern ein Pferd.

Als ich in unserem Stall angefangen habe, dauerte es lediglich ein halbes Jahr, bis ich die war, die „immer nur am Boden arbeitet". Anfangs wurde ich dafür belächelt, auch wurde ich häufiger gefragt, ob ich das Reiten nicht vermissen würde. Ich antwortete stets, dass es für mich so viel beglückender sei zu sehen, dass das Pferd bei mir ist, weil es das möchte und nicht, weil es das muss. Wenn ich losrenne und das Pferd läuft mit mir, dann habe ich das unbeschreibliche Gefühl von Glück und Freiheit, was einem nur die Pferde schenken können. Wenn ich mit diesen kraftvollen Tieren zusammen bin, dann weiß ich, sie sind da, weil uns ein Band der Beziehung zueinander verbindet. Sie fühlen sich in meiner Gegenwart wohl und können entspannen, somit können wir beide die gemeinsame Zeit in vollen Zügen genießen.

Je mehr ich mit den Pferden in Freiarbeit erreichte, umso stiller wurden die Menschen um mich herum. Irgendwann wurden dann die ersten zaghaften Stimmen laut, die das, was ich mache, auch gerne können wollten. Und so begann ich, Unterricht zu geben.
Damit tauchte ich noch tiefer ein, in die vielen Missverständnisse, die oft zwischen Mensch und Pferd herrschen, denn jetzt waren sie Probleme, mit denen ich mich auseinandersetzen und für die ich eine Lösung haben sollte.
Wie du bereits bemerkt hast, habe ich das ein oder andere Missverständnis im Buch schon beschrieben, weil es dort einfach gut in den Kontext passte. So werde ich auch weiterhin verfahren. Nichts desto weniger habe ich auch hier noch einige Beispiele und weiterführende Erklärungen parat, die hoffentlich ein paar Aha-Erlebnisse liefern und zur weiteren Reflexion des eigenen Verhaltens Anlass geben.

Ich weiß und du weißt mittlerweile auch, dass wir viele Dinge mit Pferden tun, die wir gelernt haben, weil sie uns von Anderen, die es besser wussten, so beigebracht wurden. Ich selbst bin auch immer wieder völlig perplex darüber, wie wenig wir in unserer „Pferdebiographie" über den eigentlichen Beginn miteinander lernen. Oftmals folgt nach

Ein Moment der tiefen Verbundenheit kann in den ungeahntesten Situationen entstehen. Wichtig ist, dass wir achtsam reagieren, wenn Pferde uns mit ihrer Liebe beschenken.

einem „Hier ist das Pferd, bitteschön!“, schon gleich die erste Erklärung wie man es „reitfein“ macht und wie es dann ab diesem Punkt weitergeht. Das wäre so, als würde man uns plötzlich in ein anderes Land beamen, uns einen Laptop und eine Aufgabenliste in die Hand drücken und uns mit einem Fingerzeig einen Sitzplatz zuweisen. Wie würden wir Menschen uns dabei fühlen? Richtig, ziemlich mies. Schon nach kürzester Zeit würden wir aufbegehren, uns mitteilen und gegebenenfalls auf unsere Rechte als Mensch plädieren.

Aber Pferde können dies nur schwerlich. Denn ein echt großes Problem ist, dass die Natur Pferde nicht mit einem Schmerzlaut ausgestattet hat. Evolutionär gesehen macht das natürlich Sinn, denn ein Beutetier, das ständig durch Geräusche und Schreie auf sich aufmerksam macht, ist allzu schnell ein totes Tier. Also was bleibt den Tieren anderes übrig, als sich entweder unverstanden in sich selbst zurückzuziehen und alles über sich ergehen zu lassen, oder aufzubegehren und zum „Problempferd“ zu werden? Natürlich befindet sich die größte Schnittmenge der Pferdebesitzer außerhalb dieser Extreme! Bei den meisten läuft vieles wirklich toll, sie kommen gut miteinander aus und haben nur ab und an Probleme miteinander. Davon kenne ich glücklicherweise ziemlich viele. Aber auch wenn das Meiste gut läuft, fällt mir oftmals Verbesserungspotential in der grundsätzlichen, alltäglichen Kommunikation und Achtsamkeit miteinander auf, was sich auch häufig bei meinen neuen Schülerinnen zeigt. Natürlich arbeite ich stets mit Menschen zusammen, die ihrem Pferd wohlwollend gegenüberstehen, die es lieben und sich nur das Beste für die gemeinsame Zeit wünschen. Leider gibt es in der Pferd-Mensch-Beziehung ein paar Stolpersteine, die wir nicht kennen, weil wir sie nie gelernt haben. Es sind tatsächlich nur Kleinigkeiten. **Aber wenn wir auf diese Kleinigkeiten achten, sie wahrnehmen, uns vornehmen, neu für uns bewerten und definieren, stellen wir oft ganz schnell eine Veränderung in der Beziehung zum Pferd fest.** Der Schlüssel liegt darin, auf einige absolut menschliche Ideen zu verzichten oder diese in „Pferd“ zu übersetzen, denn auch wenn es schon gut ist, so kann es doch immer noch ein bisschen besser werden.

Oftmals steht uns bei der Veränderung unsere Hilflosigkeit und der Mangel an Alternativen im Weg, denn wir haben so oft gelernt, **dass wir etwas tun müssen**, wenn unser Pferd etwas macht, was wir nicht möchten. Entweder müssen wir am Halfter rucken oder das Pferd wegschieben, oder, oder, oder. Auf jeden Fall müssen wir etwas machen, um ein Verhalten zu unterbinden oder um uns Sicherheit zu geben. Also reagieren wir: Wenn das Pferd zu schnell wird, rucken wir am Halfter, wenn es zu langsam ist, ziehen wir am Strick. Wir bemerken eine Handlung des Pferdes und möchten am liebsten sofort aktiv eine Veränderung bewirken. Oftmals sind wir dabei nicht glücklich, weil wir unsere Probleme meist nicht nachhaltig, sondern nur kurzzeitig lösen. Das Pferd scharrt, wir meckern. Das Pferd hört kurz auf, um direkt danach wieder anzufangen. Negative Aufmerksamkeit ist besser als keine, also macht das Pferd weiter, denn es weiß, der Mensch reagiert und bestärkt es damit in seinem Verhalten. Ist es das, was wir mit dem Meckern erreichen wollen? Sicherlich nicht. Und zack, haben wir ganz nebenbei etwas Negatives etabliert und wissen nun nicht mehr, wie wir aus diesem Schlamassel wieder herauskommen, denn außer Wut und Dominanz gab der Werkzeugkasten bisher nicht so viel her.
Zur Lösung solcher Probleme ist Wissen Macht. Und Ruhe! Wenn wir ein Verhalten, das nicht gefährlich ist, wir aber nicht wünschen, unterbinden möchten, dann ist es so viel sinnvoller, besonnen zu agieren, anstatt mit Hektik oder Wut. Wenn wir Alternativen kennen, wie wir uns verhalten können, dann sollten wir kurz über adäquates Verhalten nachdenken und erst dann reagieren. Denn somit können wir nur gewinnen. Ständiges Rucken am Strick schadet auf Dauer jeder Pferd-Mensch-Beziehung, mein Pferd aber bei unerwünschtem Verhalten mit meinem Körper nach seiner Aufmerksamkeit zu fragen und seinen Kopf freundlich, aber bestimmt zu mir zu lenken, ist konsequent, aber freundlich. Es ist so viel effektiver, Schwierigkeiten mit dem Pferd in Ruhe, Besonnenheit und Harmonie zu lösen als in Hektik und mit der Gewissheit, dass man sich nicht durchsetzen konnte und deshalb das Pferd gewinnt. **Wir brauchen keine Gewinner und Verlierer in der Pferd-Mensch-Beziehung. Wir brauchen Partner!**

Es ist clever, sich dabei vor allem auf das „Loslassen“ zu besinnen. Mehr Loslassen und weniger Festhalten führt nicht zum Kontrollverlust. Ja, es fühlt sich am Anfang ganz komisch an, aber unsere Pferde werden es uns sehr schnell danken, wenn wir uns nicht weiterhin an ihnen festkrallen und sie immerzu kontrollieren wollen, sondern ihnen mehr Vertrauen und Freiheit schenken.
Schon ein Kopf, der nicht ständig durch den Strick kontrolliert wird, kann für das Pferd eine enorme Erleichterung sein.
Natürlich gibt es auch Situationen, in denen wir unser Pferd erzieherisch in seine Schranken weisen müssen, aber auch das geht fair und eindeutig. Stellt das Pferd uns eine Frage, antworten wir. Immer freundlich und immer auf die gleiche Art, auch wenn wir dabei sehr deutlich werden müssen! Viele Menschen wollen immer nur sanft sein zu ihrem Pferd, aber man kann nicht immer nur sanft sein. **Zunächst muss man der Erwachsene sein.** Wie einem Kind sollte man auch dem Pferd klar, fair und vor allem für es verständlich erklären, was es darf und was nicht. Auch die absoluten No-Gos sollten dem Pferd bekannt sein.

Daher schauen wir uns jetzt ein paar eindeutige Missverständnisse zwischen Mensch und Pferd an, in denen der Mensch etwas tut, das Pferd aber etwas völlig anderes versteht.

Eine große Fehldeutung zwischen Mensch und Pferd, die unglaublich menschengemacht ist, ist der Blick.
Wir Menschen schauen uns beim Reden in die Augen. Immer! Das gilt als höflich. Stell dir vor, du würdest dich mit jemandem unterhalten, der dir nicht einmal in die Augen sieht und überall hinschaut, aber nicht in dein Gesicht. Wie schnell würdest du dich fragen, ob dein Gegenüber eigentlich gerade mit dir reden möchte, oder ob er lieber das Weite suchen würde?
Natürlich nutzen wir unsere Verhaltensweisen auch beim Pferd. Wir schauen unseren Pferden ständig in die Augen. Zum einen, weil unsere Pferde wirklich und absolut die Schönsten sind und wir sie gerne anschauen und zum anderen, weil wir es in unserem alltäglichen Leben nie anders praktizieren. Aber was heißt das für unser Pferd? Wenn man Pferde beobachtet, wird man erkennen, dass sie sich eher selten in die Augen schauen. Ein gezielter Blick in die Augen ist immer auch mit einer Handlungsaufforderung verbunden. Der Blick ist die erste Stufe, auf die weitere Steigerungen folgen, wenn er nicht reicht. Wenn also das ranghöhere Pferd zum Wasser möchte und ein rangniedrigeres Pferd da steht, wird das Ranghöhere ihm in die Augen schauen und damit sagen: „Ich haben ein Problem!“ Entweder versteht das rangniedrigere Pferd schon auf Anhieb, worin dieses Problem besteht, „Chef will hier ans Wasser“ und geht weg, oder das ranghöhere Pferd wird sich seiner Eskalationsstufen bedienen. Wenn du ehrlich bist, hast du dieses Verhalten sicherlich schon einige Male beobachten können.
Während der Mensch also seinem Pferd freundlich in die Augen schaut, sagt er ihm auf „pferdisch“: „Ich habe ein Problem!“
Sicherlich lernen Pferde mit der Zeit, dass wir Menschen ihnen ständig in die Augen schauen und damit nichts sagen möchten. Aber wie schade ist das, wenn wir uns selbst diesen feinfühligen Weg der Kommunikation, versperren. Denn wir haben definitiv nicht so tolle Ohren wie die Pferde oder lange kräftige Körper. Aber Augen haben wir und wir können sie zielgerichtet benutzen, um unser Pferd damit zu bewegen. Auf sanfte und verständliche Art ist es möglich, mit unserem Blick zu arbeiten und eine gemeinsame, feine Kommunikation zu erlangen. Wie das gelingt, wird im Praxisteil näher erläutert.

Ein nächstes Missverständnis liegt im Gebrauch der Gerte, wie du bereits im Kapitel über den Druck lesen konntest. An dieser Stelle möchte ich meine Ansicht noch etwas vertiefen, um dir die Wichtigkeit der klaren Kommunikation zu verdeutlichen.
Wenn ich Menschen mit ihren Pferden und ihren Gerten beobachte, dann fällt mir vor allem folgendes Verhalten auf: Entweder, der Mensch tippt permanent in gleicher Intensität mit der Gerte auf einer Stelle herum und erwartet eine Reaktion des Pferdes, oder er schlägt gleich relativ feste zu. Manchmal folgt Zweiteres auch auf Ersteres, wenn das Pferd sich trotz andauernden Antippens noch immer nicht bewegt hat.
Hier möchte ich auf die bereits erwähnte Forcierung der Gertenhilfe hinaus, die in der Kommunikation für das Pferd unglaublich wichtig und eindeutig ist. Die Steigerung von „Hilfen“, um ein bestimmtes Ziel zu erreichen, ist für das Pferd authentisch und klar nachzuvollziehen, weil es „pferdisch“ ist, wie du bereits im Heu- und Wasserbeispiel lesen konntest. Anschauen, Ohren anlegen, drohend mit dem Kopf schlagen und zubeißen ist ein progressiver, verständlicher Anstieg, um eine Bewegung des anderen Pferdes herbeizuführen. Ein ranghöheres Pferd wird sich niemals hinstellen und ein rangniedrigeres Pferd so lange immer wütender anstarren, bis es vielleicht irgendwann bereit ist zur Seite zu gehen.
Das wäre ungefähr mit folgender Situation zu vergleichen: Du stehst neben deinem Pferd und möchtest, dass es losgeht. Du tippst es mit der Gerte an. Du tippst und tippst und tippst, aber

nichts bewegt sich. Dein Pferd steht einfach nur da. Nein, das macht es nicht, um dich zu ärgern! Es hat schlicht und einfach nicht verstanden, was du von ihm möchtest.
Wir berühren unsere Pferde ständig, ohne etwas von ihnen zu wollen. Wir streicheln, wir tippen, wir klopfen, wir kratzen, wir desensibilisieren mit etlichen Dingen, die wir an unser Pferd halten. Dabei erwarten wir von unserem Pferd im Normalfall, dass es stillhält. Aber warum möchten wir dann in einer bestimmten Situation auf einmal, dass es auf ein gleichbleibendes Tippen mit etwas anderem reagiert als mit Stillstehen. Wie soll es wissen, Klopfen mit dem Finger heißt „Bleib stehen!", gleiches Klopfen mit der Gerte heißt „Tu was!", aber nur, wenn ich nicht gerade mit der Gerte klopfe, weil ich dich desensibilisieren möchte. Du merkst schon allein an diesem diffusen Satz, wie paradox das Ganze ist. Der Gedankengang des Pferdes könnte in etwa so aussehen.

Pferd: „Okay, der Mensch klopft. Mal abwarten, was kommt. Ah, er klopft noch immer. Aber ich weiß nicht, was ich tun soll. Er klopft weiter. Mmh, ich glaube er möchte, dass ich dieses Klopfen aushalte und stillstehe, das möchte er sonst auch. In Ordnung, das kann ich gerne für dich machen."

Und was meinst du? Fehler des Pferdes? Unwille? Oder einfach ein Missverständnis? Dann folgt irgendwann der feste Schlag, denn der Mensch verliert die Geduld, weil das Pferd nicht reagiert.

Pferd: „AUA! Was soll das denn jetzt? Warum schlägt mich mein Mensch? Ich habe doch gemacht, was er wollte, das Tippen ausgehalten. Jetzt weiß ich überhaupt nicht, was er von mir will. Dann gehe ich jetzt besser mal weg. Aber vor dem Ding da in der Hand muss ich mich in Acht nehmen, denn das tut echt weh."

Vermutlich wird unser Pferd beim nächsten Mal schneller mit einer Bewegung auf die Gerte reagieren, aber nicht, weil es verstanden hat, was wir von ihm möchten, sondern weil es gerade eben gelernt hat, dass es besser ist, sich vor der Gerte in Acht zu nehmen. Hier provozieren wir Angst anstelle von Verständnis.

Wenn du aber mit der Gerte bei jedem Tippen kontinuierlich etwas fester wirst, dann wird die Situation für das Pferd ebenso fortlaufend immer unangenehmer, denn der Druck nimmt zu. Wenn der Druck dem Pferd zu hoch ist, wird es anfangen, eine Bewegung anzubieten. Genau so, wie es vielleicht beim Wegschicken am Wasser auf die Steigerung von Blick, zu Ohrenanlegen, zu drohen, zu beißen, beim einen Mal auf den Blick und beim nächsten Mal erst auf das Beißen reagiert. Aber es weiß genau, dass der Biss kommen wird, wenn es die vorangegangenen Infos nicht beachtet. Klar und authentisch.
Genau so verhält es sich auch mit unserer Hilfe. Hilfe aufbauen, so viel wie nötig, so wenig wie möglich, sofort aufhören, wenn die gewünschte Reaktion kommt. Keine Wertung, kein Ärger, alles auf Null. Danach in gleicher Abfolge wieder starten. **Lächeln nicht vergessen.**
Wenn du zum allerersten Mal die Progression des Drucks ausprobierst, dann solltest du sofort bei den kleinsten Anzeichen einer Antwort den Druck nachlassen. Denn dann weiß das Pferd, „Ah! Der Mensch möchte auf die steigernde Gerte eine Bewegung von mir haben."
Um zu vermeiden, dass sich der Druck erhöht, wird es in den meisten Fällen schon gleich beim nächsten Versuch früher anfangen, eine Bewegung anzubieten, denn es weiß ja, dass eine Bewegung erwartet wird und es weiß auch, dass es danach eine Pause erhält. Pausen nach Arbeit sind eine tolle Motivation. Die Antwort auf die Fragen des Menschen zu kennen auch. Je geduldiger, freundlicher und achtsamer wir fragen, umso schneller werden wir die gewünschten Antworten erhalten.

Es ist immer wieder toll, wie wundervolle Bilder entstehen, wenn man sich zu 100 % auf das Pferd fokussiert und ganz vergisst, dass man bei seiner „Arbeit“ fotografiert wird.

Wenn mein Pferd diese Systematik der Gertenhilfe, die bei diesem achtsamen Einsatz tatsächlich auch eine Hilfe zur Verständigung darstellt, verstanden hat, dann kann ich nach konkreten Bewegungen fragen.

Um eine solche Bewegung zu erhalten, starte ich mit dem Tippen. Wenn das Pferd anfängt, anzubieten, tippe ich trotzdem, hier jedoch in gleicher Stärke, denn es weiß ja, dass ich eine Bewegung haben möchte und es bietet mir schon verschiedene Bewegungen an. Sobald ich den Hauch der richtigen von mir gewünschten Bewegung erhalte, lobe ich sofort mit der Pause. Sollte das Pferd jedoch wieder stehen bleiben und gar nichts machen, steigere ich den Druck erneut, bis es wieder anfängt, mir etwas anzubieten. Hierbei ist es wichtig, möglichst kleinschrittig und gefühlvoll vorzugehen. Im Prinzip muss unser Pferd erst mal blindlings raten, was wir denn genau von ihm möchten. **Das heißt, es muss durch Versuch und Irrtum die gewünschte Lösung finden.** Keine leichte Aufgabe.

Bei dem Pferdepsychologenseminar von Stefan Valentin, demonstrierte er eine solche progressive Gertenhilfe mit einem Kugelschreiber an einer Kursteilnehmerin.
Dieses eindrucksvolle Beispiel ist uns wohl allen heute noch im Kopf geblieben, denn ich kann euch sagen, die andere Kursteilnehmerin hat überhaupt nicht verstanden, was Stefan von ihr wollte und dass, obwohl sie schon wusste, dass auf die „Kugelschreiberhilfen“ irgendeine Bewegung vom Menschen erwartet wurde. Es fiel ihr total schwer, die richtige Bewegung anzubieten. Stoisch, ruhig und lächelnd, ohne wütend zu werden, erklärte Stefan ihr, komplett nonverbal, mit Klopfen auf den Arm und Pausen, welche Bewegung er von ihr haben wollte. Aber es dauerte wirklich lange, bis sie endlich ihren Kaffeebecher vom Tisch gegriffen hatte. Sie selbst war hinterher total perplex, wie schwer diese vermeintlich einfache Aufgabe für sie zu lösen war.

Versuch und Irrtum ist, mit dem richtigen Timing, ein Weg, auf dem wir verlässlich auf „Pferdisch“

klarmachen können, welche Reaktion wir von unserem Pferd erfragen. Auch solltest du darauf achten, die Fragen möglichst einfach zu formulieren, denn je einfacher es für das Pferd ist, herauszufinden, was du von ihm möchtest, umso schneller wird es die gewünschte Antwort finden. Eine schnell gefundene Antwort führt zur Pause und zur Zufriedenheit auf beiden Seiten.

Manchmal brauchen wir solche Aha-Erlebnisse, um selbst einen anderen Blick auf die Dinge einnehmen zu können. Wenn es also schon für einen Menschen, dessen Intelligenz ich nicht in Frage stellen möchte und der schon vorher wusste, dass eine Bewegung in irgendeine Richtung erwartet werden würde, so schwer ist, wie schwer ist es dann für ein Pferd, das völlig unvoreingenommen ist, herauszufinden, was von ihm erwartet wird, wenn es plötzlich irgendwo am Körper „angetippt" wird?

Was im Zuge der Gertenhilfe, wie bereits angedeutet, ebenfalls ein wichtiger Faktor ist, ist das Timing. Denn wir Menschen sollten auch hier besonders achtsam sein und die Hilfen genau dann einstellen, wenn das Pferd wie gewünscht reagiert. Dies bedarf viel Übung und auch vermutlich vielen Missgeschicken. Denn wenn wir im falschen Moment aufhören zu fragen, kann es sein, dass das Pferd die „falsche" Antwort lernt. Hier gilt es also so kleinschrittig/einfach wie möglich zu arbeiten und jeden Schritt in die richtige Richtung zu belohnen. Denn wenn man „nur" kleine Schritte geht, ist es viel leichter, Fehler wieder zu korrigieren, die man durch eigene Unachtsamkeit gemacht hat. Und ja, ich weiß, Geduld ist eine Tugend, die nicht jedem von uns liegt. Mir übrigens auch nicht. **Aber ich versichere dir, um dich in Geduld zu üben, wirst du nirgends einen besseren Lehrmeister finden als dein Pferd!**

An dieser Stelle ist es mir noch wichtig zu erwähnen, dass es trotzdem okay ist aufzuhören! Wenn du feststellst, dass dein Pferd auf eine bestimmte Frage nicht die richtige Antwort findet und ihr nur noch umeinander herumtänzelt, dann **hör auf**.
Hör auf, bevor die ersten Emotionen aufkommen. **Hör auf**, bevor du selber nicht mehr weißt, was du eigentlich wolltest. **Hör auf**, bevor du denkst, dein Pferd verweigert die Mitarbeit. **Hör auf**, bevor du anfängst, ungerecht zu werden und **hör auf**, bevor die ersten Selbstzweifel aufkommen!
Ja, manchmal funktionieren Dinge nicht. Warum? Keine Ahnung! Vielleicht bist du nicht konzentriert genug, vielleicht hat dein Pferd einen schlechten Tag. Ich weiß es nicht. Aber was ich weiß, ist, dass „Versagen" dazugehört.
Ich nenne es nur nicht so. Wenn mir etwas partout nicht gelingen will, dann mache ich eine Pause, nehme das Päckchen mit nach Hause und überlege mir dort eine mögliche Lösung. Vielleicht lese ich weitere Fachliteratur in der Hoffnung neue Ideen zu bekommen. Vielleicht fällt mir aber auch selbst etwas Neues ein. Dann gehe ich wieder zum Pferd und probiere das Neue. Klappt es, wunderbar! Klappt es nicht, egal, weitersuchen! Irgendwann wird es für jedes Problem eine passende Lösung geben und ich weiß, dass du sie finden wirst. Vielleicht nicht heute und nicht morgen, aber bald, bald wird dir etwas einfallen.
Erlaube dir auch mal ineffizient zu sein. Erlaube dir auch, Schritte, die zurückgehen, zu machen.
Was hast du zu verlieren? Die Beziehung zu deinem Pferd steht auf dem Spiel. Und ich finde, wenn wir uns darum bemühen, einen Platz im Herzen unserer Pferde zu ergattern, dann sollten wir diese Bemühungen nicht durch falsche Eitelkeit oder Ehrgeiz aufs Spiel setzen. Denn auch hier gilt wie so oft im Leben: hinfallen, aufstehen, Krone richten, weitermachen!
Denn all diese Emotionen oder Gedanken, die bei Versagen ablaufen, sind menschengemacht. Vielleicht denkt der eine oder andere Einstaller von dir, dass du es nicht draufhast. Aber dein Pferd? Das wird niemals über dich richten und

sich denken, dass du inkompetent bist, weil du ihm nicht richtig erklären kannst, was du von ihm möchtest. Im Gegenteil, es freut sich, wenn du dir Mühe gibst, so mit ihm zu kommunizieren, dass es eine Chance hat, dich zu verstehen.
Stell dir vor, du fährst nach China. Plötzlich holt dich eine Chinesin zu sich in einen Raum, in dem schon viele andere Chinesen sind. Mehrere von ihnen kommen lächelnd auf dich zu und sprechen auf dich ein, halten dir Dinge vor die Nase und fragen dich anscheinend irgendetwas. Weil du ein Mensch unter Menschen bist, verstehst du schon, dass sie dir nichts Böses wollen, da sie ja freundlich lächeln, aber was sie konkret von dir möchten, weißt du nicht. Wie dankbar wärst du über den einen, der dich anschaut und versucht in deiner Sprache oder zumindest in einer, die du beherrschst, zu kommunizieren und dich zu fragen, ob du etwas trinken möchtest? So geht es unseren Pferden, wenn wir es versuchen! **Du kannst nur gewinnen!**

Bitte lasse dich niemals von Menschen, die dich beobachten, davon abhalten, das zu tun, was du für richtig hältst. Versuche immer der beste Horsefriend zu sein, der du sein kannst, denn das Einzige was am Ende zählt, ist, dass du und dein Pferd eine schöne gemeinsame Zeit verbringen und dass ihr Spaß und Freude an eurer Gesellschaft habt, egal, was andere darüber denken mögen. Ich weiß, dass es in Stallgemeinschaften häufig Zickereien gibt, dass viele davon überzeugt sind, den einzig wahren Zugang zu ihrem Pferd zu haben und die mit Verbesserungsvorschlägen oder Kommentaren eher selten hinter dem Berg halten. Versuche dich von diesen „Schlaumeiern" frei zu machen. Jeder wählt für sich einen Weg, wie er mit dem Pferd umgehen möchte, welche Ziele und Vorstellungen er bezüglich der „Beziehung" zum Pferd hat. Dem einen ist es wichtig, dass das Pferd stets funktioniert. Du möchtest aber Vertrauen und Bindung aufbauen und erst dann nach dem

Durch Absichtslosigkeit entstehen die tollsten Momente mit dem Pferd. Es lohnt sich hier einfach mal innezuhalten und sich von unseren Vierbeinern überraschen zu lassen.

„Funktionieren“ fragen. Das ist phantastisch! Ich weiß aus eigener Erfahrung, dass diese Abgrenzung von anderen nicht einfach für uns ist. Zu ertragen, dass man für das, was man tut, belächelt oder schief angeguckt wird, ist nicht leicht. Vor allem, weil diese Art des möglichst zwanglosen, equipmentarmen Umgangs auf den meisten Höfen nicht gesellschaftlich akzeptiert ist. In manchen Ställen ist es sogar gar nicht erst erlaubt, auf den Reitflächen Bodenarbeit mit seinem Pferd zu machen. Hier wird der komplette Nutzen dieser Art der Pferdearbeit negiert. Ein Pferd ist zum Reiten da.

Der „Bodenarbeiter“ wird gerne belächelt, aber kaum einer, der es beobachtet, macht sich lustig darüber, wenn man einen Reiter sieht, der mit Sporen und Gerte sein scheinbar störrisches Pferd antreibt. Das ist in Ordnung, denn der Mensch hat in diesem Falle ja quasi gar keine andere Wahl, als sich durchzusetzen, um die Kontrolle zu behalten.

Wenn ich ehrlich bin, dann sieht das, was du in diesem Buch lernst, erstmal nicht besonders spektakulär aus, aber ich bin mir sicher, die Veränderung in eurer Beziehung wird sich spektakulär anfühlen. Letztens habe ich für eine kurze Einheit mein Herzenspferd von der Weide geholt. Dazu muss ich sagen, dass wir mittlerweile auf unserem gemeinsamen Weg des Verständnisses ein gutes Level der Beziehung erreicht haben. In den meisten Fällen kommt Chex mir schon entgegen, wenn ich ihn rufe und freudestrahlend auf ihn zugehe. Was er aber verlässlich tut, ist mir den Weg bis hin zum Tor zu folgen, ohne dass ich ihn aufhalftere. Neulich habe ich ihm am Tor dann einfach nur einen Halsring übergeworfen, um den kurzen Weg zum Sandplatz zu überbrücken. Eine meiner Schülerinnen kam in dem Moment an mir vorbei und sagte lächelnd: „Ach guck mal, wir brauchen nicht mal mehr ein Halfter!“ Nein, brauchen wir nicht. Wir hätten auch den Halsring nicht gebraucht, aber aus Sicherheitsgründen ist es mir wichtig, mich niemals frei mit dem Pferd auf unabgegrenztem

Mittendrin, statt nur dabei.

Oft wecken wir das Interesse der Pferde schon von Weitem, wenn wir ihnen die Chance geben zu entscheiden, dann kommen sie meist gerne zu uns.

Terrain zu bewegen. Aber auch schon allein die Tatsache, dass sich Chex immer anschließt, wenn ich komme, dass er sich immer auf unsere gemeinsame Arbeit freut, bedeutet mir die Welt und macht mich unendlich glücklich!

Jeder Weg, den du gehen willst, fängt mit dem ersten Schritt an. Je länger du gehst, umso besser wirst du in dem, was du tust. Und wenn du an deinem Ziel ankommst, suche dir neue Wege, neue Ziele. Denn das ist doch das Schöne am Menschsein, an unserer Intelligenz, dass wir immer wieder neue Dinge lernen können. Dass wir nie zu alt werden, unser Gehirn mit neuen Inhalten zu füllen. Dass wir ausprobieren, korrigieren und reflektieren können. Warum sollten wir all diese phänomenalen Fähigkeiten bei diesen wichtigen Lebewesen, mit denen wir gerne die schönste Zeit der Welt verbringen wollen, nicht nutzen?

Zurück zu unseren Missverständnissen. Pferde stupsen uns schon mal häufiger mit der Nase an. Machen sie das leicht, finden wir das sehr niedlich und werten dieses Verhalten als kuscheligen Annäherungsversuch des Pferdes. Wird es fester, so fangen die meisten Menschen irgendwann an, heftig oder ruckartig zurückzuschubsen oder gar wütend zu werden, weil das Pferd einfach nicht aufhört und vielleicht sogar ziemlich penetrant wird. Ich denke, alle Interaktionen, die ein Pferd macht, haben einen Grund. Ein Pferd wird sich nicht bewegen, wenn es dazu keinen Grund hat. Es nutzt seinen Körper, um etwas auszudrücken, um sich mitzuteilen, um etwas zu fragen. Nur blöd, dass

Auch die Kleinen zeigen Interesse an uns Menschen.

wir sie nicht verstehen. Daher möchte ich dir eine andere Deutungsweise für das Stupsen mit auf den Weg geben.
Ich gehe davon aus, dass das Pferd mir mit seinem Stupsen Fragen stellt. Und zwar die wichtigste Frage, die es stellen kann: „**Bist du stark?**“ Hinter dieser Frage steckt das Leben unseres Pferdes. Denn das Pferd hat evolutionsbedingt immer Angst um sein Leben. Da es weiß, dass es alleine nicht überleben kann, braucht es den Schutz der Herde. Nehmen wir es aus seiner Herde heraus, müssen wir diese ersetzen. Das heißt, es liegt in unserer Verantwortung, das Leben des Pferdes zu beschützen und unserem Pferd genau dies mitzuteilen, dass wir die Kompetenz besitzen das auch zu leisten. Das klingt jetzt ziemlich theatralisch, ist aber leider für unser Pferd harte, tägliche Realität. Daher ist es enorm wichtig, die leichten Stupser nicht zu ignorieren oder zu fehlinterpretieren. Auf eine solche Frage: „Bist du stark?“, sollte unsere Antwort immer sein: „Ja ich bin stark!“ Wir antworten unserem Pferd adäquat, indem wir einfach mit der gleichen Stärke in der es gefragt hat, reagieren. Also egal, wo es stupst, mit dem Körper dagegenhalten und zurückstupsen. Dabei immer freundlich und mit sanftem Druck antworten. Es ist wichtig, das Pferd dabei nicht ruckartig wegzustoßen. Denn wenn wir es zu feste schubsen, können wir es auch

einschüchtern und ihm damit sagen, dass wir nicht nur stark, sondern viel zu stark sind. Ein Beschützer, der zu stark ist, wirkt beängstigend, auch nicht das, was wir sein möchten. Demnach wäre es tatsächlich erstrebenswert in der gleichen Körperkraft, in der wir vom Pferd nach unserer Kompetenz gefragt wurden, auch zu antworten.

Was ich als Nächstes erwähnen möchte, ist die Tatsache, dass wir uns gerne sofort zu unserem Pferd umdrehen, wenn es Angst hat oder vor etwas zurückschreckt. Stell dir vor, du gehst mit deinem Pferd auf eine Plane zu. Dein Pferd hat noch niemals eine Plane gesehen oder betreten. Natürlich hat es Angst vor dieser Plane. Alles, was das Pferd nicht kennt, löst erst mal Angst und Fluchtwillen bei ihm aus.
Jetzt möchten wir aber unserem Pferd erklären, dass es vor dieser Plane keine Angst zu haben braucht. Somit gehen wir auf das „Ungeheuer“ zu, das Pferd vermutlich am gespannten Strick hinter uns herziehend und drehen uns immer wieder zu unserem Vierbeiner um und sagen ihm, dass alles gut ist und es keine Angst zu haben braucht. Das Pferd ist davon nicht überzeugt. Der Mensch wendet sich zu, möchte trösten und beruhigen, mit Worten, mit Gesten, mit Berührungen. Das Pferd möchte weg.

Wenn man sich nun anschaut, wie Pferde eine solche Situation selbstständig lösen, wird das Ausmaß des Missverständnisses sofort klar.
Wenn in der Herde plötzlich ein unbekannter Gegenstand auftaucht, dann wird sich der Hengst oder das Leittier (wir bleiben hier beim Hengst, um die Erklärung zu vereinfachen) diesem nähern. Er wird sich die Sachlage genau anschauen. Er wird darauf zugehen und wieder zurückweichen. Er wird prusten und schnaufen. Stehenbleiben, prusten und wieder ein Stückchen mehr auf das Objekt zugehen und daran riechen. Irgendwann wird er für sich feststellen, dass von dem Ding keine Gefahr ausgeht. Er wird es vielleicht sogar mit den Vorderhufen

Ich find dich zum Knutschen!

bearbeiten. Wenn er das Interesse verliert, wendet er sich entspannt ab. Die Herde schaut ihm dabei zu. Sie wissen, dass sich der Hengst mit dem „Gruselding“ auseinandersetzt und so lange er das tut, wissen sie, dass er alles im Griff hat und dass sie nicht mit Flucht reagieren müssen.
Ist sich der Hengst jedoch in seiner Bewertung nicht ganz sicher, oder bewertet er dieses „Ding“ gleich als Gefahr, so wird er sich zu seiner Herde umdrehen und losrennen. Das Umdrehen zu seiner Herde heißt für diese „Gefahr, lauft los!“. Die Herde reagiert und setzt sich im Bruchteil von Sekunden gemeinsam in Bewegung.
Dreht sich der Mensch also in Stresssituationen oder Angstmomenten zum Pferd um und geht auf es zu, um es zu beruhigen, so sorgt er dafür, dass das Pferd noch größere Angst bekommt. Denn er sagt ja mit seinem Körper „Du hast Recht, hier droht Gefahr, schnell weg!“ Mit seinen beruhigenden Worten sagt er zwar etwas völlig Gegensätzliches, aber da das Pferd leider kein „Mensch“ versteht, begreift es die Beruhigungsversuche auch nicht als das, was sie sein sollen. Was es versteht, ist, dass der Mensch zwar Flucht signalisiert, es aber mit seinem Equipment davon abhält, seinem Instinkt, einfach

davonzurennen, zu folgen. Hier haben wir menschlich absolut korrekt gehandelt, aber senden eine diskrepante Information an das Tier Pferd.

Da ich eine mögliche Kontroverse der Sprache gerade schon angesprochen habe, möchte ich an dieser Stelle noch kurz intensiver auf unsere Artikulation an sich eingehen. Es gibt in der Fachliteratur unterschiedliche Ansichten darüber, wie, wann und mit welcher Häufigkeit man die Stimme einsetzen sollte. In unserem Fall kann ich diese Frage nach der Frequenz leider nur mit „Kommt drauf an!“, beantworten.

Wenn du deinem Pferd all deine Sorgen erzählen möchtest und es dir danach besser geht, dann erzähle sie. Wenn du es gerne mit Kosenamen überhäufst und ihm sagst, was es gerade tun und nicht tun soll, mach auch das gerne. Aber erwarte bitte nicht, dass dein Pferd auf deine Stimmsignale „hört“! Denn es ist Sprache, die es nicht mit Bedeutung in Verbindung bringen kann.

Ja, wir Menschen brauchen die Sprache. Weil sie unser Mittel Nummer eins ist, um miteinander kommunizieren zu können. Natürlich liegt es auf der Hand, dass wir das auch bei unseren Pferden versuchen. Jetzt überlege einmal kurz, wie viele Geräusche du seitens der Pferde im Stall hörst. Als erstes fällt mir da das Kaugeräusch ein, direkt gefolgt von zufriedenem Schnauben, was für mich einer meditativen Musik gleicht. Aber ansonsten? Eine stille Herde ist eine zufriedene Herde. Das wissen die meisten. Ja, unsere Pferde können wiehern, sie können quieken und brummeln. Aber wann machen sie das? Richtig, in den meisten Fällen, wenn sie Stress haben, wenn irgendetwas nicht in Ordnung ist, dann hört man Pferde. Wenn alles gut ist, sind sie still. Pferde brauchen keine Lautsprache. Keine Menschensprache. Die Ruhe und die gemeinsame stille Einheit in der Herde sind das erstrebenswerteste Ziel aller Pferde.

Aber hey, das heißt jetzt nicht, dass du deine Sprache nicht mehr benutzen darfst. Ich gebe zu, ich habe es ausprobiert. Ich habe aufgehört, mit den Pferden zu sprechen und nur noch geschwiegen. Aber ich habe immer wieder festgestellt, dass ich meiner Freude und meinem Jubel über tolle Aktionen nicht „nur“ mit der Pause Luft machen kann. Da muss einfach ein „Super“, „Jaaaaaaaa!“, oder „Good Boy/Girl!“ aus mir raus. Und ja, ich stelle auch fest, dass das ein oder andere Pferd Lobworte als solche erkennt und noch ein wenig mehr aus sich herauskommt. Daher plädiere ich nicht dafür, gänzlich auf die Stimme zu verzichten. Denn, ich mag mich zwar bemühen, Pferdisch zu lernen, aber mein Pferd weiß hundertprozentig, dass ich kein Pferd bin und auch niemals eines sein werde. Also, warum sollte ich mich gänzlich verbiegen, weil es die Fachliteratur oder der ein oder andere Trainer empfiehlt. Auch hier denke ich, dass jeder seinen eigenen Weg finden sollte, der zu ihm passt. Also, nutze gerne deine Stimme, aber wenn du möchtest, dass dein Pferd sie als Hilfe erkennt, der es Beachtung schenken und darauf reagieren soll, dann brauchst du klare und sich immer wiederholende, eindeutige Stimmsignale.

Hier kann es hilfreich sein, sich eine Vokabelliste zu schreiben. Ich weiß, dass das ziemlich blöd klingt, aber wenn man sich klar überlegt, welche Stimmsignale man für welche Aktion etablieren möchte, so fällt der Einsatz in der Praxis leichter, wenn man diese vorher genau definiert hat.

Vokabelliste

Deine Worte für eine klare Verständigung

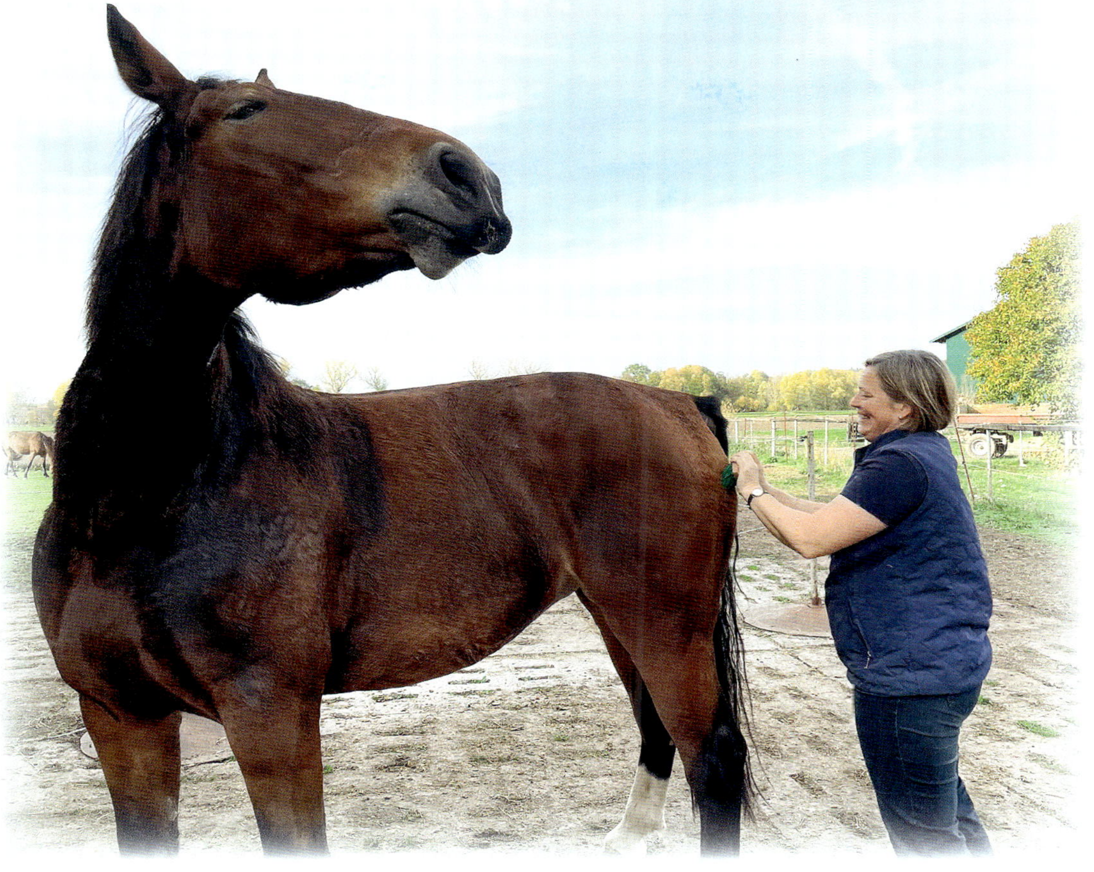

Nach dem Training gibt es nichts Schöneres, als noch ein bisschen verwöhnt zu werden.

Bitte verwechsle aber den Einsatz der Stimme nicht mit deiner Ruhe, die du zu jeder Zeit beim Pferd ausstrahlen solltest. Denn die Ruhe in deinem Geist und Körper hängt nicht zusammen mit einem manchmal zu losen Mundwerk. Auch hier ist Achtsamkeit wieder der treffende Begriff, der alle Fäden zusammenführt. Wenn ich darauf Acht gebe, welche Stimmsignale ich wann verwende und in der Arbeit mit dem Pferd ein bisschen ausgewählter mit meiner Stimme umgehe, als ich es sonst tun würde, dann denke ich, ist man auch hier auf einem guten Weg, die Stimme als Hilfsmittel wieder nutzen zu können.

Wichtig ist, dass du dich mit deiner „Stimmlösung" wohlfühlst. Denn nur, wenn du dich innerhalb deiner Komfortzone befindest, bleibst du authentisch. Probiere aus, was für dich geht und was nicht, bleibe aber immer du selbst, ohne dich verbiegen zu wollen.
Das Mindset pro Pferd ist wirklich wichtig, die Stimme, naja nutze sie, oder nutze sie nicht. Sie wird nicht der Faktor sein, der das Kartenhaus zusammenhält oder zum Einsturz bringt.

Was ich auch immer wieder faszinierend finde, ist die Tatsache, dass ganz viel Menschen dem Pferd

so ziemlich mit als erstes den Kopf streicheln, weil wir es gut meinen und damit unsere Liebe zum Pferd zum Ausdruck bringen möchten. Hierbei fragen wir uns auch nie, wie das Pferd das vielleicht finden mag. Jetzt überlege mal kurz: Wie fändest du es, wenn ein wildfremder Mensch oder auch ein Bekannter auf dich zukommen und dir wie selbstverständlich im Gesicht rumfummeln würde? Vielleicht sogar noch, ohne dir vorher „Hallo" gesagt zu haben?
Also ich für meinen Teil wäre sehr perplex.
Auch das nach wie vor weit verbreitete und viel gelehrte Klopfen auf den Hals, um das Pferd zu loben, war mit Sicherheit keine Idee der Pferde. Wenn man Pferde beobachtet, so haben sie an dem Klopfen meist keine Freude. Sie erdulden unser Verhalten, so wie sie viele menschliche Verhaltensweisen erdulden. Aber da Pferde keine Teppiche sind, die wir ausklopfen müssen, wäre es viel schöner, wenn wir unsere Pferde einfach liebevoll streicheln würden.
Ich kenne ganz viele Pferde, die das sehr genießen. Es macht wirklich viel Freude einmal achtsam auf die Suche nach Lieblingsstellen zu gehen. Fast jedes Pferd hat eine Stelle, an der es besonders gerne gekrault oder gekratzt wird. Das erkennt man daran, dass es den Kopf lang nach oben streckt und die Oberlippe leicht kräuselt. Wenn dein Pferd diesen Ausdruck zeigt, BINGO, weitermachen! Fellpflege verbindet.

Denk dran: Es ist nie verkehrt, das Pferd an Stellen zu kratzen, wenn es zeigt, dass es juckt. Ganz salopp gesagt, bist du damit für das Pferd zu etwas Nütze, denn du kannst ihm helfen und ihm ein positives Gefühl geben. Das Pferd wiederum lernt, dass du ihm zuhörst, wenn es ein Problem oder eine unangenehme Situation hat und ihm gerne behilflich bist. Win-win und damit ein fetter Beziehungsbooster.

Ich hoffe, ich konnte einige Missverständnisse, die in alltäglichen Situationen immer wieder auftauchen, für dich aufdecken und dir ihre Bewandtnis erklären. Vielleicht hast du jetzt auf die ein oder andere Verhaltensweise deines Pferdes eine andere Sicht erhalten. Versuche die beschriebenen Momente zu erspüren, sie bewusst zu machen, die Perspektive zu wechseln und dich daran zu erinnern, dass du da doch neulich mal etwas zu gelesen hast. Und dann schau mal, welche Lösung dir das Reflektieren der Situation einbringt. Wie bereits erwähnt, erwartet niemand von dir, dass du direkt umschalten kannst. Wahrnehmung und Bewusstmachung ist stets unser vorrangiges Ziel, auf dem Weg ein guter Horsefriend zu werden.

ACHTUNG: Frisch verliebt!

Ein kleiner Beziehungs-ratgeber

Pferde sind großartige Lehrmeister, wenn wir bereit sind, ihre Lehren anzunehmen, wachsen wir über uns hinaus.

Es lohnt sich, die Liebe zu unseren Pferden in einem weiteren Zusammenhang zu betrachten. Daher möchte ich dir gerne meinen nächsten Denkanstoß geben.
Vermutlich werden viele, die dieses Buch lesen, zu den glücklichen Menschen gehören, die ein eigenes Pferd besitzen. Das ist toll! Und ich beglückwünsche dich von Herzen, aber was bedeutet es eigentlich, Pferdebesitzer, Reitbeteiligung oder liebender Mensch, der das Glück hat, Pferdeverantwortlicher zu sein?

Besitz, das ist ein Wort, was zeigt, dass uns etwas gehört. Ich besitze jede Menge Sachen, viele, auf die ich verzichten könnte, wenn ich ehrlich bin. Natürlich sind viele Dinge, die wir besitzen, nützlich. Aber wie steht es um die emotionale Verbindung zu unserem Besitz? Ja, da gibt es das ein oder andere Erinnerungsstück, das mit Emotionen verbunden ist. Letztens ist aus heiterem Himmel mitten in der Nacht unser Schrank zusammengebrochen und die Spieluhr aus dem Erzgebirge, die mein Vater als Junge geschenkt bekommen hat, hat den Sturz nur sehr schwer lädiert überstanden. Es klingt bescheuert, aber erst mal habe ich geweint, weil diese wertvolle Spieluhr einfach hinüber war. Ein Freund von uns, superfit in Sachen Holz, hat versprochen, sich ihrer anzunehmen. Bereits am nächsten Tag ging es mir besser, vielleicht, weil ich wusste, dass er das wieder hinbekommt. Aber auch, wenn die Aussicht für die Spieluhr noch schlechter gewesen wäre, so hätte es mich wahrscheinlich ein paar Tage geärgert, aber dann wäre es wieder gut gewesen. So ist das mit dem Besitz von materiellen Dingen. Oder mein Auto, ich liebe mein Auto, denn es macht mich mobil und bringt mich zuverlässig von A nach B. Aber wenn es kaputtgeht oder einen Kratzer oder eine Beule bekommt, dann ärgere ich mich vielleicht kurz, aber ich weiß, man kann es reparieren oder im Zweifelsfall ersetzen.
Fast alles, was wir in unserem Leben besitzen, können wir ersetzen. Aber wie ist das nun mit unseren Tieren, die wir auch besitzen? Ich denke, bereits an dieser Definitionsschraube sollten wir gedanklich drehen.
Natürlich gehören uns unsere Tiere, natürlich gehen wir in vollem Umfang die Verpflichtung ein, bei der Entscheidung für ein Tier finanziell für sie aufzukommen. Tiere sind per Definition

unseres Gesetzgebers eine Sache, wenn etwas passiert, handelt es sich lediglich um Sachbeschädigung.
Aber sind unsere Tiere tatsächlich nur eine Sache?
Nein! Auf keinen Fall!

Was Tiere sind ...

Ich denke es lohnt sich, aktiv umzudenken! Es hat viele Vorteile, sich nicht als Besitzer seines Pferdes zu sehen, sondern eher als sein Mentor oder sein Freund. Das ändert die Perspektive auf unsere Tiere ganz enorm. Stell dir das Konstrukt mit deinem Pferd also eher als eine Beziehung vor. Eine Beziehung, die du aufbauen, festigen und pflegen solltest. Die in die Brüche gehen kann, wenn du dich nicht adäquat verhältst und darum kümmerst. Und eine Beziehung, in der nichts aus böser Absicht heraus passiert, in der wir Verständnis und Liebe für den Anderen aufbringen, auch wenn einer der beiden vielleicht einmal einen schlechten Tag hat. Gehe immer davon aus, dass jedes Verhalten einen Grund hat, dass also nichts, was dein Pferd tut, einfach so, oder aus dem Grund heraus passiert, dass es dich ärgern, oder dir eins auswischen möchte.

Hier wieder ein Beispiel aus der Menschenwelt, um dir die Tiefe der Beziehung zu veranschaulichen, die für Menschen untereinander absolut selbstverständlich ist:
Stell dir vor, du bekommst aus heiterem Himmel einen Anruf aus der Schule: Dein sonst sehr friedliebendes Kind, welches noch nie Schwierigkeiten gemacht hat, hat sich in der Pause mit einem anderen Kind geprügelt. Vermutlich wirst du jetzt schnellst möglich in dein Auto springen, um es abzuholen. Auf dem Weg wirst du darüber nachdenken, was passiert sein könnte, dass dein Kind sich auf eine Prügelei eingelassen hat. Du wirst dir die Frage nach dem „Warum?“ stellen, dicht gefolgt vom „Wie konnte es dazu kommen?“ Auch wird dich vor allem interessieren, wie es deinem Kind geht, denn du bist dir sicher, dass es leidet, was dich sofort mitleiden lässt. In der Schule angekommen, wirst du es in den Arm nehmen, ihm Trost spenden und für es da sein. Ich denke dieses Verhalten lässt sich vor allem mit dem Wort Empathie zusammenfassen.
Du wirst dein Kind fragen und du wirst dich einfühlen, aber vor allem wirst du für es da sein, es trösten und es wieder aufbauen.
Was du vermutlich nicht machen wirst, ist es anzuschreien. Du bist dir sicher, dass es einen Grund für sein Verhalten geben muss, denn dein friedliebendes Kind wird nicht ohne Auslöser plötzlich zum Schläger. So weit, so klar.

Zurück zu unserem Pferd. Stell dir jetzt vor, du stehst mit deinem Pferd am Anbinder. Da du ihm dort immer ein Leckerchen gibst, ist es bereits in freudiger Erwartung und schnüffelt mit wackelnder Oberlippe an all deinen Taschen. Heute bekommst du das Leckerli nicht schnell genug zu fassen und ehe du dich versiehst, hat dein Pferd nicht in die Leckerei, sondern in deine Hand gebissen. Ja, du hast jetzt Schmerzen und du bist sicherlich wütend. Vermutlich hast du deinem Pferd in dem Moment nach dem Biss unmittelbar einen Schlag verpasst und tobst und wütest auch noch ein Weilchen. Du bist dir sicher, dass hat dein Pferd extra gemacht, weil du nicht schnell genug warst.
Stopp!
Hier sind wir wieder einmal in die Falle getappt. Du fragst dich gerade nicht, wie es dazu kommen konnte und warum dein sonst sicherlich nicht bissiges Pferd auf einmal zuschnappen konnte, sondern du bist einfach nur wütend. Die Lust auf die Interaktion mit diesem „fiesen Beißer“ ist dir vergangen, so dass du dein Pferd am liebsten nur noch zurückstellen möchtest. Und jetzt? Beim nächsten Mal, wenn du dein Pferd besuchst,

schleicht sich eine gewisse Angst ein, denn meistens, wenn wir ein negatives und schmerzhaftes Erlebnis hatten, reagiert unser Hirn mit Angst und dem Impuls, dass wir die Situation vermeiden sollten. Was leider auch die meisten Menschen machen. Hier ist der Nährböden für Misstrauen und Vorsicht gesät, ohne dass wir etwas beisteuern können. Und Zack, landen wir entweder in der mega-großen Vorsicht und bestrafen das Pferd für jede Kopfbewegung in unsere Richtung, oder wir vermeiden künftig solche Situationen. Ein Teufelskreis, der sich erbarmungslos weiterdreht.

Ist dir beim Lesen aufgefallen, dass wir es in diesem Beispiel an keiner Stelle mit Empathie versucht haben? „Wie konnte es zu dieser Situation kommen?" „Warum hat mein Pferd das gemacht?" Sondern sofort in den Selbstschutz gegangen sind und daraus resultierend die Beziehung zu unserem Pferd komplett aus den Augen verloren haben? Wenn unsere Pferde etwas tun, dann haben sie **immer** einen Grund! Es lohnt sich definitiv hinzuschauen und nachzufragen. Natürlich können wir hier nicht wie bei einem Kind auf eine konkrete Antwort hoffen, aber wir können sie durch Empathie und genaue Beobachtung selbst finden.
In diesem speziellen Fall wären wir an dem Biss in die Hand sogar selbst schuld! Denn wir haben unserem Pferd an keiner Stelle der Kommunikation und zwar ab dem ersten drängenden Schnüffeln an unserer Tasche bis hin zum gezielten Absuchen mit der Lippe Einhalt geboten. Es hat uns jede Menge Fragen gestellt, die wir alle mit „Ja!" beantwortet haben: „Darf ich nach Leckerlies suchen?" „Darf ich meine Nase feste gegen deine Taschen drücken?" „Darf ich mit meiner Oberlippe suchen?" „Darf ich überall an dir „rumrüsseln"?" „Darf ich ungeduldig werden?" „Darf ich schon mal zubeißen, wenn ich denke da ist jetzt die Leckerei?"
Du siehst, wir haben hier schon fünf Fragen mit „Ja" beantwortet, bevor es zu der Eskalation kommt, die wir definitiv niemals haben wollten.

Diese Spitze des Eisbergs bestrafen wir sofort, und das Pferd versteht überhaupt nichts mehr. Es wird nicht wissen, warum es bestraft wurde. Denn warum kommt ein lautes schmerzhaftes „Nein!", wenn es davor nur „Ja" gab?
Du merkst, das Pferd fragt immer weiter, bis es eine Antwort erhält. Es ist nicht hinterhältig und macht etwas aus purer Boshaftigkeit und mit Absicht, um dir eins auszuwischen. Es steigert einfach sukzessiv seine Fragen und wartet auf eine Antwort. **Deine Aufgabe ist es, dein Pferd zu beobachten, seine Fragen zu erkennen und zu beantworten. Freundlich, konsequent, liebevoll!**

Sei achtsam in deiner Beziehung zu deinem Pferd. Beobachte es und gebe ihm Rückmeldung. Wenn du dir einer Sache nicht sicher bist, ist es immer sinnvoll, aufzuhören und zuzuhören. Zuhören bedeutet auf „Pferdisch" genau hinzusehen. Wie steht es um die Körpersprache deines Pferdes? Hast du alle relevanten Punkte gecheckt? Geht es deinem Pferd gut? Findet es die Übung blöd? Was genau gefällt ihm nicht?
Es ist immer sinnvoll, den Detektivhut aufzusetzen und die Lupe in die Hand zu nehmen: Schau genau! Versuche dein Pferd zu lesen in jeder Situation, in der ihr euch nicht einig seid. Versuche dann deinem Pferd freundlich und geduldig zu erklären, was du von ihm möchtest. Die meisten Pferde sind gewillt mitzuarbeiten, aber auch sie wollen verstanden werden. Sie wollen Teil des Dialogs sein und nicht einfach nur auf Anweisungen reagieren. Wenn wir unsere Pferde lediglich als Befehlsempfänger sehen, so werden wir mit Sicherheit niemals eine echte Beziehung mit ihnen aufbauen können. Einem Partner, der dir permanent sagt, was du zu tun und zu lassen hast, wirst du vermutlich nach kurzer Zeit wieder den Laufpass geben. Die Gefühle der flatternden Verliebtheit werden schnell verschwinden und zurück bleibt die Frage nach: „Will ich das wirklich?" Du kannst in einer solchen Situation immer selbst wählen, du bist autark und frei, dein Pferd nicht!
Dein Pferd wird jeden Tag aufs Neue bereit dazu sein, mit dir zusammenzuarbeiten! Es ist ein Quell der Ruhe und Geduld. Es hat ein riesiges Herz und verzeiht uns Fehler. Allein deshalb sind wir es meiner Meinung nach unseren Pferden schuldig, sie respektvoll, höflich, achtsam, fair und vor allem liebevoll zu behandeln.

Mit dem Wechsel von Besitzansprüchen an einem Tier, haben wir ein Blatt Papier in der Hand, welches uns als neuen Besitzer des Produktes „Pferd" ausweist, aber was wir daraus machen, liegt ganz allein bei uns.

Pferde sind uns niemals etwas schuldig dafür, dass wir sie besitzen.

Vielmehr ist es unsere Aufgabe ab dem Moment des Besitzerwechsels eine (Liebes-) Beziehung aufzubauen. Das Pferd kennenzulernen, es wohlwollend und wertschätzend zu behandeln, es mit all unserer Liebe zu betrachten und ihm unser Vertrauen zu schenken. Lass die Schmetterlinge in Strömen zu dir fliegen und genieße die ganze pralle Gefühlswelt und die Euphorie. Aber übe dich auch in Geduld. Verlange nicht zu viel von einem Tier, dass dich überhaupt nicht kennt. Ja, du bist, wenn du das Reich einer neuen Pferd-Mensch-Beziehung betrittst, ob Besitz oder Reitbeteiligung, voller Emotionen, voller Wünsche, Ideen, Vorstellungen und Ziele. **Dein Pferd nicht!** Gib dir und deinem Pferd die Zeit, die es braucht, um euch gegenseitig kennen und lieben zu lernen. Auch wenn es schwerfällt, geduldig zu sein, lohnt es sich auf jeden Fall! Du hast dein Pferd ab jetzt als Begleiter für die nächsten zwanzig Jahre an deiner Seite. Was macht es da, wenn du in den ersten Monaten eure Beziehung vor allem darauf aufbaust, eine schöne Zeit mit deinem Pferd zu verbringen ohne irgendwelche Ansprüche an es zu stellen?
Eine Beziehung, die aus „Ich erwarte von dir, dass du mich jeden Tag mindestens eine Stunde auf deinem Rücken trägst und ansonsten möchte ich nichts von dir", besteht, wird mit Sicherheit irgendwann zu Frustration auf beiden Seiten führen, weil vermutlich der Tag kommen wird, an dem dein Pferd keine Lust mehr auf diese Art der Beziehung hat. Probleme sind quasi vorprogrammiert.

Aber verlange bitte auch nicht zu viel von dir. Deine Liebe zum Pferd muss ebenfalls wachsen, denn auch du musst es mit seiner Art und seinen Verhaltensweisen erst mal kennenlernen. Wie ist es so drauf? Ist es entspannt oder eher angespannt? Was macht ihm Spaß? Wie zeigt es Freude? Wo sind seine Lieblingskraulstellen?

Lass uns gemeinsam eine schöne Zeit verbringen und einfach auf der Wiese chillen.

Versuche aus jeder Pferdebegegnung vor allem eine schöne Zeit zu machen. Stelle keine Ansprüche an dein Pferd, sondern lass eure Begegnung einfach fließen und freue dich über die Erlebnisse und Erfahrungen, die du währenddessen machst. An dieser Stelle möchte ich dir einen weiteren Mini-Changer und zwar „Let it flow", an die Hand geben:

Versuche doch einfach mal völlig ohne Plan zu deinem Pferd zu gehen. Begrüße es auf der Weide, chille vielleicht einen Moment mit ihm zusammen. Was passt jetzt zu euch? Habt ihr Lust gemeinsam zu arbeiten? Möchte dein Pferd dich begleiten oder lieber bei seinen Kumpels stehen bleiben? Fühle dich in die Situation hinein und lasse dein Pferd entscheiden, was ihr zwei heute macht, denn ich denke, oft genug hast du im Vorhinein entschieden, was auf euerem gemeinsamen Plan steht. Wie wäre es, wenn du einen Tag in der Woche für „Heute entscheidest Du!", einplanst? Ich bin mir sicher, dass es eure Beziehung nährt. Natürlich sollte sich dein Pferd auch an einem solchen Tag an eure vereinbarten Regeln halten. Nur weil es mitentscheiden darf, heißt das nicht, dass die völlige Anarchie ausbrechen soll und alles erlaubt ist. Aber: Absichtslosigkeit ist meist ein Quell der Erkenntnisse und schönen Momente. Nutze sie!

Gib deinem Pferd die Chance, dich kennenzulernen und dich lieben zu lernen. Sei bereit, in den Dialog zu gehen und all die Fragen, die dein Pferd dir stellt, zu beantworten, ja auch geduldig immer und immer wieder dieselben Fragen. Denn nur, wenn wir geben, gibt auch unser Pferd! Nur, wenn wir zuhören (hinsehen), werden wir die Fragen der Pferde erkennen und die Chance haben, diese zu beantworten. Nur wenn wir mit Empathie auf Situationen schauen, die nicht der Norm, also unseren Erfahrungswerten mit dem Pferd, entsprechen und adäquat handeln, kann unsere Beziehung wachsen. Nur ein glückliches und entspanntes Pferd kann uns zuhören. Nur wenn wir unser Zusammensein als gleichberechtigte emotionale Beziehung verstehen, können wir unserem Pferd die Gewissheit geben, dass es in unserem Beisein sicher ist und nicht ungerecht behandelt wird.

Erobere aktiv das Herz deines Pferdes und überlasse es nicht dem Zufall oder deinem alltäglichen Ablauf, ob ihr ein gutes Team werdet

Auch wenn unsere Pferde und Ponys noch so süß und niedlich sind, sollte es trotzdem klare Regeln für das gemeinsame Zusammensein geben.

oder nicht. Sei dir darüber im Klaren, dass die Zeit, die du mit deinem Pferd verbringst, eine schöne Zeit wird, eine produktive Zeit mit viel Freude und Fortschritt. Wenn nicht in einer bestimmten Übung, dann auf jeden Fall in eurer Beziehung. Die Beziehung zu deinem Pferd ist dein Fundament. Natürlich wirst du gute und schlechte Tage haben. Klar kannst du nicht immer zu 100 % positiv sein. Aber das erwartet auch keiner von dir. Dein Pferd wird für dich da sein, wenn es dir schlecht geht, denn auch das ist Beziehung. Es wird dich nicht in den Arm nehmen, aber es wird dir zuhören und da sein. In guten, wie in schlechten Zeiten. Dieser Satz trifft zu, denn ich bin mir sicher, dass du dein Pferd nicht weniger lieben und für es da sein würdest, wenn es sich einmal verletzt oder aus welchen Gründen auch immer nicht das leisten kann, was du normalerweise von ihm gewohnt bist. So lange du verständnisvoll reagierst und dein Verhalten als auch das Verhalten deines Pferdes hinterfragst, kannst du nur gewinnen. Und auf der anderen Seite wird auch dein Pferd für dich da sein, wenn du einmal nicht so gut drauf bist.

Als nächstes möchte ich deine Aufmerksamkeit noch auf einen anderen Bereich lenken. Darauf, wie wir über unsere Pferde sprechen. Natürlich gibt es einen Haufen liebevoller Kosenamen, die ich oft höre und die meistens aus der „Nagetierfraktion“ stammen. Da gibt es, wie ihr wahrscheinlich selbst schmunzelnd feststellen könnt, jede Menge übergroße „Hasen“ und „Mäuschen“ im Stall. Aber wenn es Probleme gibt, verwenden die meisten eher negative Worte wie „aggressiv“, „extra“, „gemein“, „bösartig“, „zickig“ oder „stur“, um ihr Pferd zu beschreiben. Damit unterstellen wir dem Pferd eine bestimmte Verhaltensweise, die es mit Absicht macht, also nur mit dem Zwecke, uns zu ärgern. Bitte denke noch einmal zurück an die Körpersprache des Pferdes und die darin beschriebene Tatsache, dass Pferde gar nicht dazu in der Lage sind, absichtsvoll zu denken.
Ich höre auch häufig in der Beschreibung eines Pferdes die komplette Bandbreite der negativen Kosenamen. Angefangen bei der „Gaul“, das „Mistvieh“ über der „Sack“ bis hin zu „Mistkröte“ ist alles dabei. Ja, natürlich gibt es Situationen, in denen unsere Wut- oder unser „Ich-habs-doch-vorher-schon-gewusst“-Teufelchen auf unserer Schulter sitzt und uns befeuert und uns wieder denken lässt: „Das macht es nur, um mich zu ärgern!“, oder „Es verweigert sich absichtlich, weil es mir eins auswischen will, das Mistvieh!“ Und jetzt merkst du es schon, oder!? Die Sirenen schrillen und dröhnen laut: **„Falle! Falle! Falle!“**

Bitte sei vorsichtig mit negativen Worten und „Kosenamen“, denn sie sind Gift für jede Beziehung! Diese negative Etikettierung frisst sich in deine Gedanken und bewahrheitet sich irgendwann von selbst, was dich immer tiefer in den Strudel zieht und dann eine achtsame und freundschaftliche Beziehung zu deinem Pferd unmöglich macht.
Stell dir vor, dein Partner würde dich regelmäßig „blöde Kuh“ oder „Mistkerl“ nennen, oder wenn er über dich spricht, sagen „die olle Tussi“ oder „der Penner“. Wie fändest du das? Würdest du dich von deinem Partner in solchen Momenten geliebt fühlen? Auch negative Kosenamen erfüllen einen Zweck, denn je öfter wir sie benutzen, umso eher festigt sich das, was wir mit ihnen verbinden, in unseren Köpfen. Dann ist die Mistkröte bald tatsächlich nur noch eine Mistkröte! Oder die Stute, die sich über etwas aufregt, wird schnell als „Zicke“ abgestempelt oder „typisch Stute eben“. Natürlich gibt es charakterstärkere Pferde als andere, aber eine Stute die „stutig“ und „zickig“ ist, machen wir mit unserem Etikett dazu, genau so zu sein, denn sie ist ja eine Stute. Wir haben Verständnis für Fehlverhalten

Auf Tuchfühlung mit Betsy, einer Stute!

(oder sind es sogar Vorurteile?) und etikettieren es lieber, als dem entgegenzuwirken und der Stute klar zu sagen, dass sie sich an bestimmte Regeln zu halten hat.

Die Worte, die du benutzt, um dein Pferd und sein Verhalten zu beschreiben, spiegelt wider, wie du über das Pferd denkst. Wie du über das Pferd denkst, beeinflusst, wie du über es sprichst und mit welchen Gefühlen du den Gedanken an dein Pferd verbindest. Unterschwellig senden wir häufig Emotionen, die verletzend sind, ohne dass wir uns darüber im Klaren sind. Unser Pferd aber spürt negative Energien sofort und nimmt sie auf. Tue daher dir und deinem Pferd einen großen Gefallen und achte auf deine Wortwahl! Sowohl auf die Worte, die du aussprichst, als auch auf die, die du denkst.
Versuche, vakante Situationen zu beobachten oder zu reflektieren, um sie schließlich gewinnbringend für euch beide aufzulösen. Hier heißt dein neues Mantra: Beobachten statt bewerten, verstehen statt wüten und bedingungslos lieben!

Zusammenfassend lässt sich sagen, dass es definitiv sinnvoll ist, mit deinem Pferd in Beziehung zu gehen. Lerne es kennen, verbringe viel absichtslose Zeit mit ihm und gönne auch einem Pferd, dass du schon lange kennst, die Möglichkeit, dich anders, dich neu kennenzulernen mit deinen neuen Ideen und deinem pferdefreundlichen Mindset. Zeige ihm, dass du Verständnis für sein Verhalten hast und nun versuchst, so mit ihm zu reden, dass es dich verstehen kann. Denn ab jetzt sprichst du Pferd und das ist meeega gut! Und denke auch hier immer daran, dich nicht zu sehr unter Druck zu setzen. Alles Neue müssen wir kennenlernen und erproben. Klappt etwas: wunderbar, weiter so! Klappt etwas nicht: reflektieren, neu formieren, ausprobieren! Sieh die Zeit mit deinem Pferd häufiger durch die rosarote Brille, lache und habe Spaß!

Auch Zurück ist Vorwärts!

Fortschritt und vorwärts, nächste Übung, nächste Challenge. Es muss klappen! Höher, schneller, weiter!
Wir Menschen sehen die Arbeit mit unseren Pferden meist als etwas an, was sich immer in eine bestimmte Richtung bewegen muss. Wir brauchen Entwicklung. Wir möchten sehen, dass die Pferde etwas lernen, etwas verstehen und immer wieder etwas Neues aufnehmen, was wir dann zu jeder Zeit abrufen können.

Aber dann gibt es sie, diese Situationen und diese Tage, an denen vermeintlich einfache und gut gekonnte Übungen auf einmal nicht mehr funktionieren. Es scheint sogar so zu sein, dass das Pferd noch nie etwas von dieser Übung gehört hat, geschweige denn, es jemals in seinem Leben ausgeführt hat. Jetzt ist er wieder da, der Moment, an dem das Emotions-Teufelchen auf unserer Schulter eine Party feiert und sich über unseren Ärger über das Pferd, das das bestimmt extra macht, freut. Schon hat die Falle zugeschnappt!
Natürlich wissen wir um unser pferdefreundliches Mindset, um unsere Vorsätze unser Pferd stets geduldig und fair zu behandeln. Aber dann macht es sowas! Es ist doch nicht so schwer, geschweige denn zu viel verlangt, die Hinterhand um die Vorhand zu wenden. Ich weiß doch, dass mein Pferd das kann, spielend! Warum verdammt noch mal macht es jetzt was völlig anderes? Das kann jetzt ja wohl echt nicht wahr sein ...
Innerhalb von Sekunden verfallen wir zurück in alte Denkmuster, die wir doch eigentlich ablegen wollten. Ärger und Wut wachsen in uns wie ein Ballon, der gerade von einem Kompressor in Höchstgeschwindigkeit aufgeblasen wird. Wir versuchen ergo, unserem Pferd mehr oder minder freundlich mitzuteilen, dass es die Übung kennt und jetzt gefälligst auch zu machen hat. Wir geraten aneinander, ärgern uns noch mehr, und sowohl unser Pferd als auch der Mensch haben Stress.
Ich bin mir sicher, dass du solche Situationen kennen wirst. Denn wir alle sind nur Menschen und können unsere Emotionen nur sehr schwer im Zaum halten. Vor allem vor dem Hintergrund, dass wir darauf konditioniert sind, dass Emotionen, Wut und genügend Druck die „Lösung" für all unsere Probleme sind. Natürlich wählt unser Gehirn die einfachste und für es stressfreiste Bewältigung des Problems, anstatt sich zu besinnen und andere Alternativen zu checken. Dieses Bewusstsein für Alternativen in Stresssituationen müssen wir erst erreichen und dann trainieren, denn ich denke, dass es uns möglich ist, einen anderen Ausweg zu wählen beziehungsweise einen anderen Blickwinkel für solche Situationen zu entwickeln. Es ist so viel cleverer, wenn wir voneinander lernen, als uns stets selbst als Trainer oder Lehrer der Pferde zu verstehen, die einzig in der Lage sind etwas zu der Beziehung zwischen Mensch und Pferd beizutragen.

Als erstes möchte ich dir auch für diese Situation einen Mini-Changer anbieten und zwar „Schau genau!": Zunächst solltest du in Stress- oder Wutsituationen deinen Werkzeugkasten öffnen und deine Ruhe hervorkramen. Sobald du innerlich wieder geerdet bist, und das Wut-Teufelchen lässig von deiner Schulter geschnipst hast, versetze dich nochmal zurück in die Situation, die

nicht geklappt hat und versuche zu reflektieren, warum es nicht funktioniert hat. Überlege dir, welche konkrete Frage du dem Pferd gestellt hast und wie es auf die Frage reagiert hat. Es hilft, diese möglichen Fragen laut zu formulieren, denn dann werden sie uns als Fragen auch tatsächlich bewusst. Beobachte dein Pferd genau, wenn du es fragst, vielleicht stellt es in genau diesem Moment eine Gegenfrage an dich.

So etwas wie: „Ich habe dich nicht verstanden, kannst du das nochmal wiederholen?", „Können wir vielleicht heute auch über die Vorhand wenden?" Oder es sagt partout „Nein!" zu deiner Frage. Wenn Pferde laut und deutlich „Nein!" sagen, so kann ich dir aus Erfahrung sagen, dass sie fast immer einen guten Grund dafür haben.

Wenn also klar ist, dass du deine Frage absolut adäquat gestellt hast und bei dir keine Verbesserungsmöglichkeit mehr findest und dein Pferd sich nach wie vor verweigert, ist es sinnvoll auf Ursachensuche zu gehen. Hat es vielleicht Schmerzen? Geht es ihm heute nicht gut? Geht es ihm besser, wenn ihr etwas Anderes macht und du nicht darauf beharrst, dich in genau dieser einen Übung „durchsetzen" zu müssen?

Es gibt unwahrscheinlich viele Gründe, warum ein Pferd gerade heute nicht so „funktioniert", wie wir es uns vorstellen. Wobei wir zwischen „Stellt das Pferd eine Gegenfrage", oder dem klaren „Nein!", des Pferdes unterscheiden müssen.

Bei der Gegenfrage des Pferdes habe ich eine ganz einfache Beobachtungsreihenfolge, die ich dir gerne in einem Beispiel erläutern möchte: Ich frage nach dem Traben an der Hand, was immer super und ohne Probleme funktioniert.

Heute jedoch schlägt mein Pferd beim Antraben plötzlich mit dem Kopf. Ich pariere umgehend wieder in den Schritt durch und frage erneut nach dem Antraben. Funktioniert das ohne Probleme, fahre ich mit meiner Übung fort als wäre nichts gewesen.

Schlägt das Pferd allerdings erneut mit dem Kopf, dann werde ich hellhörig. Sogleich pariere ich durch in den Schritt und reflektiere die Situation. Zuerst frage ich mich, ob ich adäquat kommuniziert habe. Wenn ich mir dessen sicher bin, frage ich erneut nach dem Antraben. Schlägt mein Pferd wieder mit dem Kopf, denke ich mir schon: „Okay, das Pferd fragt mich, ob es beim Antraben mit dem Kopf schlagen darf?" Es fragt also, ob es für mich in Ordnung ist, wenn es meine Frage nach dem Antraben mit einem „Ja" beantwortet, nebenbei aber noch eine „Unart" etabliert.
Ich bleibe emotional neutral und erkenne die Frage des Pferdes. Ich ärgere mich nicht darüber, dass mein Pferd fragt, sondern weiß für mich einfach, dass es jetzt meine Aufgabe ist, dem Pferd zu erklären: „Nein, ich möchte dich bitten, beim Antraben nicht mit dem Kopf zu schlagen!" Es ist völlig egal, ob mein Pferd das eigentlich weiß oder nicht. Denn auch, wenn es das sonst nie macht, nützt mir diese Erkenntnis ja nichts, wenn ich plötzlich ein „Problem" habe. Natürlich könnte ich jetzt grob werden, dem Wut-Teufelchen auf meiner Schulter nachgeben, mein Pferd anschreien und es in dem Moment, in dem es das unerwünschte Verhalten zeigt bestrafen, aber bringt mich das wirklich weiter? Kann ich so meinem Pferd erklären, dass wir Freunde sind, dass wir gemeinsam Spaß haben und dass es mir blindlings und jederzeit vertrauen kann? Ich denke nein!
Also, alles auf Anfang, heute arbeiten wir nicht an der Liste der Übungen, die ich mir eigentlich fest vorgenommen und so schön geplant hatte, sondern meine Priorität liegt jetzt zuerst auf der Beantwortung der Frage des Pferdes. Und hier ist sie wieder, unsere Flexibilität. Wir sollten im Pferdetraining stets bereit sein abzuändern zu variieren

Na ihr zwei, wollt ihr mal schauen was ich hier mache?

oder komplett umzuschwenken, um den Bedürfnissen unserer Pferde gerecht zu werden. Wenn das Pferd eine Frage hat, sollten wir uns immer die Zeit nehmen, diese Frage zu beantworten, denn das gibt dem Pferd Sicherheit. Wenn wir auch ein plötzliches Schlagen mit dem Kopf als eine Frage werten, die am Ende nur prüft, ob wir nach wie vor ein sicherer und guter Leader sind, dann sollte unsere Antwort darauf immer ein „Ja!“ sein.
Einfach das Problem zu ignorieren und sich zu sagen, dass das Pferd bloß einen schlechten Tag hat und wir das Problem morgen bestimmt nicht mehr haben, ist eine sehr leichte Lösungsidee, die funktionieren kann, aber nicht muss.
Da ich die Lösung meiner Probleme aber eher ungerne dem Zufall überlasse, brauche ich einen anderen Schlüssel.

In meinem konkreten Beispiel handele ich wie folgt: Ich frage so lange immer wieder das Antraben an, bis es einmal ohne Kopfschlagen funktioniert. Das heißt, aber auch wirklich nur das Antraben. Ich gebe mein Signal für das Antraben, schlägt das Pferd mit dem Kopf, pariere ich sofort durch in den Schritt und frage direkt nochmal nach dem Antraben. Schlägt es wieder mit dem Kopf: durchparieren, wieder nach dem Trab fragen.
In dem Moment, wo es normal antrabt, bleibe ich sofort stehen, wechsele in den Chillmodus und mache eine lange Pause.
Vielleicht läuft das Pferd an mir vorbei, weil ich so abrupt stehenbleibe, aber das ist in diesem Falle egal. Ich möchte in den Moment, in dem das Pferd mir die richtige Antwort gibt, Antraben ohne mit dem Kopf zu schlagen, sofort zeigen, dass es mir jetzt genau die Antwort gegeben hat, um die ich es gebeten habe.
Wenn ich die Pause gemacht habe, dann hängt es von meinem Pferd ab, wie es weitergeht. Wenn wir zigmal Antraben ohne „Verbesserung“ hatten und

es lange dauert, bis es einmal schön klappt, dann beende ich die Übung für diesen Tag. Morgen ist auch noch einer. War es kein langwieriger Prozess die erwünschte Antwort zu erhalten, starte ich mit der gleichen Abfolge wie oben. Antraben, Fragen, Pause bei der richtigen Antwort. Ich wiederhole dieses Prozedere, bis ich eine verlässlich gute Antwort erhalte, oder ich das Gefühl habe, dass es für uns beide reicht.

In diesem Falle hätten wir erzieherisch eingegriffen und eine Unart des Pferdes über Geduld und Wiederholung blockiert, oder eben die Frage nach der Sicherheit mit einem eindeutigen „Ja!", beantwortet. Es kann aber auch sein, dass unser Pferd mit dem Schlagen des Kopfes „Nein!" zum Antraben sagt. Wenn es also eher nervös und widerwillig scheint, sollte geklärt werden, ob es vielleicht Schmerzen hat oder es ihm nicht gut geht.

Natürlich war es, wie du bereits weißt, in diesem Fall nicht mein Ansinnen, das Antraben an der Hand, was mein Pferd zweifelsohne beherrscht, zu üben. Aber da in unserem Training eine Frage

Energetischer Austausch funktioniert auch ganz ohne direkten körperlichen Kontakt.

seitens des Pferdes aufkam, schaue ich genau und achtsam hin, beantworte die Frage und mache dann erst mit dem weiter, was ich mir eigentlich vorgenommen hatte, oder eben auch nicht.
Sinn und Ziel meines Trainings ist, dass wir uns beide wohlfühlen. Mein Pferd soll Freude empfinden und ich ebenso. Wenn ich mit den größten Zielen zu meinem Pferd komme, funktioniert mein Training meistens so gar nicht. Denn ich bin nicht mehr achtsam und geduldig, sondern ehrgeizig. Das wiederum spürt mein Pferd und macht mir einen Strich durch die Rechnung. „Wenn du dich nicht auf das Wesentliche, das Hier und Jetzt konzentrierst, dann tue ich es auch nicht!"

Das geht übrigens nicht nur mir so. Eine meiner Schülerinnen hatte die dritte Einheit im achtsamen Führen. Wir wollten am Ende der Stunde einen Slalom nur auf Körpersprache führen. Das klappte einmal sehr gut, worauf sie dem Pferd die Pause anbot. Beim nächsten Versuch auf der anderen Hand, war schon das Losgehen an sich schwierig. Das Pferd war nicht so richtig bei der Sache. Auf der langen Bahn, die bis hin zum Slalom erst zurückgelegt werden musste, fiel das Pferd immer wieder hinter seiner Besitzerin zurück. Es war also nicht mehr mit ihr in ihrem Tempo unterwegs und mit ihr verbunden. Das Band der Kommunikation war gerissen.
Ich fragte sie, wo sie in Gedanken war und sie antwortete, dass sie sich schon völlig auf den Slalom fokussiert hatte. Die Bewältigung des Slaloms lag aber in der Zukunft. Im Hier und Jetzt, hatte sie vergessen, den Weg gemeinsam mit dem Pferd zu gehen. Pferde merken, ob wir mit ihnen trainieren, oder ob wir zusammen mit ihnen trainieren. In dem Moment, als sie den Fokus nur noch auf den Slalom gelegt hatte und nicht auch den Weg bis dahin bewusst als Übung mit dem Pferd wahrgenommen hatte, hat das Pferd das Interesse verloren und sich „ausgeklinkt".

Also, wieder ein Schritt zurück. Kleineres Ziel, mehr Achtsamkeit, vielleicht noch eine besonders chillige Pause und et voila, die Übung funktioniert. Vielleicht aber auch nicht. Vielleicht haben wir für diesen Tag die Harmonie verspielt. Kein Problem, wir versuchen es morgen noch einmal. **Wenn wir gelassen bleiben und uns erlauben ineffizient zu sein, können wir viel entspannter mit dem Pferd in den Dialog kommen.** Denn das ist es, was wir immer anstreben, ein Gespräch mit unserem Pferd. Wenn wir uns vor allem darauf fokussieren, entstehen die schönsten Momente!

Also: Versuche dich nicht zu stressen, nehme dir Ideen und Übungen mit an den Stall und probiere aus, was geht. Wenn etwas nicht funktioniert, erlaube dir etwas völlig anderes zu machen. Lass dein Pferd mitreden. Gefällt ihm die Übung, die du ausgesucht hast? Ist es besonders motiviert, oder spult es einfach nur ein Programm ab? Was macht deinem Pferd Spaß? Welche Übung bietet es gerne an?
Wenn wir die Zeit mit unserem Pferd als fluffige Zeit der Partnerschaft verstehen, vielleicht sogar so betrachten, wie ein gutes Gespräch mit der besten Freundin, dann bekommen wir einen völlig neuen Blickwinkel. Was möchte mein Pferd mir sagen? Möchte es auch etwas beitragen oder Ideen einbringen?

Pferde sind großartige Lehrmeister, vor allem belehren sie uns über uns selbst.

Buck Brannaman einer der berühmtesten Pferdeflüsterer der Welt, sagte einst: „Pferde sind wie ein Spiegel, manchmal gefällt uns was wir sehen, manchmal aber ganz und gar nicht."

Wenn uns nicht gefällt, was wir sehen, dann ist das nicht schlimm, solange wir registrieren, dass nicht das Pferd die Schuld daran trägt. Wenn wir

Wünschen wir uns nicht alle eine harmonische, liebevolle und fluffige Beziehung zu unseren Pferden?

bereit sind, zu verstehen, dass alleine wir die Schlüssel zu einer guten Pferd-Mensch-Beziehung in den Händen halten, dann wird unser Weg vielleicht weit, steinig und schwer, aber wir werden ihn gehen können. Niemand hat behauptet, dass es leicht ist, sich und seine Kommunikation mit diesem kraftvollen Tier in Einklang zu bringen, aber es ist möglich. **Wir werden wachsen und lernen, Rückschläge akzeptieren, weiter machen und uns hoffentlich nie zu ernst nehmen.** Denn vor allem sind die Begegnungen zwischen dir und deinem Pferd dafür da Spaß, Freude und eine Auszeit zu haben. Druck und Stress haben wir im Alltag genug. Gib dir Raum und gönn dir diese Zeit mit deinem Pferd nicht als Pflicht, sondern als Kür. Denn schon allein dieser Einstellungswechsel von „Ich muss noch zum Pferd!“, zu „Ich darf oder ich möchte noch zum Pferd!“, kann dir helfen, das Spiegelbild freundlicher werden zu lassen.

Beachte: **Veränderung braucht immer intensive Erkenntnisse!** Ich hoffe, dass du innerhalb des Theorieteils einige dieser Erkenntnisse sammeln konntest, dass du einige Aha-Erlebnisse hattest und Situationen aufgrund deines neu dazu gewonnenen Wissens anders bewerten kannst. Mach dir Gedanken über den aktuellen Stand der Dinge mit deinem Pferd und überlege dir, wo du hinmöchtest. Was möchtest du gemeinsam mit deinem Pferd erreichen?
Wir wachsen in der Beziehung zu unserem Pferd. Niemand ist vollkommen, wir lernen ständig dazu. Mache dir bewusst, was gut klappt und was verbesserungswürdig ist. Sei dabei absolut ehrlich zu dir und deinem Pferd! Es ist

nicht schlimm, etwas nicht zu können. Es macht überhaupt nichts, Defizite oder Probleme zu haben, ganz im Gegenteil, all die Probleme und Kleinigkeiten, die noch nicht rund laufen sind die Samenkörner der guten Beziehung, die uns, wenn wir sie bewusst einpflanzen und pfleglich behandeln, den Weg zu einer schönen Verbindung zu unserem geliebten Vierbeiner ebnen und wachsen lassen.

Wenn du jetzt Interesse daran hast, nochmal ganz neu zu starten und euch beiden die Chance geben möchtest, euch von Grund auf frisch kennenzulernen, dann hat es sich für mich schon gelohnt, dieses Buch zu schreiben! Ich freue mich unglaublich über dich und all die Pferdemenschen, die es immer noch ein bisschen besser machen möchten, die den Weg mit dem Pferd als etwas sehen, was man durch die Erweiterung des eigenen Wissens immer erfolgversprechender machen kann. In den nebenbei lapidar gesagten Worten von Jean- François Pignon zum Abschluss des Theorieteils und Übergang in die Praxis:

„Heute kann ich nichts, morgen werde ich ein Meister sein!“

Lass uns gemeinsam Wissen sammeln, unseren Horizont erweitern, mit Hilfe unserer Pferde üben und eines Tages zu Meistern werden.

Nutze deinen Schlüssel

Praxisteil

Hallo, tollstes Pferd der Welt!

Wenn wir mit einem anderen Menschen zusammentreffen, dann ist es absolut obligatorisch, dass wir uns zuerst begrüßen. Einem Kollegen gebe ich vielleicht die Hand oder halte ihm seit wir Pandemie kennen, die Faust hin. Gute Freunde begrüße ich mit einem Drücker oder einem Bussi auf die Wange und die mir Liebsten werden ganz feste geknuddelt, wenn ich sie sehe. Du merkst, wir beschäftigen uns als nächstes mit der Begrüßung, dem Starter, der in seiner Qualität darüber entscheidet, wie gut die darauffolgende Kommunikation gelingt. Denn wenn wir uns die Zeit nehmen, uns freundlich zu begrüßen, dann starten wir fröhlich und guter Dinge in die gemeinsame „Quality-Time"!

Da du mittlerweile sicherlich festgestellt hast, dass ich Beispiele und Perspektivwechsel liebe, hier für dich ein weiteres Szenario zum Reindenken:
Stell dir vor, deine liebste Freundin würde dich plötzlich nicht mehr herzlich drücken, sondern einfach mit sich ziehen und dir sofort all ihre neuesten Intimitäten erzählen, um kurz darauf zu verlangen, dass du ihr doch jetzt auch schnell mal berichten sollst, was es bei dir so Neues gibt. Und da heute ein besonders schöner Tag ist, hat sie auch gleich noch eine Freundin von sich mitgebracht, die du nicht kennst, dir aber auch nicht vorgestellt wird. Von dir wird jetzt erwartet, dass du trotzdem direkt deine Geheimnisse preisgibst, denn, da du deiner Freundin vertraust, kannst du dich logischerweise auch auf ihr Urteil verlassen, wenn sie noch jemanden mitbringt. Ob du die andere Person magst oder nicht, dass ist völlig egal. Wichtig ist, dass du klaglos all das tust, was deine Freundin sich gerade von dir wünscht, denn sie ist extra zu dir gekommen, um dich zu besuchen. Freust du dich nicht?

Gemeinsam entspannen und atmen – wenn wir uns „gut anfühlen", suchen Pferde bereitwillig unsere Nähe.

Wenn du über ein solches Verhalten nachdenkst, wie wäre deine Reaktion? Würdest du so ein Szenario klaglos über dich ergehen lassen und all das machen, was deine Freundin von dir möchte? Oder würdest du sie doch direkt oder bei nächster Gelegenheit zur Rede stellen und sie fragen, was denn da mit ihr los war? Wenn sie sich weiterhin so verhielte, wie lange wäre deine liebste Freundin dann noch deine liebste Freundin?
Die meisten von uns würden sich sicherlich sehr schnell umorientieren, wenn Freunde so etwas machen würden. Auch würde sich vermutlich niemand mit jemandem anfreunden können, der beim ersten Zusammentreffen ein solches Verhalten an den Tag legt. Zudem fänden wir es sicherlich alle unpassend, wenn einfach jemand Fremdes mitgebracht wird, ohne dass die Person vorgestellt- oder man gefragt wird, ob es für einen in Ordnung ist. Ergo, das Verhalten der Freundin im Beispiel geht gar nicht und ist auf keinen Fall beziehungsfördernd, eher das Gegenteil ist der Fall. Ich denke, da sind wir uns einig!

Es ist uns allen völlig klar, dass aus Bekanntschaften irgendwann Freundschaften entstehen, dass wir uns gerne anderen Menschen anvertrauen, wenn wir sie gut genug kennen und wissen, dass unsere Informationen bei ihnen in guten Händen sind. Dass eine solche intensive Beziehung zwischen zwei Menschen viel gemeinsame Zeit und Erlebnisse voraussetzt, ist jedem von uns klar. Wir sind gerne bereit, diese Zeit zu investieren, denn wir wissen, welch riesige Kraft wir aus einer vertrauensvollen Beziehung zu einem anderen Menschen schöpfen können. Auch wissen die meisten von uns, dass die innige und intensive Beziehung zu unseren Pferden ein Quell der Kraft birgt, aus der wir stets schöpfen können. Aber oftmals denken wir nicht darüber nach, dass auch hier erst eine Beziehung entstehen muss und dass auch diese auf viel Zeit, Erlebnissen und vor allem Vertrauen aufzubauen ist. Eine Blume, die wir nicht regelmäßig gießen, wird irgendwann verdorren. Ähnlich, nur viel komplexer, ist das „Aufbauen und lebendig Erhalten" einer soliden Beziehung zum Pferd.
Denn von unseren Pferden erwarten wir, ab dem Moment, an dem wir sie besitzen oder uns um sie kümmern, oder ab dem sie zu uns gehören, volles Vertrauen, Liebe und Hingabe. Sie sollen folgsam sein, sich auf uns und auch all die Menschen, die wir zu ihnen mitbringen einstellen, stets freundlich sein und niemals widerwillig. Sie dürfen meist gar nicht herausfinden, wer wir sind und ob sie unsere Art mögen, folglich gerne mit uns zusammenarbeiten oder nicht. Wir haben ein Pferd, also setzen wir voraus, dass das Pferd weiß, dass wir es gut mit ihm meinen und dass es sich nichts Schöneres auf der Welt vorstellen kann, als mit uns zusammenzuarbeiten.

Ja, Pferde tun uns diesen unglaublichen, großartigen Gefallen, sie machen vieles mit. Sie ergeben sich meist klaglos und vertrauensvoll in unsere Hände. Auch hier möchte ich noch einmal erwähnen, dass es nicht die Pferde waren, die zu den Menschen kamen, um sich domestizieren zu lassen.
Wir wählen ein Pferd aus, um dass wir uns ab jetzt kümmern. Der Mensch wählt, seltener das Pferd! Das Pferd hat nichts zu entscheiden, hat es Glück, dann hat es ein schönes und gleichberechtigtes Leben mit dem Partner Mensch. Wenn es Pech hat, dann wird es sein Leben lang unterdrückt und mit Gewalt zu Dingen gezwungen, die es gar nicht tun möchte oder tun kann und wandert im schlimmsten Fall als Problempferd von Mensch zu Mensch oder landet beim Abdecker.

Da ich natürlich in diesem Buch davon ausgehe, dass du als achtsamer, liebevoller und wissbegieriger Pferdemensch daran interessiert bist, deine Kommunikation zu deinem Freund Pferd zu verbessern, möchte ich in meinem Praxisteil tatsächlich

mit dem Neustart, der achtsamen Umprogrammierung des menschlichen Verhaltens gegenüber dem Pferd, anfangen und dein Bewusstsein auf die alltäglichen Kleinigkeiten lenken, die wir oft „nebenbei" erledigen.
Denn die meisten Menschen verhalten sich schon zu Beginn der Kommunikation eher unhöflich, meist sogar rüpelig gegenüber ihren Pferden.

Stell dich doch mal eine halbe Stunde lang an die Koppel und beobachte deine Miteinstaller und ihre Pferde. Jetzt achte darauf, wie sie ihre Pferde von der Weide holen. Was fällt dir auf? Wie würdest du den ersten Kontakt, zwischen Mensch und Pferd beschreiben? Siehst du vermehrt freundliche Begrüßungen oder eher ein „Halfter drauf und komm schon!"? Oder gibt es sogar Pferde, die vor ihrem Menschen weglaufen und die erst einmal „eingefangen" werden müssen?
Welche Schlüsse kannst du aus deinen Beobachtungen ziehen? Welchen Eindruck hast du von den Pferden? Reagieren sie glücklich auf ihren Menschen oder eher nicht?

In meinem Regal stehen jede Menge Bücher über Pferde und vor allem die Bodenarbeit. Überall werden mit schicken Fotos tolle und lehrreiche Übungsbeispiele beschrieben. Aber nur Sharon Wilsie schreibt über die Begrüßung des Pferdes. In keinem anderen Buch, das ich besitze, ist ein Kapitel zu finden, was sich damit beschäftigt, wie wir unsere erste Begegnung mit dem Pferd gestalten sollten und warum. Dass wir jedes Mal schon zu Beginn, wenn wir auf unsere Pferde treffen, freundlich, respektvoll und höflich sein sollten. Ich habe noch nirgends gelesen, dass alleine das Ritual des Zusammentreffens und damit einhergehend auch das der Begrüßung, darüber entscheiden kann, ob unser Pferd heute Lust hat, mit uns zusammenzuarbeiten oder nicht. Die Lust und Freude des Pferdes an uns wird stets vorausgesetzt. Arbeitet das Pferd nicht mit, wird es, wie du weißt, schnell mit negativen menschlichen Eigenschaften belegt.
Wenn wir uns das Beispiel oben mit den Menschen noch einmal anschauen und auf die alltägliche Begrüßung zwischen Mensch und Pferd übertragen, dann ist Unwille und fehlende Motivation seitens des Pferdes doch eigentlich absolut nachvollziehbar. Denn auch wir hätten keine Lust, mit unserer liebsten Freundin Zeit zu verbringen, wenn sie sich gleich zu Beginn so merkwürdig und ja, respektlos uns gegenüber verhalten würde.

Daher extra für dich und vor allem für deinen vierbeinigen Freund: „Hallo, tollstes Pferd der Welt", das Kapitel über eine faire, freundliche und respektvolle Begrüßung als wunderbarer Start in die gemeinsame Zeit mit dem Pferd! Jeden Tag aufs Neue, bei jeder Begegnung mit dem Pferd.

Der Dialog mit dem Pferd beginnt quasi in dem Moment, in dem du den Stall betrittst. Denn da entscheidest du, in welcher Stimmung du heute auf dein Pferd zugehst. Da du ja jetzt schon einiges über das pferdefreundliche Mindset und deine Körpersprache weißt, gehen wir vom besten Fall aus. Du bist entspannt, bester Laune und freust dich darauf, eine schöne Zeit mit deinem Pferd zu verbringen.
In dem Moment, in dem dein Pferd dich schon von Weitem erblickt, scannt es dich auf deinen Gemütszustand. Und was machst du jetzt? Richtig, du gehst entspannt auf dein Pferd zu. Am besten machst du das nicht frontal, sondern in einem leichten Bogen. Schaue deinem Pferd auch nicht fixierend in die Augen, denn du möchtest ihm ja nicht suggerieren, dass du ein Raubtier bist und es mit deinen Augen an dem Ort, an dem es steht, festnagelst, bis es angespannt genug ist, die Flucht zu ergreifen.

Wenn du merkst, dass dein Pferd dich erblickt hat, dann bleib ruhig einmal stehen, halte ihm deinen gestreckten Arm hin und warte, ob es vielleicht von sich aus zu dir kommen möchte. Ist das nicht der Fall gehst du langsam und entspannt weiter auf es zu. Am Pferd angekommen ist eine freundliche Begrüßung obligatorisch. Halte ihm deine Faust etwa 30 cm vor seine Nase und gib ihm die Gelegenheit, von sich aus den Kontakt zu dir aufzunehmen. Streichele es auch nicht, bevor es nicht intensiv an dir geschnuppert, dich also ebenfalls begrüßt hat und dir erlaubt, ihm näher zu kommen. Jemanden, der dir vor der Begrüßung schon im Gesicht rumfummelt, würdest du wahrscheinlich auch nicht ganz nach oben auf die Liste derer setzen, die du besonders toll findest.

1. Ich stehe etwa anderthalb Meter von Bella entfernt und biete ihr meine offene und fröhliche Art, so wie meine „Nase", die geschlossene Faust, zur Begrüßung an. Bella ist interessiert …

2. … sie richtet ihre Öhrchen komplett nach vorne und geht auf mich zu.

3. Ich gebe ihr die Zeit, in ihrem Tempo näherzukommen und freue mich, dass sie es tut.

4. Bei mir angekommen, schnuppert sie ausgiebig an meiner Hand und an meiner Jacke.

Für Pferde ist die Nase der entscheidende Faktor der Begrüßung, denn Pferde analysieren und interpretieren permanent komplexe Gerüche. Über den Geruchssinn finden Pferde Wasser, wissen, wo andere Pferde sind und ob sie diese kennen. Auch können sie an Urinstellen oder Pferdeäpfeln durch Schnuppern erkennen, von welchem Pferd die Hinterlassenschaft ist und in welchem emotionalen Zustand es sich befunden hat. Es erkennt ebenfalls am Geruch, ob es sich beim aktuellen Gegenüber um einen lange nicht gesehenen Menschen oder Pferd handelt, ob ein bekannter oder unbekannter Mensch gerade bei ihm steht, oder auch, wie es den Weg nach Hause findet.[20]

Wenn Pferde einander begegnen, nutzen sie als allererstes Kommunikationsmittel ihren Geruchssinn. Das ist eine sehr wichtige Interaktion: Sie bringen ihre Nasen zueinander und tauschen über ihre Nüstern Luft aus. Hier kann man auch oft ein Quieken und Rückwärtsspringen beobachten, wenn sich die beiden Parteien nicht auf Anhieb so richtig „gut riechen" können.
Der Geruchssinn verrät unseren Pferden also allerhand, von dem, was in ihrer Umwelt passiert. Viele wissen nicht, dass Pferde ein ähnlich gutes Geruchsvermögen wie Hunde haben. Aber du hast bestimmt schon öfter gehört, dass man Hunde erst mal an sich schnuppern lassen sollte, bevor man in eine weitere Interaktion mit ihnen tritt.
Wenn es also für viele obligatorisch erscheint, den Hund erst mal schnüffeln zu lassen, dann haben wir einen weiteren Beleg dafür, dass wir es auch unseren Pferden mit ähnlich intensivem Nasenhabitus stets erlauben sollten, an Dingen und natürlich auch an uns zu riechen. Denn „ein Pferd vom Erschnuppern seiner Umgebung abzuhalten, ist, als ob man einem Kind, das gerade lesen lernt, die Augen verbindet."[21]
An diesem Beispiel siehst du, wie unglaublich wichtig es für unsere Pferde ist, ihre Umwelt mit ihren Nüstern zu entdecken und zu erkunden und was ihnen fehlt, wenn wir ein solches Verhalten unterbinden oder gar gänzlich verbieten würden.
Auch ist es wichtig zu wissen, dass Pferde ihren Geruchssinn ebenfalls dazu nutzen, ihr eigenes Sicherheitsgefühl zu stärken. Wenn sie etwas Neuartiges oder auch für sie fremd Erscheinendes sehen, dann können sie sich eher entspannen und geborgen fühlen, wenn sie auch daran riechen dürfen und somit das Gesehene noch einmal nasal bestätigen konnten. Das Pferd kann sich, vor allem wenn es an uns schnuppert, sicher sein, dass von uns keine Gefahr ausgeht. **Unsere Pferde sind sich gerne der Dinge sicher, die um sie herum passieren,** denn nur ein Pferd, das weiß, dass es zweifelsfrei gut aufgehoben ist, kann sich entspannen.

Lass bei der Begrüßung gerne dein Pferd mitentscheiden, wann es bereit ist, auf dich zuzugehen und an dir zu riechen. Habe auch die Geduld, ihm einen Moment Zeit zu geben, wenn es noch nicht so weit ist. Ja, das dauert natürlich länger als Halfter drauf und los, ist aber auch viel respektvoller, höflicher und fördert eure Beziehung zueinander. Denn bedenke, du möchtest auch nicht, egal wie knapp die Zeit eures Zusammentreffens ist, dass jemand auf dich zukommt, dich am Arm packt und hinter sich her schleift, weil du eine Aufgabe auf seiner To-do-Liste bist, die zügig und effizient abgehakt werden muss.

Wenn ihr euch begrüßt habt, dann gehe einen Schritt auf das Pferd zu und frage es, ob es dir ein wenig Platz machen kann. Hier erkundigst du dich nach dem „Wer bewegt wen?". Auch wenn wir eine möglichst demokratische Art wählen möchten, die

20 vgl. Horse Brain – Human Brain S. 85–97

21 vgl. Horse Brain – Human Brain S. 134

Zeit mit unseren Pferden zu verbringen, so ist es doch wichtig zu klären, wer in der Hierarchie übergeordnet ist.
Wenn Pferde miteinander in Kontakt treten, wird ebenfalls bei der ersten Begrüßung geklärt, wer welchen Rang in der Herde, und sei es auch nur in einer Zweierbeziehung, einnimmt. Klare Strukturen, die es aus seinem Alltag kennt, stärken dein Pferd. Daher gibt es ihm Sicherheit, wenn du es fragst, ob es einen Schritt zurückgehen kann, wenn du ihm sagst, dass du eure Zweierherde anführen wirst und es sich auf deinen Schutz verlassen kann. Auch hier bist du so sanft wie möglich, aber so konsequent wie nötig.

1. Indem ich mich aufrichte und meinen Fokus nach vorne schicke, frage ich Bella, ob sie mir einen Schritt weichen kann.

2. Sie antwortet mit „Ja!" und geht einen Schritt zurück.

3. Ich bedanke mich bei ihr mit der Pause.

Das „Hallo!“ kannst du dir nun auch noch im Video mit Nero anschauen. Ich hatte am Tag des Drehs den ersten Kontakt zu dem Kaltblut.

Nero

Ein unbekanntes Pferd – kurze Vorstellung von Nero

„Hallo“

„Hallo tollstes Pferd der Welt“ mit Nero

Es wäre auch wunderschön, wenn du all die Liebe, die du für Pferde im Allgemeinen empfindest, für diesen Moment auf das Pferd projizieren könntest, mit dem du gerade arbeiten möchtest. **Denn jedes Pferd verdient es, von uns genau so geliebt zu werden wie es ist.** Ob du weißt, dass du es jetzt gleich mit einem „Problempferd“ zu tun bekommst, ob es das Pferd deiner Bekannten-, deine Reitbeteiligung- oder dein eigenes ist. Jedes Pferd an sich ist einzigartig und liebenswert! Zeige deinem Pferd diese Liebe und freue dich auf die Möglichkeit, mit dem tollsten Pferd der Welt, nachdem du es achtsam und freundlich auf „Pferd“ begrüßt hast, Zeit zu verbringen.

Ich stelle immer wieder fest, dass ich mich in die unterschiedlichsten Pferde, mit denen ich mich beschäftige, spontan schockverliebe. Das Pferd, mit dem ich gerade arbeiten darf, ist das tollste der Welt. Ich bin dankbar, dass es mir seine Aufmerksamkeit schenkt und bereit ist, mit mir zusammen zu sein, mir zuzuhören und meine Fragen zu beantworten.

Alles hat super geklappt, Bella hat sich wunderbar für unser Shooting ablichten lassen, die Freude und Dankbarkeit, die ich diesem tollsten Pferd der Welt gegenüber empfinde, ist wie du siehst groß!

So, jetzt weißt du, wie die Begrüßung im Optimalfall abläuft. Tja, wäre da nicht der Alltag und das Ding mit dem „Bei mir klappt das einfach nicht, mein Pferd geht nicht auf mich zu und weichen tut es ebenfalls nicht.“ Auch kommt schnell die Frage auf, ob man diese Begrüßung immer genau so zelebrieren sollte. Wenn zum Beispiel das Pferd mitten in der Herde ist, es gerade trubelig wird und du dich unwohl fühlst. Bei allen Übungen, die ich dir im Praxisteil vorstelle, gilt immer:

Eine gute Methode ist eine sichere Methode!

Wenn die äußeren Umstände es nicht erlauben, dass du dein Pferd formvollendet begrüßt, dann lass es! Denke immer zuerst an deine Sicherheit und bringe dich nicht mutwillig in Gefahr. Wenn du dein Pferd ohne Begrüßung aus der Herde herausholen musst, weil du nicht für deine Sicherheit garantieren kannst, oder du dich total unwohl fühlst, dann ist das so. Gehe einfach anschließend mit ihm auf einen Platz, oder stelle dich an einen ruhigen Ort an dem ihr euch beide wohlfühlt und mache dort die Begrüßung in aller Ruhe noch einmal. Nimm dir dann nochmal die Zeit zum Ankommen. Auch wenn du dein Pferd schon am Strick hast, kannst du es erneut freundlich begrüßen. Ich begrüße die Pferde auch immer wieder aufs Neue, wenn ich in einer Stunde einmal kurz das Pferd übernehme. Ich fange immer mit der Begrüßung an.

Wenn du dein Pferd aus der Box holst, solltest du dir auf jeden Fall die Ruhe für eine Begrüßung nehmen und euch diese wunderbare Zeit des Ankommens und des gemeinsamen Anfangens gönnen. Öffne die Tür der Box und bleibe erst mal stehen. Halte deinem Pferd die Faust hin und lass es daran riechen. Frage es anschließend nach dem Schritt nach hinten.

Wenn du nach dem Weichen des Pferdes fragst, dann frage immer nur nach einem Schritt und bedanke dich, wenn du ihn bekommst! Hierbei geht es nicht darum, das Pferd ellenlang rückwärts zu schicken, um zu sehen, wer hier das Sagen hat, sondern vielmehr um die Frage: „Kannst du mir ein wenig Platz machen?“, und die Antwort: „Ja ich mache dir gerne Platz!“
Du möchtest dein Pferd nicht dominieren! Du fragst es, ob es dir Raum gibt und es sich dir anschließen mag. Du implizierst ihm, dass du auf es aufpassen wirst. Du willst es nicht einschüchtern und ihm seinen Platz zuweisen, du möchtest einfach in eine gute gemeinsame Zeit starten, in der ihr aufeinander Acht gebt und rücksichtsvoll miteinander umgeht.

Aber was tust du, wenn dein Pferd mitten auf der Weide bei seinen Buddys steht und sich nicht für dich interessiert?
Besinne dich auch hier vor allem, auch wenn es schwerfällt, auf deine Geduld. Gehe langsam in einem Bogen auf dein Pferd zu und bleibe immer wieder stehen. Wecke die Neugier deines Pferdes damit, dass du nicht gleich auf es zukommst und etwas von ihm willst. Wende dich vielleicht auch gerade in dem Moment, in dem es zu dir schaut ab und schaue dir in einer ganz anderen Richtung etwas total Spannendes, mächtig interessiert an. Lächle und freue dich, wenn dein Pferd auf dich zukommt. Kommt es trotzdem nicht, versuche die eventuell negativen Emotionen die aufkommen, also dass Teufelchen auf deiner Schulter, das dir einflüstert: „Dein Pferd mag dich nicht!“, „Guck mal, es frisst viel lieber als sich dir zuzuwenden.“, „Du hast es einfach nicht drauf!“ oder „Ich wusste schon immer, dass ihr keine gute Beziehung zueinander habt, lässt du ihm die Wahl, dann hat es keinen Bock auf dich!“, zu ignorieren oder auch gar nicht erst zuzulassen.
Belohne dich in solchen Momenten, in denen die Selbstzweifel kommen mit positiven Gedanken und

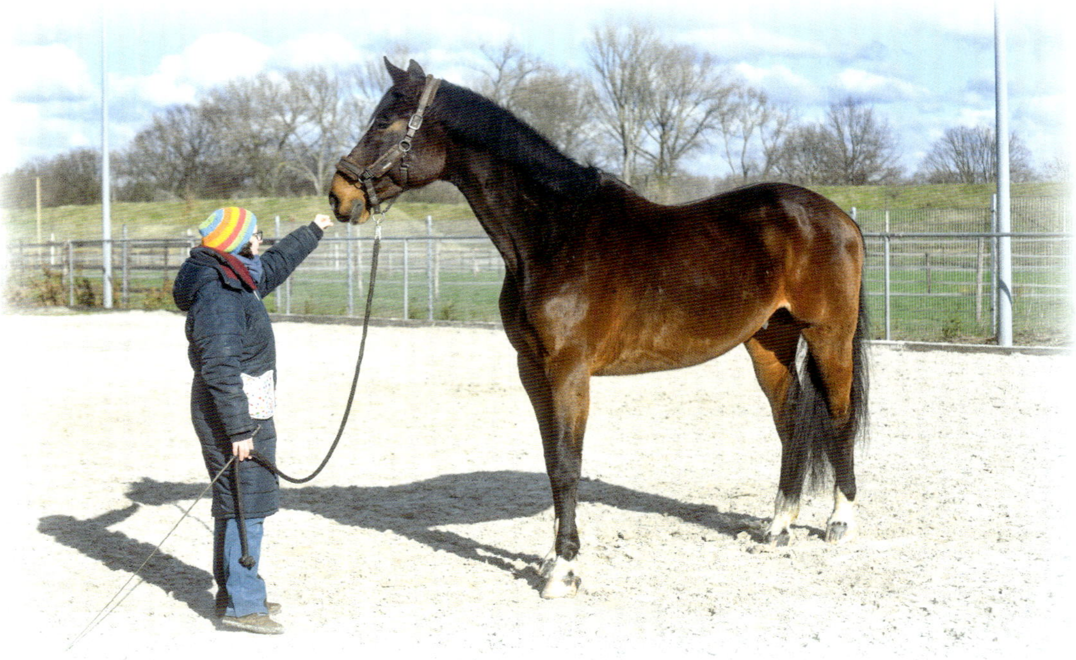

„Hallo, Cap, ich bin jetzt an deinem Strick und möchte gerne mit dir zusammenarbeiten!“

Auf meine Frage: „Kannst du mir ein wenig Platz machen?“ antwortet er sofort mit „Ja!“ und gibt ein wenig Raum frei. „Danke!“

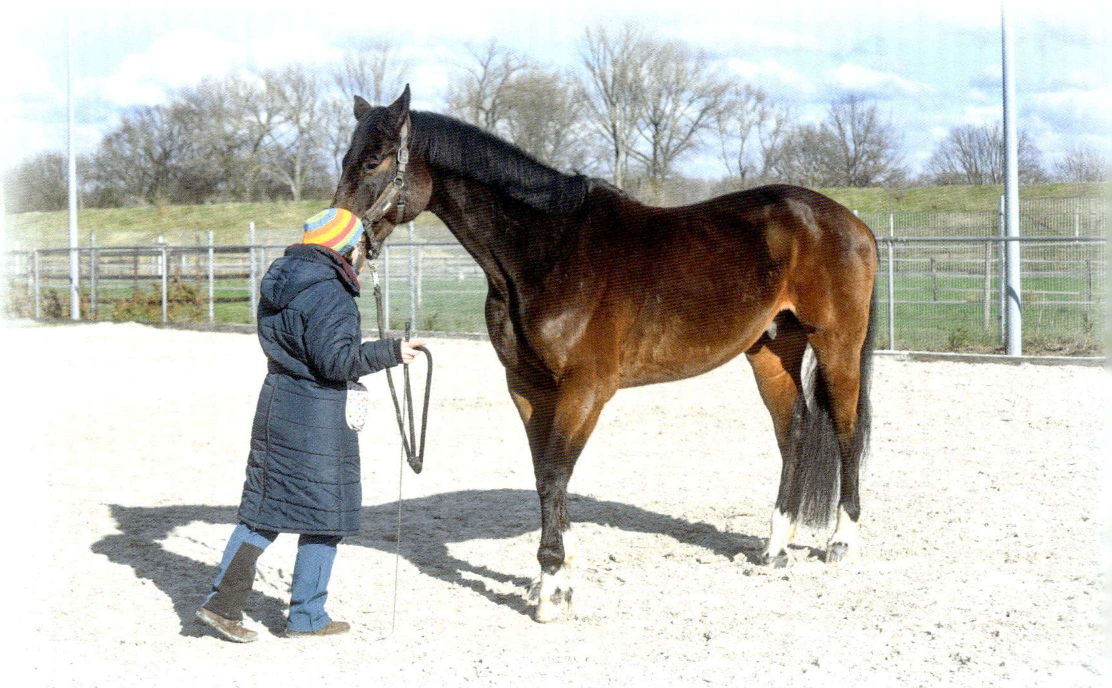

innerer Ruhe: „Ich stehe hier ganz entspannt und kann meinem Pferd beim Grasen zuschauen.", „Ich habe keine Eile, also genieße ich die Stille und die tolle Atmosphäre auf der Wiese.", oder „Was für ein schöner Tag! Ich kann einfach hier stehen und sein!" Du wirst merken, dass du dich für dein Pferd und auch andere Pferde gut anfühlst, wenn du dir schöne Gedanken machst. Vielleicht erweckst du ja auch die Neugier eines fremden Pferdes, dass auf einmal entschließt, mal bei dir vorbeizuschauen. Genieße die Gewissheit, dass du dich für die Tiere gut anfühlst.
Wenn du die Zeit und Geduld hast, taste dich so an dein Pferd heran und erlaube ihm ein Mitspracherecht. Je achtsamer du bist, umso eher wird dein Pferd zu dir kommen.
Das heißt natürlich nicht, dass du jetzt nie wieder dein Pferd von der Weide holen sollst. Das richtige Maß ist immer das, mit dem du dich wohlfühlst. Wenn du merkst, dass deine Geduld zur Neige geht oder der Druck den du hast, Überhand gewinnt, dann gehe entweder zu deinem Pferd und nehme es mit, oder mach dich wieder auf den Weg nach Hause.

Sei bitte nicht böse auf dich oder dein Pferd, wenn etwas nicht so klappt, wie du es dir vorgestellt hast. Wenn du deinem Pferd erlaubst, dass es sich äußern darf, dann wäre es unfair, wenn du wütend oder enttäuscht von dem bist, was es dir sagt.
Im Kapitel zum Rechts-Links findest du ein detailliertes Fallbeispiel über die Mitbestimmung eines Pferdes, die Sache mit der Geduld und wie das menschliche Teufelchen eine Party feiert. Versuche zu erkennen, was dein Pferd dir sagen möchte und gib euch beiden die Chance, eure Beziehung zu verbessern. Denke zurück an „Frisch verliebt!" und daran, dass Beziehung und Vertrauen lebenslange Herausforderungen sind, denen wir uns gerne und mit Liebe stellen und die so viel besser und nährender sind als Dominanz und Angst.

Natürlich möchte ich dich an dieser Stelle auch nicht alleine lassen, wenn das mit dem Rückwärts treten, auf deine energetische Körperbewegung hin, nicht funktioniert.
Auch in dieser Situation besinnst du dich auf die Eskalationsstufen und die Steigerung der Dringlichkeit deiner Frage. Als erstes stehst du vor

1. Ich habe die Gerte bei Cap kurz angelegt, worauf er sofort zurücktritt.

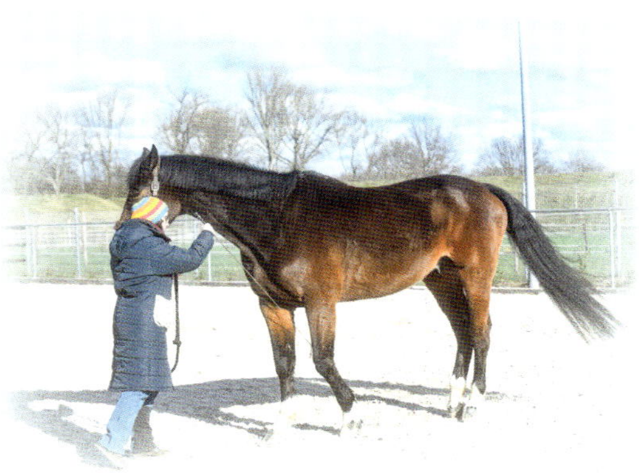

2. Cap reagiert bereits fein auf die erste Frage nach dem Rückwärts auf Distanz.

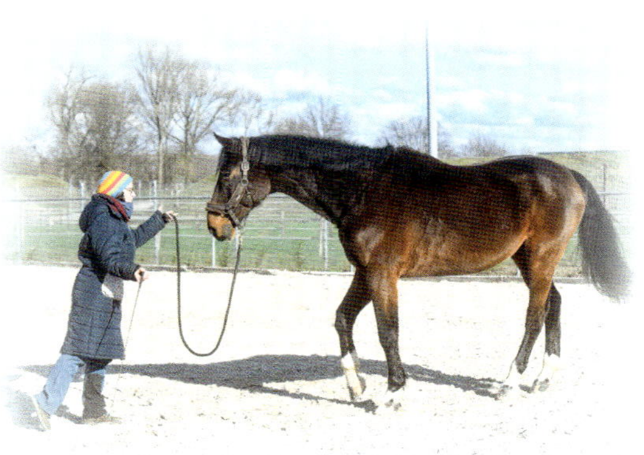

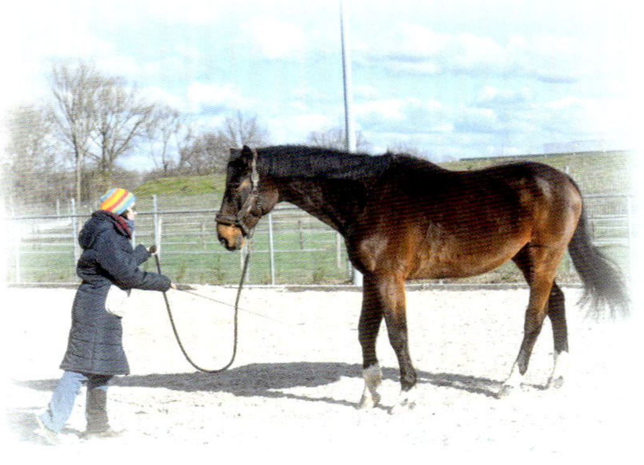

3. Auf noch größerer Distanz reagiert er nur zögerlich, worauf ich sanft mit der Gerte wedele …

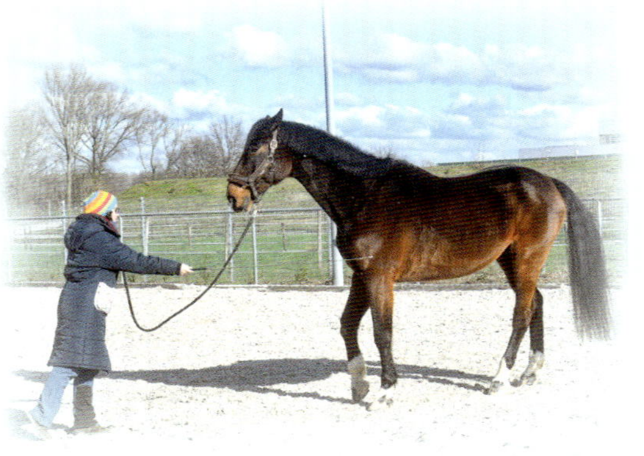

4. … Cap antwortet mit einem Schritt nach hinten. Danke!

deinem Pferd und dein Fokus im Kopf ist die Frage: „Kannst du mir ein wenig Raum geben?“ Als nächstes spannst du deinen Körper an und gibst eine Vorwärtstendenz Richtung Pferd an. Bitte passe bei Pferden, die gerne mit dem Vorderhuf scharren oder schlagen auf, dass du nicht zu eng vor dem Pferd stehst, es dich also nicht erwischen kann, wenn es doch einmal nach vorne tritt.
Reagiert es auch hier nicht, kannst du entweder die Brust des Pferdes mit der Gerte berühren und deine augmentierenden Hilfen setzen, oder mit der Gerte rhythmischen Druck vor dem Körper des Pferdes machen, indem du die Gerte von rechts nach links erst langsam und dann heftiger schwingend wedelst. In beiden Fällen gibst du deinen Druck sofort nach, wenn dein Pferd deine Frage mit „Kann ich.“, beantwortet: „Danke!“

Bitte denke hier auch immer an das richtige Timing beim Lösen der Hilfen. Denn oft haben wir nicht das Problem eine Hilfe zu geben, oder zu verstärken, sondern sie im passenden Moment loszulassen, damit das Pferd versteht, dass die gegebene Reaktion, oder auch Antwort auf die Frage, die Richtige war.

Höflichkeit ist eine Zier …

… doch besser läuft es ohne ihr

Ich gehe davon aus, dass die meisten Individuen meiner Spezies im Verlauf ihres Lebens eine gewisse Höflichkeit gelernt haben. Jeder weiß eigentlich, wann es sich gehört, „Bitte", „Danke" oder „Gesundheit" zu sagen. Auch wissen wir, dass es höflich ist, der alten Omi, die uns auf dem engen Gehweg mit dem Rollator entgegenkommt, auszuweichen. Diese Höflichkeit nehmen die meisten Menschen mit in den Stall.

Stellen wir uns einmal folgende Situation vor:
Da stehst du also, putzt dein Pferd und lässt die Gedanken schweifen. Der Pferdekopf kommt zur Seite, weil dein Pferd grade mal eben mit seiner Oberlippe den Führstrick begnabbeln muss. Du lächelst, trittst ein Stück zurück und lässt das Pferd gewähren. Etwas später, als du grade dabei bist den Schopf zu bürsten, stellt dein Pferd grade fest, dass sein bester Kumpel jetzt auch zum Putzplatz geführt wird. Es reißt den Kopf hoch und schubst dich dabei aus Versehen ein wenig zur Seite. Du winkst der Besitzerin zu und plauderst mit ihr ein wenig über das nasskalte Wetter und die Strahlfäule, die gerade wieder um sich greift. Derweil wird deinem Pferd langweilig, so dass es anfängt dich von oben bis unten zu beschnuppern und mit seiner Lippe deine Taschen abzutasten, denn eigentlich gibt es beim Menschen immer irgendwelche Leckereien abzugreifen. Du hebst die Hand, ermahnst dein Pferd und vergrößerst den Abstand zu seinem Kopf durch einen Schritt nach vorn. Nachdem das Gespräch beendet ist, widmest du dich wieder dem Putzen. Dein Pferd hat aber keine Lust mehr still zu stehen und verschiebt seine Hinterhand ein Stück in deine Richtung. Du weichst zurück und zeigst Verständnis, denn immerhin hast du jetzt echt lange geplaudert und dein Pferd warten lassen.

In diesem etwas überzogenen Beispiel interagiert der Mensch mit dem Pferd in der formvollendeten Höflichkeit, die wir Menschen uns in unserem Leben aneignen. Er hat Verständnis, dass das Pferd aus Langeweile Sachen bespielt, nach Leckereien sucht oder am Putzplatz zappelt. Das sind generell sehr menschliche Eigenschaften, mit denen wir in unserem Sozialgefüge wunderbar zurechtkommen. Leider nimmt unser Pferd diese Freundlichkeiten nicht als solche wahr, denn es spricht ja kein „Mensch".

Ein Pferd ist ein Tier. All die wertvollen Eigenschaften und Tugenden, die wir uns mühevoll im Laufe unseres Lebens aneignen, interessieren Pferde nicht die Bohne. Pferde werden niemals unsere Sprache und Motivationen verstehen und uns für unsere Höflichkeiten am Putzplatz danken. Ganz im Gegenteil, sie werden jedes unbewusste Zurückweichen des Menschen als Inkompetenz werten. Sie sehen eine Lücke, in der sie feststellen, dass der Mensch Raum zugunsten des Pferdes aufgibt. Dass das Pferd den Menschen bewegen kann.
In solchen Alltagssituationen, in denen wir in Gedanken noch gar nicht bei der „Arbeit mit dem Pferd" angekommen sind, machen wir entscheidende Fehler, die unser Pferd dazu veranlasst, unsere Führungskompetenz in Frage zu stellen. Ich gehe davon aus, dass uns das Pferd mit jeder Interaktion, möge sie auch noch so einfühlsam sein, eine Frage stellt, die es gerne beantwortet hätte. Die ersten Fragen stellt es tatsächlich so subtil, dass wir sie oft gar nicht wahrnehmen. Aber ein ständiges Knabbern am Führstrick zum Beispiel ist schwer zu ignorieren.

Hier könnte ein klassischer Dialog wie folgt aussehen:

Pferd: „Ist das o.k., wenn ich am Führstrick knabbere?"

Der *Mensch* reagiert nicht, beantwortet durch diese Ignoranz die Frage also mit einem klaren „Ja". Beim nächsten Mal knabbert das Pferd wieder am Führstrick, denn es hat ja beim letzten Mal festgestellt, dass das völlig ok ist. Auch da stört es den Menschen nicht so richtig. Vielleicht ruckt er einmal am Strick, um das Verhalten zu unterbinden, aber mehr passiert meist nicht. Bei nächster Gelegenheit knabbert das Pferd wieder am Strick, so lange, bis es den Menschen nervt und er explodiert. Meist erntet das Pferd dann eine total überzogene Reaktion, festes Rucken, laute Schreie und gerne auch: „Ich habe dir schon so oft gesagt, dass du nicht am Strick kauen sollst!"

Pferd: „Hast du?"

Das Pferd versteht gar nichts, außer der Tatsache, ungerecht behandelt worden zu sein. Es lernt, dass der Mensch nicht klar ist und nicht immer kongruent agiert. Demnach ist der Mensch für das Pferd unberechenbar, was Beziehung und tiefes Vertrauen hemmt. Folglich entsteht schon in solchen kleinen, scheinbar unbedeutenden Alltagssituationen, denen wir trainingstechnisch keine Aufmerksamkeit schenken, da wir ja noch gar nicht angefangen haben, ein Missverständnis in der Kommunikation, welches es aufzulösen gilt.

Wie würde eine für das Pferd faire und klare Reaktion aussehen?

Jetzt bist du gefragt!

Hey Du, hast du vielleicht Lust, etwas mit mir zusammen zu machen?

Als erstes ist es wichtig, dass du dir Gedanken darüber machst, welches pferdische Verhalten für dich ok ist. Was magst du gerne? Worüber freust du dich? Was magst du nicht so leiden und was bringt dich so richtig auf die Palme?
Es ist sinnvoll, sich verschiedene Verhaltensmuster des Pferdes aufzuschreiben und sie ganz individuell zu bewerten. So bekommst du einen Überblick. Auch jede neue Verhaltensweise, die aufkommt, kann schnell notiert und reflektiert werden.

Ich mag es zum Beispiel überhaupt nicht, wenn Pferde mich mit der Oberlippe am ganzen Körper „befummeln". Da ich mit vielen verschiedenen Pferden zu tun habe, kommt es auch häufiger vor, dass ich seitens des Pferdes gefragt werde, ob „rumschnabbeln" okay ist. Gleich beim ersten Versuch tippe ich das Pferd mit dem Finger auf die Nase und schicke es einen Schritt nach hinten. Nach dieser Interaktion verfalle ich zurück in meinen Chillmodus und halte dem Pferd erneut die Stelle vor die Nase, die es zuvor abgesucht hat. Jetzt frage ich es, ob es noch eine Frage zu dieser Stelle hat. Fängt es wieder an mit der Oberlippe zu suchen, tippe ich mit dem Finger etwas fester und schicke es erneut einen Schritt rückwärts. Sofort wechsele ich wieder zum Chillmodus zurück. Diese Schritte wiederhole ich mit steigender Intensität so lange in absoluter Ruhe, bis das Pferd keine Frage mehr hat. Problem gelöst.

Jetzt irritiert dich vermutlich, warum ich dem Pferd gleich wieder die Stelle vor die Nase halte, zu der es eine Frage hatte und nicht einfach abwarte, bis es irgendwann von selbst wieder kommt und mich anderenorts abschnüffelt? **Wir sollten niemals Angst vor den Fragen eines Pferdes haben, egal wie häufig es die gleichen Erkundigungen anstellt.** Stattdessen sollten wir geduldig herausfinden, ob es unsere Antwort auf seine Nachfrage tatsächlich verstanden hat.

Bella mag es lieber, wenn sie mehr Raum zur Verfügung hat, dennoch schließt sie sich gerne an, um gemeinsame Zeit mit dem Menschen zu verbringen.

Pferd: „Darf ich an deiner Hand knabbern?"

Mensch: „Nein, darfst du nicht!", Pause: „Hast du noch eine Frage zu meiner Hand?"

Pferd: „Ja, darf ich jetzt an deiner Hand knabbern?"

Mensch: „Nein, darfst du nicht!", Pause: „Hast du noch eine Frage zu meiner Hand?"

Pferd schnüffelt kurz, bewegt die Oberlippe aber nicht mehr: „Nein, habe ich nicht, ich weiß ja, dass ich nicht darf."

Kläre die Erkundigungen des Pferdes stets bis zum Ende, immer so lange, bis das Pferd das unerwünschte Verhalten einstellt, auch wenn du es sofort wieder mit dem Reiz, der es zu seiner Frage veranlasst hat, konfrontierst. So schaffst du Klarheit. Diese Klarheit führt dazu, dass das Pferd in den meisten Fällen nicht immer wiederkehrend das Gleiche fragt. Wenn du aber den Reiz nicht erneut anbietest, dann musst du sehr

Konzentration, Harmonie und Einklang: Alles kann, nichts muss.

wahrscheinlich über Wochen hinweg repetierend die Frage nach dem „Angnabbeln" beantworten. Manchmal fällt sie dir vielleicht auch gar nicht auf, weil du im Alltag nicht so sehr darauf achtest. Hier hättest du dann zwischenzeitlich die Frage des Pferdes versehentlich wieder mit „Ja, darfst du!", erwidert, was dich in deiner Kommunikation unstimmig wirken lässt. Versicherst du dich jedoch, ob das Pferd wirklich verstanden hat, dass du bestimmte Verhaltensweisen nicht tolerierst, dann wird es sehr wahrscheinlich auch nicht mehr so schnell danach fragen.

Eine meiner Schülerinnen erzählte mir, dass sie ihrer Stute immer noch eine Leckerei gibt, kurz bevor sie sie wieder abhalftert und zurück zu ihrer Herde lässt. Da sie im Sommer jedoch häufig keine Hosentasche hat, trägt sie dieses Leckerli in der Hand. Um vom Putzplatz zur Herde zu kommen, muss meine Schülerin gemeinsam mit ihrer jungen Stute einen Weg von etwa 200 Metern zurücklegen. Während dieses Weges ist die Stute aber so sehr auf die Hand mit dem Leckerli fixiert, dass sie nur herumtänzelt, ständig die Nase zur Hand führt und fragt: „Darf ich das haben? Das ist doch bestimmt für mich, oder? Darf ich das jetzt haben?" Dies veranlasste meine Schülerin dazu, bei mir die Hilfe für ihr Problem zu suchen. Denn die Abschaffung der Leckerei, um die Frage des Pferdes zu vermeiden (Angst vor der mannigfachen Fragestellung) und damit den einfacheren, konfliktfreieren Weg zu wählen, ist für sie keine Option. Ich demonstrierte ihr die oben genannte Art, diese Frage zu beantworten. Natürlich, ist ein Leckerchen ein großer Reiz für viele Pferde, dennoch ist es auch hier wichtig, die Erkundigung des Pferdes bis hin zur Klarheit zu beantworten. In diesem Falle bedeutet das, immer wieder die geschlossene Hand mit dem Leckerli zu präsentieren, bis das Pferd die Erwiderung verstanden hat. Eine Woche später sah ich eben jene Schülerin ganz entspannt mit ihrer Stute den Weg beschreiten. Die Leckerei hielt sie demonstrativ zwischen Daumen und Zeigefinger in die Höhe, was auch ich schon fast gemein fand. Das Pferd interessierte sich jedoch überhaupt nicht für das Knabberding, sondern trottete brav neben seiner Besitzerin her. Die Frage war eindeutig und nachhaltig beantwortet, für das Pferd bestand kein Grund mehr, immer und immer wieder nachzufragen.

Es ist wichtig, die Fragen des Pferdes völlig emotionslos, ruhig und konsequent zu beantworten. Nicht erst, wenn sie dich wütend (**Achtung Emotion!**) machen, weil sie schon so oft gestellt wurden, sondern gleich am Anfang.

Bitte beachte auch, dass du dein Pferd, um es nachdrücklich zu reglementieren, immer nur einen Schritt nach hinten treten lässt. Es ist enorm wichtig, niemals seine Macht zu missbrauchen und das Pferd Schritt um Schritt um Schritt nach hinten zu schicken, um es zu dominieren. Du möchtest ihm nur sagen, die Antwort ist „Nein". Versteh mich nicht falsch, natürlich bist du in dieser Rolle der dominante Part. Du sagst dem Pferd, dass du in der Hierarchie über ihm stehst, dass du das Recht hast, ihm seinen Platz zuzuweisen und dass du sein freches Eindringen in deinen persönlichen Raum nicht duldest. Das klingt jetzt sehr hart, ist es aber nicht, wenn du das Pferd freundlich, konsequent, geduldig und voller Liebe, also frei von jeglichen negativen Emotionen, in seine Schranken weist. Für Pferde ist es essenziell, die Hierarchie zu klären. Es ist nur schwerlich möglich, mit einem Pferd zu arbeiten, wenn die Rangordnung nicht geklärt ist. Eine Rangfolge gibt Pferden Sicherheit. Pferde brauchen einen starken Beschützer, der auf sie aufpassen kann. Und nur, wenn sie davon überzeugt sind, dass wir sie beschützen können, können sie abschalten. Entspannung und Ruhe ist immer der optimalste Zustand, den ein Pferd erreichen kann. Pferde fragen uns, weil sie Antworten haben wollen, weil sie möchten, dass wir auf jede Frage nach: „Bist du stark?", mit „Ja, ich bin stark", antworten.

In dem Dialog, den ich dir oben beschrieben habe, lautet die tiefergehende Frage hinter der offensichtlichen, statt „Darf ich an deiner Hand knabbern?", nämlich: „Kannst du deinen Raum verteidigen? Bist du stark?"
Damit sähe der Dialog wie folgt aus:

Pferd: „Kannst du deinen Raum verteidigen? Bist du stark?"

Mensch: „Ja, ich kann mich behaupten! Ich bin stark!" Pause: „Hast du noch eine Frage zu meiner Stärke?"

Pferd: „Ich wüsste gerne, ob du mich wirklich beschützen kannst?"

Mensch: „Ja, ich kann dich beschützen, ich bin stark genug für uns beide!" Pause: „Hast du noch eine Frage zu meiner Stärke?"

Pferd: „Nein, ich glaube dir fürs Erste, dass du mich beschützen kannst und auf mich aufpassen wirst. Aber ich werde nochmal nachfragen, wenn ich mir nicht mehr sicher bin."

Erzähl mir was, ich höre dir zu!

Jetzt wird dir vielleicht auch klar, warum Pferde so häufig die gleichen Fragen stellen. Denn wenn das Überleben davon abhängt, dass der, dem ich mich anvertraue mich beschützen muss, weil ich weiß, dass ich alleine nicht überleben kann, dann bekommt der Andere auf einmal eine essenzielle, überlebenswichtige Aufgabe zugeteilt. Würdest du in solch einer Situation nicht auch lieber einmal öfter fragen, ob du bei deinem Partner auch wirklich sicher bist, als dich blindlings darauf zu verlassen, dass egal was der Andere macht, er schon das Richtige tun wird?

Ergänzend dazu boostern wir mit der Beantwortung der Pferdefragen unsere Beziehung. Wenn wir die Fragen der Pferde als solche erkennen,

Genau auf unsere Körpersprache zu achten und diese zu entschlüsseln ist oft sehr anstrengend für unsere Pferde. Achte stets auf die Signale, die dein Pferd dir sendet, und beende eine Einheit auch dann, wenn du das Gefühl hast, dein Pferd ist geschafft, auch wenn erst 15 min vergangen sind.

dann können wir sie beantworten. Das wiederum gibt dem Pferd seine essenzielle Sicherheit.

Nimm dir jetzt noch einmal dein Blatt mit den Verhaltensweisen deines Pferdes, welches du bereits erstellt hast. Schaue dir die Interaktionen, die du notiert hast, genauer an. Versuche nun diese pferdische Manier in konkrete Fragen, die es situativ an dich stellt, zu übersetzen. Durch diesen Schritt werden sie dir bewusst und du kannst sie zukünftig im Alltag besser erkennen und adäquat darauf reagieren. Zudem ändern wir durch die Umformulierung der unerwünschten Verhaltensweisen, in vom Pferd gestellte Fragen an dich, automatisch unseren Blickwinkel ins Positive. Soll heißen, dass ich viel freundlicher und entspannter auf eine Interaktion, die mir nicht gefällt, reagieren kann, wenn ich davon ausgehe, dass mein Pferd mich etwas fragt, als das ich eben jene Verhaltensweise als nervige, absichtliche „Pöbelei“ des Pferdes werte.

Natürlich garantiert das nicht, dass dir nichts mehr „durch die Lappen“ geht, aber du bist deinem Ziel, die Fragen des Pferdes zu erkennen, schon einen großen Schritt nähergekommen. Denn eine erkannte Frage kann beantworten werden, eine Frage, die du nicht registrierst, ist schon direkt im Ansatz „falsch“, weil gar nicht beantwortet. Hinter all diesen Fragen, die du nun formuliert hast, stecken immer die implizierten Erkundigungen nach der menschlichen Souveränität. Beweist du in solchen Momenten deine Achtsamkeit und Autonomie und antwortest dem Pferd angemessen, kann es sich entspannen. Wenn kleinere „Unarten“, wie Strick knabbern, den Menschen zur Seite schieben oder mit der Nase überall absuchen, geklärt sind, tauchen sie oftmals nicht so schnell wieder auf. Das liegt vor allem daran, dass wir das Pferd proaktiv nach seinem Verstehen fragen. Wenn es versteht, was wir von ihm möchten, dann fühlt es sich sicher und gut aufgehoben und ist empfänglich für einen Dialog mit dir. Beantwortest du immer häufiger die Fragen deines Pferdes, so wird es sich im Gegenzug auch Mühe geben, auf deine Fragen zu antworten.

Wenn wir also davon ausgehen, dass das Pferd uns mit jeder Interaktion in unsere Richtung eine

„Hey, kann ich mal an dir schnuppern?“

Frage stellt, dann findet sich darin auch eine Antwort auf so manche verunsichernde Situation. Hier möchte ich dir gerne noch ein Beispiel geben:
In unserem Stall gibt es ein Pferd, das unglaubliche Angst vor dem Schmied hat. Jedes Mal, wenn der Schmied kommt, ist die Besitzerin völlig aufgewühlt. Natürlich, denn sie weiß ja, was ihr bevorsteht: Ein zappelndes, schnaufendes, schwitzendes Pferd, das nur schwerlich still hält. Im Verlauf der Hufbearbeitung steckt sie ihrem Pferd immer wieder Leckerlies zu, streichelt es und spricht beruhigend auf es ein. Ja, so würden wir höflichen und freundlichen Menschen ein Kind beruhigen, aber ein Pferd? Was wir dem Pferd in diesem Moment mitteilen, ist etwas ganz anderes. Das Pferd spürt beim ersten „Menschenscan“ Verunsicherung und Angst. „Wenn mein Mensch verunsichert ist, dann hat er vielleicht etwas gesehen oder bemerkt, was ich noch nicht bemerkt habe, also Obacht!“ Dann führt der Mensch das Pferd zum Anbindeplatz und fängt schon an, beruhigend auf es, oder vielleicht auch eher auf sich selbst, einzusprechen. Bitte beachte, dass das Pferd bis zum Erscheinen des Menschen kein Problem hatte und jetzt nur auf die Anspannung des Besitzers reagiert.

Mit der ganzen liebevollen Zuwendung, die es dann erhält, wird es darin bestärkt, dass es richtig ist, Angst zu haben. Es fragt den Menschen in dieser Situation mehrmals mit dem Stupsen der Nase, ob der Mensch stark ist und es beschützen kann, aber es erhält keine Antwort. Das wiederum bedeutet für das Pferd, dass der Mensch nicht stark ist, es also nicht beschützen kann. Dementsprechend ist es in dieser schrecklichen Situation der Panik völlig auf sich allein gestellt. Denn das was das Pferd am liebsten tun würde, nämlich einfach schnell das Weite suchen, kann es nicht, es ist ja festgebunden.
Dann kommt die Person des Grauens, die jetzt auch noch beruhigend auf es einspricht. Das Pferd hat gar nicht die Chance, zu erkennen, dass ihm nichts Schlimmes widerfährt und es keine Angst

haben braucht. Es bekommt von keinem Menschen gesagt: „Ich bin stark, ich beschütze dich, dir wird nichts geschehen!“ Denn alle um es herum sind vollgepumpt mit Adrenalin und Angst und suggerieren dem Pferd, dass es ganz besonders fürchterlich ist, was da gerade mit ihm passiert. **Angst nährt Angst. Woher soll das Pferd wissen, dass der Mensch „nur“ Angst vor dem Pferd und seinen Reaktionen hat?** Dass die mögliche Angst des Pferdes Auslöser der Menschenangst ist, die wiederum die Angst des Pferdes auslöst. Der Mensch schafft eine künstliche Situation der Panik, die das Pferd aufnimmt und auf die es reagiert. Und wir Menschen wundern uns, dass das Pferd sich nicht beruhigt, obwohl wir es doch die ganze Zeit besänftigen. In Menschensprache haben wir ja schließlich alles richtig gemacht.

Natürlich, kann ein Pferd unsicher sein, natürlich kann es ängstlich auf etwas Neues reagieren. Das ist gut so, denn so hat es jahrhundertelang sein Überleben gesichert. Der Trick dabei ist, dass die Nervosität des Pferdes nicht zu unserer Nervosität wird, dass die Angst des Pferdes nicht unsere Angst wird. Denn wie oben beschrieben, beißt sich dabei die Katze selbst in den Schwanz und wir befinden uns in einem Teufelskreis, den einzig der Mensch verlassen kann, wenn er denn weiß wie. Wenn die Nervosität und Angst den Menschen nicht nervös und ängstlich macht, sondern er souverän und klar bleibt und die Fragen des Pferdes beantwortet, dann ist es möglich, Probleme schnell zu lösen. Natürlich stellt das Pferd uns erst dann solche Fragen, wenn es sich, wie bereits beschrieben, in einer für sich unangenehmen Situation befindet. Wenn alles gut ist, es sich in seiner gewohnten Umgebung befindet, der Mensch ruhig und entspannt ist, dann hat es keinen Grund Fragen zu stellen.

Wenn ich die Fragen des Pferdes auf die beschriebene Art beantworte, bedeutet das nicht, dass es nie wieder die gleiche Frage stellen wird. Denn unsere Inkonsequenz hat, wie bereits beschrieben, das Pferd schon oft gelehrt, dass wir uns eigentlich gar nicht so sicher sind, ob wir die Frage tatsächlich mit „nein“ beantworten möchten.
Vielleicht ist dir im zweiten Dialog aufgefallen, dass da „fürs Erste“ steht. Das erklärt ganz gut, dass es für das Pferd definitiv Sinn macht, beizeiten nochmal nachzuhaken.
Wichtig ist, dass du eine Frage, die du auf diese Art und Weise beantwortet hast, auch in Zukunft immer achtsam in der gleichen Art beantworten solltest. Somit wirst du für dein Pferd klar und vorhersehbar. Du kannst schnell unerwünschte Verhaltensweisen korrigieren. Maßgeblich ist, dass du immer die Liebe zu deinem Pferd behältst und es freundlich, aber bestimmt behandelst.
Auch ist die beschriebene Art der Beantwortung von Pferdefragen kein Allheilmittel für alle Probleme. Vor allem nicht, wenn sich das Pferd in Stress oder gar Panik befindet. Dann wird es nichts nützen, es nach hinten zu dirigieren, um die Hierarchie zu klären. Unsere Aufgabe ist es, das Pferd zu beruhigen. Die Art der Beruhigung ist immer von Situation zu Situation unterschiedlich. Der entscheidende Faktor ist jedoch, wie du weißt, immer die Ruhe und Souveränität, die du in stressigen Situationen ausstrahlst.

Sollte es dir bei der Beantwortung der immer gleichen Fragen einmal nicht gelingen freundlich zu bleiben, gräme dich nicht. Das Pferd hat ein großes Herz und verzeiht uns Menschen eine ganze Menge Fehler. **Aber: Reflektiere dein Verhalten, ärgere dich nicht über den Fehler, sondern freue dich, dass er dir aufgefallen ist und mache es beim nächsten Mal einfach besser.** Im Verhalten mit dem Pferd müssen wir Menschen einfach unglaublich viel dazu lernen und das braucht Zeit und Geduld.

Zurück zu unserem eingangs beschriebenen Beispiel. Wir haben uns jetzt schon mit dem

Drückt man sanft mit zwei Fingern gegen diesen Button, gibt uns das Pferd sofort mehr Raum.

„Knabbern“ und „Absuchen“ beschäftigt. Als nächstes möchte ich noch über das „Weichen“ sprechen. Wenn das Pferd den Menschen regelmäßig mit seinem Kopf bedrängt, so ist auch dies eine Frage. „Darf ich einfach in deinen Raum eindringen und dich mit meinem Kopf wegschubsen?“ In den meisten Fällen funktioniert das Reaktionsmuster des Menschen genauso, wie es beim Führstrickbeispiel schon beschrieben wurde, daher werde ich nicht mehr näher darauf eingehen und dir sogleich eine mögliche Lösung anbieten.
Bei Pferden, die mir zu nahekommen oder aufdringlich in meinen Raum treten, nutze ich gerne den „Geh-weg-Gesichtsbutton“ von Sharon Wilsie. Dieser Punkt befindet sich in etwa da auf der Ganasche, wo normalerweise der Ring vom Halfter aufliegt.

Kommt mir der Pferdekopf zu nahe, kann ich über diesen Button ganz einfach und sanft Respekt für meinen persönlichen Raum einfordern. Wenn ich meinen Zeige- und Mittelfinger sanft auf diesen Punkt lege und leichten Druck ausübe, wird das Pferd seinen Kopf zur Seite nehmen. Ja, natürlich kann es sein, dass du beim ersten Mal etwas fester drücken musst, als „ganz sanft“, wenn du die Frage deines Pferdes beantwortest. Drücke so feste, bis du eine Reaktion des Pferdes erhältst. Versuche aber nie eine schnell wegschubsende Bewegung zu machen, sondern die Finger sanft aufzulegen und dann den Druck zu erhöhen.
Sobald eine Reaktion kommt, lässt du sofort deine Hand sinken und wartest ab, ob es dir noch einmal die gleiche Frage stellt. Genauso wie schon oben beschrieben, ist es sehr wahrscheinlich, dass das Pferd dich erneut fragt, vielleicht auch noch ein viertes oder fünftes Mal. Bleibe ruhig und erkläre ihm immer wieder klar und freundlich bestimmt, dass deine Antwort sich nicht ändern wird. Respektiert dein Pferd deinen Raum und hört auf dir Fragen zu stellen, freue dich über deinen Erfolg. Fragt es dich am nächsten Tag die gleiche Frage? Was soll's! Fange wieder von vorne an und stehe ihm Rede und Antwort, bis die Erkundigung geklärt ist.

Wie du vielleicht während deiner Lektüre feststellst, können wir mit der menschlichen Höflichkeit bei unseren Pferden keinen Eindruck schinden. Wir lösen eher das Gegenteil aus und beweisen ihm damit, dass wir keine Führungskompetenz besitzen und es uns bewegen kann, es folglich im Rang über uns steht.
Also: Denke an deinen Raum. Da wo du stehst, da stehst du auch, du weichst deinem Pferd nicht aus. Wenn es dir zu nah kommt, schickst du es sanft und freundlich, aber bestimmt ein bisschen zurück, so dass du dich in deinem Raum wieder wohlfühlst. Je achtsamer du bereits auf diese vermeintlichen „Kleinigkeiten“ reagierst, umso mehr wirst du dein Pferd mit deiner Kompetenz, Souveränität und Standfestigkeit beeindrucken.

Das achtsame Führen

„Du musst am besten am Karabiner anfassen und dem Pferd zeigen, wo es lang geht!“ „Also ich führe mein Pferd immer am langen Seil.“ „Nur wenn du vorgehst beim Führen, kann sich das Pferd nach dir richten.”

Viele dieser Floskeln hat wohl jeder schon mal gehört. Der eine macht es so, der andere anders und der dritte, vierte und fünfte hat nochmal eine andere Idee, wie „das“ richtige Führen funktioniert. Ich kann dich beruhigen, denn es gibt per se nicht die Antwort auf das richtige Führen. Derjenige, der immer gelernt hat, sein Pferd kurz zu führen, um vermeintlich die Kontrolle über die 700-Kilo-Lebendgewicht zu haben, wird sich schwer tun mit einem durchhängenden Seil und dem Vertrauen, dass das Pferd schon mitkommen wird. Es gibt in der Literatur zahlreiche Vorschläge und selten gleichen sie einander. Je nachdem, für welchen Umgang mit dem Pferd ich mich entscheide, so führe ich. Wichtig ist, dass mich das „Warum“ überzeugt.

Warum wähle ich eine bestimmte Art des Führens?

Ich wünsche mir eine partnerschaftliche Beziehung mit meinem Pferd. Ich möchte, dass mein Pferd auf mich achtet, mit mir kommuniziert und mir freiwillig folgt, ohne dass ich es am Halfter begrenzen oder gar hinter mir herziehen muss. Es soll aus eigenem Antrieb bei mir bleiben, weil es von meiner Führungskompetenz und der Tatsache, dass ich es beschützen kann, wenn ich es aus seiner Herde hole, überzeugt ist.

Meiner Meinung nach fängt Beziehung und Kommunikation schon beim Führen an, bei jedem gemeinsamen Zurücklegen einer Strecke, permanent. Wenn ich bereits bei den Grundlagen auf mein Pferd achte, ihm respektvoll begegne und ihm klar sage, wer der Leader ist, so wird sich mein Pferd für mich interessieren. Und nur ein Pferd, das an mir interessiert ist und nicht an den Leckereien, die ich ihm zustecke, wird mir folgen. Natürlich hat das Pferd keine wirkliche Wahl, wenn ich ihm ein Halfter anlege und es mit einem Strick führe, denn es hat gelernt, dass es diesem Equipment in den meisten Fällen nicht entkommen kann. Aber trotz Equipment, das schon allein aus Sicherheitsgründen seine Berechtigung hat, ist es möglich, loszulassen und zu vertrauen.

Ich weiß, sich mit dem Führen zu beschäftigen, scheint zuerst einmal banal zu sein, denn fast jeder Mensch, der ein Pferd besitzt, kann dieses auch problemlos von A nach B führen. Es passiert mir nicht selten, dass mir Schüler zu Beginn der zweiten oder dritten Stunde erzählen, dass sie in der ersten Stunde genervt gedacht haben: „Boah, jetzt bringt die mir das Führen bei...!“ Aber bisher haben auch alle gesagt, dass sie vorher noch nie so bewusst geführt haben. Dass sie nun viel achtsamer mit dem Pferd sind, den Strick tatsächlich nur noch in der Hand halten, anstatt ihn wirklich zu benutzen und eine Veränderung in der Beziehung wahrnehmen. Das Pferd sei nun viel mehr bei ihnen und achte auf die Bewegungen und Informationen, die der Mensch sendet.

Wenn man es aber nie versucht hat, sondern eher das Pferd hinter sich herzieht oder am kurzen Strick hält, wird man niemals dieses wunderbare Erlebnis von „weniger ist mehr“, von Freiwilligkeit statt Pflicht haben. Denn Pferde kommen gerne mit uns mit, wenn wir ihnen die richtigen Signale senden.

Das benötigte Equipment für das achtsame Führen besteht aus einem gängigen Stallhalfter, einem Führstrick von maximal zwei Metern Länge, in welches du gerne einen Knoten am Ende machen kannst, damit es dir nicht unabsichtlich aus der Hand gleitet und einer Gerte. Am besten in einer Länge zwischen 1,20 bis 1,40 m. Auch bei der Wahl der Ausstattung lautet die Devise: Weniger ist mehr. Du brauchst kein schickes neues Zubehör, um die hier vorgestellten Übungen erfolgreich zu absolvieren. Ich vermute, alles was du brauchst, findest du in deinem Spind im Stall.

Zu Beginn des achtsamen Führens bevorzuge ich eine Position auf Halshöhe des Pferdes. Ich kann zu jeder Zeit den kompletten Kopf meines Pferdes sehen und seine Reaktionen beobachten. Das hat den entscheidenden Vorteil, dass ich weiß, wie es meinem Pferd geht, ob es sich wohlfühlt oder nicht. Ich kann das Ohrenspiel, die Augen und die Nüstern im Blick behalten und gegebenenfalls auf Spannungen meines Pferdes reagieren. Außerdem lege ich mit dem „synchronen Laufen auf Körpersprache“ schon den Grundstein, den ich auch später in der Freiarbeit anfragen kann.

Mein Führstrick ist stets in einer „lachenden“ Position, er hängt also locker durch und liegt in meiner sanft geschlossenen Hand, die wiederum ganz entspannt neben meinem Körper hängt. Das Seil schaut nicht traurig, denn das hieße, es ist zu kurz, aber es lacht sich auch nicht kaputt, denn dann besteht die Gefahr, dass das Pferd auf das Seil tritt.

Lächelndes Seil – Das Seil liegt locker in der Hand und gibt dem Pferd genügend Spielraum, so dass es keine Intervention am Halfter spürt.

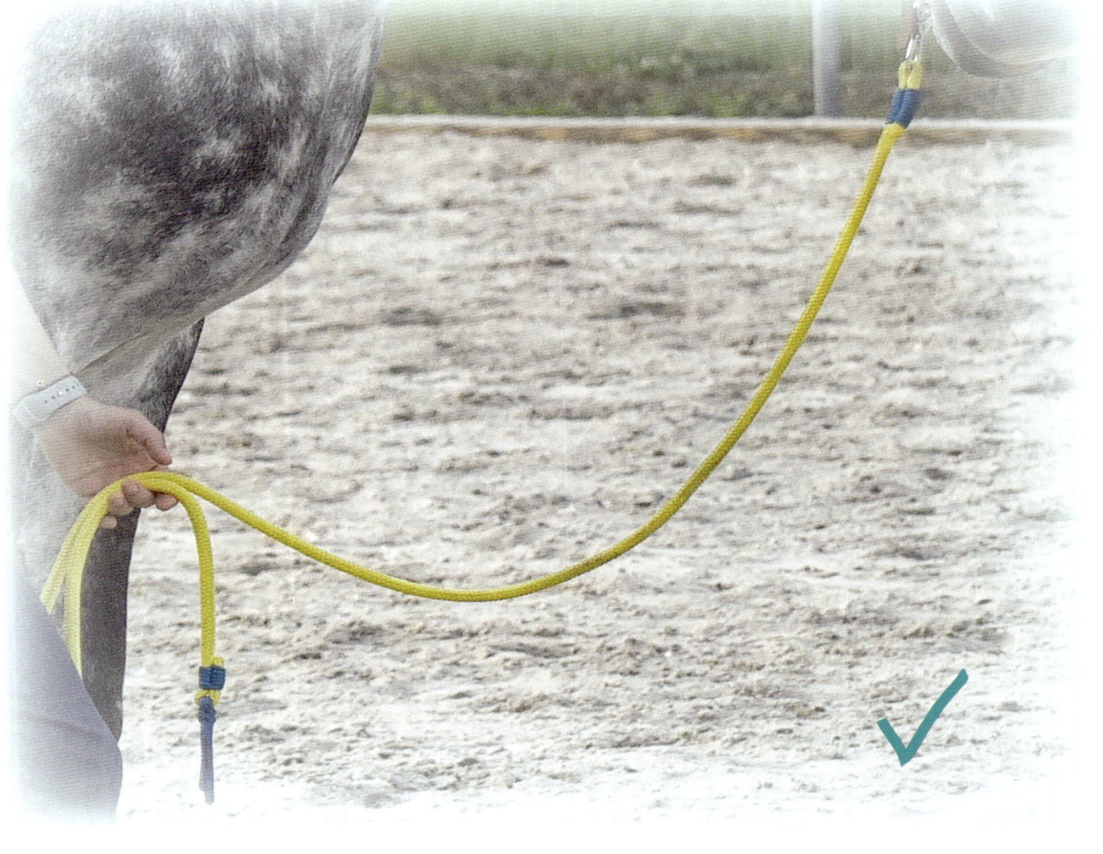

Trauriges Seil – Das Seil ist zu kurz. Das Pferd spürt bei jeder Bewegung einen leichten Impuls/Gegendruck.

Das Seil liegt in einer Schlaufe, sollte das Pferd losrennen, wird dir das Seil lediglich aus der Hand gerissen.

Kaputtlachendes Seil – Das Seil engt das Pferd zwar nicht ein, aber es ist so lang, dass es hineintreten kann.

Diese „Aufwicklung" zieht sich zu und deine Hand wäre fixiert, wenn das Pferd unerwartet losgeht.

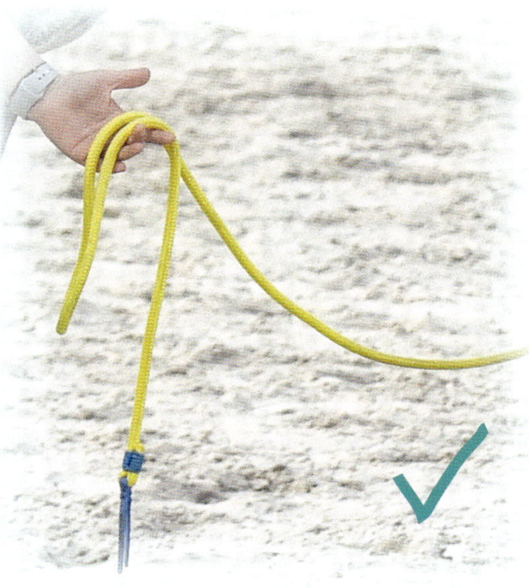

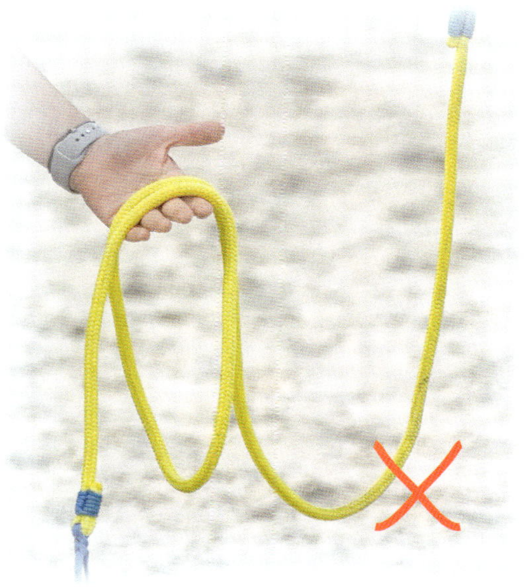

Der Blick und mein Fokus gehen nach vorne, der Körper ist noch entspannt. Galeon findet aber etwas Anderes interessanter.

Die Hand hebt sich für die erste „Vorwärts-Hilfe" und der Oberkörper geht leicht nach vorne, was Galeon mit einem Öhrchen und einer leichten Seitneigung des Kopfes honoriert.

Achte bitte auch unbedingt darauf, dass du dein restliches Seil nicht um deine Hand wickelst. Denn dann steckt deine Hand im Seil, wenn sich das Pferd plötzlich erschrecken sollte. Besser ist es, das Seil in Schlaufen aufzunehmen.

Die Gerte befindet sich stets in der anderen, vom Pferd abgewandten Hand. Hier kommt es natürlich darauf an, ob du dein Pferd von links oder rechts führst. Ich empfehle zum Anfang die Seite, mit der du dich sicher fühlst, zu wählen. Wenn alles klappt, setze deine Ideen unbedingt auch von der anderen Seite um. Denn je mehr wir unser Pferd von beiden Seiten fordern, umso besser verknüpfen sich die rechte und linke Hirnhälfte des Pferdes miteinander. Je besser die Hirnhälften miteinander verknüpft sind, umso klarer kann unser Pferd denken. Das heißt, es wird immer klüger darin, sich in Problemsituationen nicht sofort in die Flucht zu stürzen, sondern im besten Falle die Lösung seines Problems beim Menschen suchen.

Wenn die Haltung des Equipments und die Position, in der du am Pferd stehst, klar ist, nimm eine Schrittstellung neben deinem Pferd ein. Das ist sinnvoll, damit du nicht umfällst, wenn du deine Energie nach vorne zentrierst (und ja, der ein oder andere unkoordinierte Stolperer passiert).
Als nächstes hebst du deine Hand an und gibst dem Pferd mit dieser Energie und dem Gedanken an „vorwärts" den Impuls zum losgehen. Wichtig ist, dass du dabei auch nach vorne schaust, deinen Fokus also komplett dahin ausrichtest, wo du hinwillst.

Starre in diesem Moment bitte nicht dein Pferd an. Natürlich wollen wir unser Pferd bei der Übung beobachten, aber das kommt erst, wenn du sicher im Vorwärts bist. Denn so lange du deinem Pferd ins Gesicht schaust, aber ein Vorwärts haben möchtest, wird es dich nicht gut verstehen können. Wie sollt ihr gemeinsam vorwärts gehen, wenn du nicht nach vorne schaust?
Das wäre in etwa so, wie wenn dir die ganze Zeit jemand in die Augen schaut, in eine Richtung zeigt und dich dabei auch noch antreibt. Da du ja die Sprache „Bitte geh vorwärts", nicht verstehst, bist du gezwungen, die Körpersprache deines

Ich hebe die Gerte an ...

... wedele und berühre schließlich das Pferd.

Gegenübers zu deuten. Du verstehst aber kein vorwärts, weil dich die Augen deines Gegenübers fixieren und an der Stelle, an der du stehst, „festhalten". Also schaue unbedingt in die Richtung, in die du gehen möchtest, anstatt dein Pferd mit deinem Blick zu „fixieren":
Wenn ihr fleißig geübt habt und eingespielt seid, reichen die Energie und der Fokus (Blick in die Richtung, in die du gehen möchtest) darauf losgehen zu wollen und das Pferd ist bei dir und geht mit.

So, jetzt denkst du wahrscheinlich „Phantastisch, jetzt stehe ich neben meinem Pferd, bin noch nicht umgefallen, meine Hand ist erhoben, mein Denken, Fokus und Blick gehen vorwärts und mein Pferd bleibt an Ort und Stelle stehen. Was nun?" Wir brauchen eine weitere Hilfe. Also gibst du als nächstes eine Stimmsignal. Wichtig bei diesem Signal ist, dass du ein festes Kommando für „Bitte geh los!" hast, dass du nicht auch für andere Bereiche einsetzt. Bei mir ist „Bitte geh los!" ein einfaches Schnalzen. Wichtig, es bleibt auch ein einfaches Schnalzen!

Wir Menschen neigen dazu, grundsätzlich schon mal mindestens dreimal zu schnalzen zum Losgehen, fünf Mal zwischendrin und noch das ein oder andere Mal zusätzlich, schadet sicherlich auch nicht. Nein, es schadet nicht, aber je inflationärer wir mit Stimmsignalen umgehen, umso weniger Bedeutung haben sie für unser Pferd. „Ach, die schnalzt mal wieder", denkt das Pferd: „warum sie das tut, keine Ahnung, ich weiß aber definitiv, dass sie nichts von mir will." Mmh, möchten wir, dass unser Pferd denkt, dass es, wenn wir Stimmsignale einsetzen, nicht gemeint ist?
Meinen Schülerinnen sage ich häufig, wenn sie mehrmals schnalzen, dass das ok ist, wenn sie sich sicher seien, dass das Pferd sie nicht gehört hat. Das Pferd hört ähnlich gut, wie wir Menschen. Das heißt, wir können in der Regel davon ausgehen, dass es uns gehört hat. Jetzt müssen wir also dafür sorgen, dass es sich auch für dieses Signal als gegebene Hilfe interessiert. Und ja, ich weiß, dass du jetzt immer noch neben deinem Pferd stehst, die Hand erhoben- und im besten Falle einmal geschnalzt hast.

Die nächste Steigerung, um dein Pferd zum Losgehen zu bewegen, liegt in deiner anderen Hand. Hebe nun die Gerte an und berühre einmal sanft die Kruppe deines Pferdes. Bleibe dabei entspannt und positiv im Geiste.
Tippe nun mit jeder Berührung etwas fester gegen die Kruppe, so lange, bis dein Pferd losgeht. Diese Steigerung ist enorm wichtig. Ich möchte auf keinen Fall, dass du dein Pferd verdrischst, sondern es mit ruhiger und steter Hand dazu aufforderst, deine Frage nach dem Losgehen zu beantworten. Stelle dir dabei ein Metronom vor, das in einem gleichmäßigen Takt schlägt. Dieses tack, tack, tack, tack, nimmst du als Rhythmus. Tack (Berühren mit der Gerte), tack (Antippen mit der Gerte), tack (fester Antippen), tack (noch etwas fester Antippen). Wichtig ist, dass du nicht emotional wirst, ruhig bleibst und den Druck stetig und bestimmt erhöhst, bis das Tier reagiert.
Sobald es einen Schritt nach vorne macht, gehst du los und lässt im gleichen Moment die Hände sinken. Deine Führstrickhand hängt locker neben dem Körper und deine Gerte ziehst du entspannt über dem Boden hinter dir her. Einer meiner Lieblingssprüche ist: „Schmutzige Gerten sind gute Gerten!“, was bedeutet, dass du deine Gerte die meiste Zeit über nicht brauchst und sie ganz entspannt durch den Dreck ziehen kannst.
Ein weiterer Punkt, warum es wichtig ist, die Gerte locker hinter sich herzuziehen ist, dass wir dem Pferd nicht mit der ständig erhobenen Gerte drohen möchten. Schon allein die Tatsache, die Gerte oben zu halten, sorgt für eine erhöhte Spannung im Arm. Natürlich ist die Gerte nicht schwer und leicht für uns zu tragen, aber indem wir sie starr in unserer Faust halten, ist sie stets präsent. Diesen Weg vom Boden bis zum Anheben der Gerte, die minimale Anspannung im Arm also, nehmen wir uns als mögliche Hilfe weg, wenn wir nicht vollständig loslassen, sobald das Pferd reagiert.

Galeon setzt sich in Bewegung. Ich lasse sofort die Hände sinken und laufe mit dem Fokus „vorwärts” entspannt neben ihm her.

Es ist wichtig, dass du auch die Strickhand sinken lässt, denn auch diese brauchen wir nur als Hilfe zum Antreten. Sobald das Pferd die Fragestellung nach dem Losgehen mit „Ja, ich kann losgehen“, beantwortet hat, brauchen wir nicht mehr nach: „Kannst du losgehen?“ fragen, denn es hat ja bereits geantwortet.
Wenn du die Hand nicht direkt wieder sinken lässt, dann kann das fehlende Loslassen der Hilfe als eine Art Dauerfrage interpretiert werden. Stell dir vor jemand würde dir folgende Frage stellen: „Möchtest du etwas trinken?“, „Möchtest du etwas trinken?“, „Möchtest du etwas trinken?“, „Möchtest du etwas trinken?”, „Möchtest du etwas trinken?” Da du schon bei der ersten Frage „Ja!“ gesagt hast, wirst du die anderen Fragen vermutlich ziemlich dämlich finden. So geht es unserem Pferd, wenn wir Hilfen/Fragen nicht wieder auf Null setzen, wenn sie beantwortet wurden.
Was würdest du tun, wenn du dir mehrmals in einer Viertelstunde kurz nacheinander diesen Sermon an Fragen vorstellst? Richtig, vermutlich würdest du auf „Durchzug“ schalten und die Frage ignorieren. Gleiches tut unser Pferd, die Hilfe

verliert ihre Wirkung, das Pferd wird desensibilisiert. Es lernt, dass die Hilfe nichts bedeutet. Erschreckend oder? Ich finde es erstaunlich, wie schnell wir Menschen in der Lage sind, durch fehlendes Freigeben unsere Pferde zu desensibilisieren. Und ja, ich weiß aus Erfahrung, dass allein dieses „Hand runter" ein großes Learning für den Menschen darstellst. Denn du wirst nicht glauben, wie oft ich diesen Satz nach dem Losgehen meiner Schüler sage, teilweise über Wochen hinweg. Ja, wir sind gezwungen, uns in dieser Situation umzuprogrammieren und uns darin zu üben, schnell wieder loszulassen. Aber Loslassen ist schwer, Anspannung abgeben in einer Situation, in der wir schon allein durch unsere Konzentration gespannt sind, fällt uns nicht leicht. Natürlich ist es leichter, wenn man von außen darauf hingewiesen und immer wieder erinnert wird. Frage doch gerne eine Stallfreundin, deinen Partner oder Verwandte, ob sie dir helfen und dich beobachten und korrigieren können. Man muss kein Experte in Sachen Pferd sein, um eine erhobene Hand zu erkennen und den Menschen darauf hinzuweisen.
Aber auch wenn du niemanden hast, der dich unterstützen kann, gilt die Devise: Mache dir Learnings bewusst! Mit der Bewusstmachung wirst du achtsamer, mit der Achtsamkeit wirst du eventuelle Fehler aufdecken und beheben können. Mit der Zeit wirst du immer besser werden. Heute bist du nicht gut, aber morgen ein Meister in dem, was du tust. Habe Geduld und erwarte nicht zu viel von dir. Gönn dir Zeit, um alte Bewegungsmuster aufzubrechen und **ärgere dich niemals darüber, etwas „schon wieder" gemacht zu haben. Freu dich, dass du etwas „schon wieder" erkannt hast!**

Wenn ihr ein paar Schritte gegangen seid, bleibe stehen und gönne deinem Pferd eine Pause. Schaue es dabei nicht an und gehe in deinen Chillmodus. Versuche, auch deine Gedanken vom Pferd zu lösen und freue dich über deinen Erfolg.

„Stehen bleiben" denken, ausatmen, beide Hände anheben und ...

... Galeon steht. Sofort wieder die Hände absenken.

Um zum Stehen durchzuparieren, atme ich hörbar aus und hebe leicht beide Hände an. Dabei nehme ich automatisch meinen Oberkörper ein bisschen zurück, was meine Energie nach hinten lenkt. Das Pferd bleibt stehen.

Sollte dein Pferd nicht stehen bleiben, kannst du es vorne mit der Gerte begrenzen, indem du die Tür nach vorne „zumachst" und somit den Weg verschließt. Später reicht auch hier das Ausatmen als Hilfe zum Anhalten. Sollte das Pferd trotzdem nicht reagieren und an dir vorbeigehen, kannst du dir mit dem Rechts-Links behelfen. Diese Übung wird im nächsten Kapitel ausführlich erklärt.

Um erneut loszugehen, stellst du dich wieder in deine Startposition, schaust nach vorne, lenkst Energie und Fokus ins Vorwärts und gibst im Zweifelsfall die nächsten Hilfen (zeigende Hand, Stimmkommando und Gerte). Du wirst feststellen, dass dein Pferd kontinuierlich schneller auf dich reagiert und feinere Hilfen annimmt, wenn du es nach jeder guten Reaktion mit einer Pause oder dem Lösen deiner Hilfen lobst. Auch wirst du vermutlich erkennen, dass es dir immer aufmerksamer zuhört, wenn du eine Frage stellst. Manche Pferde werden sogar richtig motiviert und fragen von selbst den Menschen, was es denn als nächstes tun soll, denn es hat in diesem Falle tatsächlich verstanden, dass wir uns bemühen, „Pferd" zu sprechen.
Diesen immer gleich ablaufenden, einfachen Prozess übst du jetzt beständig weiter. Die Königsdisziplin wäre erreicht, wenn dein Pferd schon auf deine Energie und deinen nach vorne gerichteten Fokus, also auf deinen Gedanken „Kannst du bitte losgehen?", reagiert und quasi von allein losgeht, sobald du das möchtest. Du wirst sehen, dass es bei konsequenter und freundlicher Übung nicht lange dauern wird, bis dein Pferd auf diese „Königshilfen" reagiert. **Super! Freu dich über dein Ergebnis** und dass du den ersten Schritt zu einer feinen Kommunikation beim Zurücklegen gemeinsamer Wege gemacht hast. Dein Pferd geht mit dir mit, ohne dass du an seinem Kopf einwirken musst. Du kommunizierst ab jetzt automatisch bei jedem Weg, den ihr gemeinsam zurücklegt und festigst eure Beziehung.

Das kannst du dir hier auch einmal in meinen Videos anschauen, die ich für dich in Schritt und Trab gemeinsam mit Cap gedreht habe. Wie du erkennen kannst reagiert Cap auf feinste Hilfen und Signale.

Achtsames Führen mit Cap

Antraben an der Hand im achtsamen Führen

Jetzt habe ich dir beschrieben, wie eine optimale Abfolge des achtsamen Führens aussieht. Aber natürlich läuft auch hier nicht gleich alles perfekt. Was machst du zum Beispiel, wenn dein Pferd während des Gehens immer mehr hinter dir zurückbleibt? Es zwar mit dir losgeht, aber sich dann deinem Tempo nicht anpasst?
Hier gibt es zwei Möglichkeiten: Entweder der Mensch passt sich der Geschwindigkeit des Pferdes an, dann frage ich meine Schülerinnen immer gerne: „Wer bestimmst gerade das Tempo, du

oder das Pferd?“ Oder das Pferd bleibt gemächlich hinter dem Menschen zurück. In diesem Fall seid ihr zwar gemeinsam losgegangen, aber das Pferd wird immer ein bisschen langsamer, so dass du nicht mehr auf deiner optimalen Position auf Halshöhe bist, sondern deinem Pferd quasi „davonläufst“. Dieses langsame Zurückbleiben des Pferdes werte ich als Frage an mich. Konkret fragt es mich, wie viel Leistung und Mitarbeit ich von ihm erwarte.

Ich wünsche mir in der Interaktion mit dem Pferd 95–100 % seiner Aufmerksamkeit. Ich möchte, dass mein Pferd in der Position wie Galeon auf dem Bild oben, neben mir bleibt. Wird es etwas langsamer, dann lautet seine Frage an mich: „Reichen auch 90 % der Leistung?“ Wenn ich nicht reagiere, wird das Pferd noch langsamer werden und die nächste Frage stellen: „Reichen auch 80 %?“ „Was ist mit 70 %?“ „Und wie sieht es mit 60 % aus?“

Bei Betsy und mir kannst du diese Fragestellung schön erkennen.

Wie du siehst, antworte ich nicht auf Betsys Fragen und gehe einfach unbeirrt weiter. Das veranlasst sie dazu, immer weiter zu fragen und immer weniger Leistung anzubieten. Sie geht also davon aus, dass es okay ist, dass sie hinter mir zurückbleibt.

Da du in deiner „Ausprobierphase“ vermutlich unglaublich konzentriert in deiner Übung bist, hast du vermutlich erst bei 70 % oder 60 % bemerkt, dass du rechts oder links neben dir nur noch die Nase des Pferdes siehst und stellst fest, dass dein Pferd nicht mehr auf der eigentlich gewünschten Höhe ist. **Alles gut, entspann dich!**

„Reichen 80 %?“

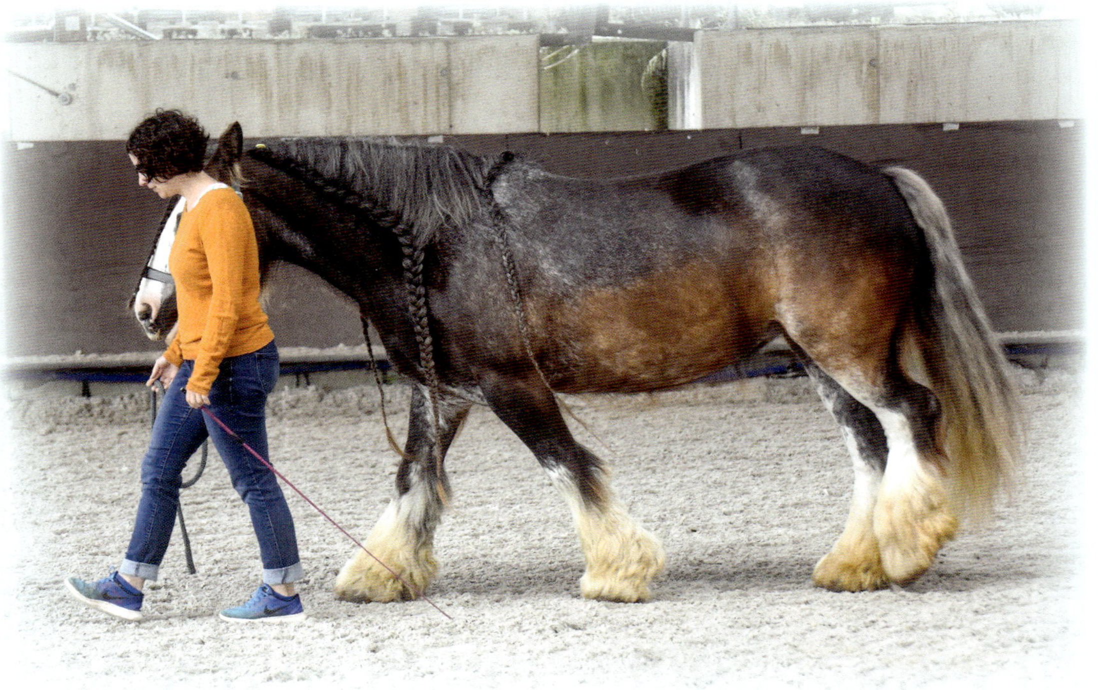

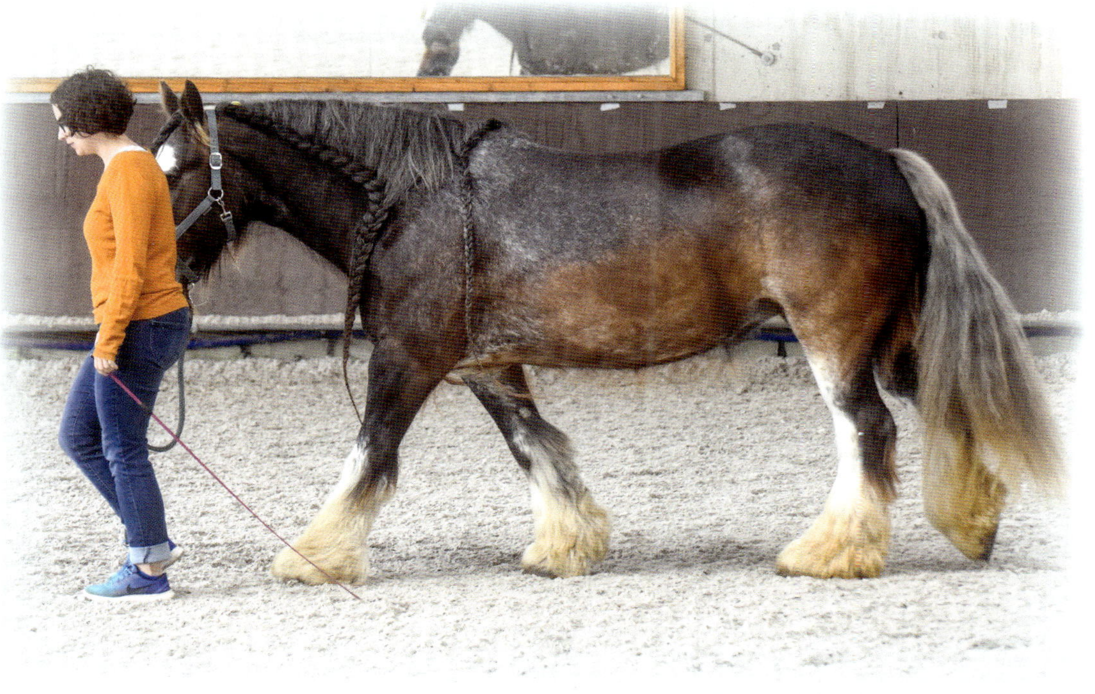

„Wie sieht es aus mit 60 %?“

„Und was ist mit 50 %? Auch noch ok?“

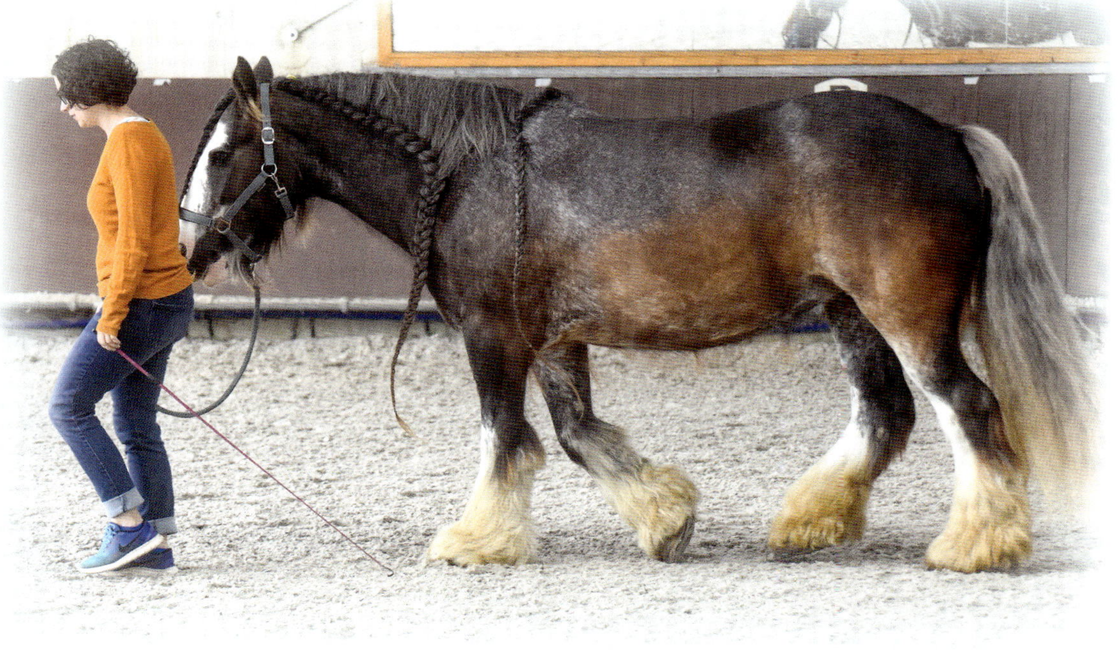

Fokus nach vorne „vorwärts“ plus Stimmsignal.

Wenn das nicht ausreicht, folgt das Tippen mit der Gerte.

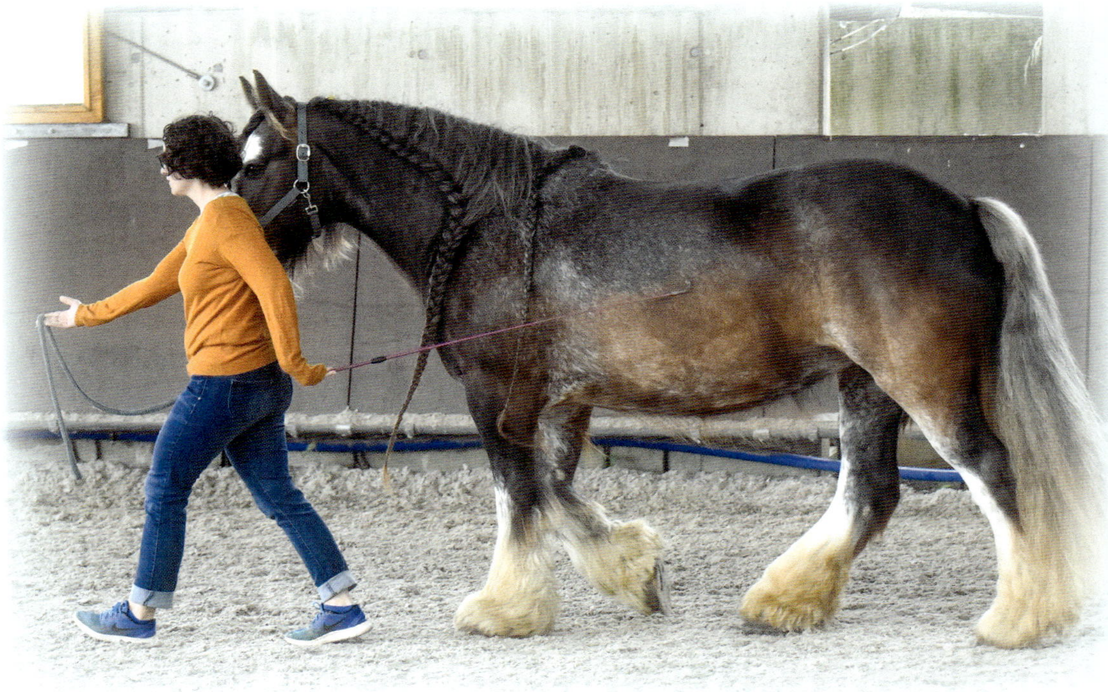

Pferde erkundigen sich teilweise so subtil, dass wir ihre Nachfragen erst bemerken, wenn sie sie schon sehr deutlich stellen. Das heißt, wenn ich bemerke, dass das Pferd langsam hinter mir zurückbleibt, dann hat es schon meist mindestens drei Fragen nach der verminderten Leistung gestellt. Bei Startern der Methode vermutlich schon mindestens fünf, bis der Mensch das „nicht Schritt halten" des Pferdes überhaupt registriert und in Folge dessen reagiert. Dieses Nachfragen bedeutet nicht, dass das Pferd keine Lust hat mit uns zusammenzuarbeiten, es ist einfach neugierig, ob wir uns wirklich konzentrieren, ob wir seine Fragen bemerken und darauf antworten. Denn warum sollte das Pferd mit seiner Aufmerksamkeit zu 100 % bei uns sein, wenn wir im Gegenzug dazu nicht bereit sind ebenfalls 100 % unserer Aufmerksamkeit auf das Pferd zu lenken. Klar, sind wir am Anfang einer neuen Methode auch ganz viel mit uns selbst beschäftigt. Das ist okay und auch gar nicht anders machbar. Denke dir in dieser Situation, dass du alle Zeit der Welt hast, dich keiner treibt und der beste Moment zur Veränderung „**Jetzt**" ist! Gönn dir die Gelassenheit, dich langsam an das achtsame Führen heranzutasten.

Wenn du jetzt dein Pferd in dieser eigentlich alltäglichen Situation genau beobachtest und seine Nachfragen erkennst, dann kannst du handeln und diese beantworten. Sobald dir also auffällt, dass dein Pferd fragt, antworte! Das machst du genau so freundlich und progressiv steigernd, wie beim Losgehen. In dem Moment, in dem du registrierst, dass dein Pferd langsamer wird, hebst du die Hand und sendest deinen Fokus „vorwärts". Anschließend gibst du ein Stimmsignal für „schneller". Funktioniert auch das nicht, hebst du die Gerte, berührst das Pferd und steigerst den Impuls. Ab dem Punkt, ab dem dein Pferd eine Reaktion auf deine Hilfen zeigt, lässt du alle Hilfen wieder los.

Es kann sein, dass dein Pferd dich am Anfang gefühlt im Sekundentakt fragt, ob weniger Leistung nicht auch reicht. Bitte ärgere dich nicht über dein Pferd, sondern beantworte ihm geduldig seine Frage mit: „Nein, das reicht nicht, ich möchte 100 %!" Ich verspreche dir, es wird besser und leichter werden, wenn du konsequent an deinem Vorhaben festhältst, konzentriert bleibst und achtsam und freundlich mit deinem Pferd kommunizierst. Natürlich fragt es dich besonders am Anfang häufiger an, weil es sichergehen möchte, dass du wirklich da bist. Es erkundigt sich quasi stets nach deiner Aufmerksamkeit. „Machst du was alleine und erwartest, dass ich hinterherlaufe, oder möchtest du etwas mit mir zusammen machen? Sind wir wirklich im Gespräch?" Wenn du vorher nicht oft den Dialog gesucht hast, dann ist es doch logisch, dass dein „neues" Verhalten für das Pferd erstmal irritierend ist. Daraus resultierend fragt es lieber noch einmal öfter nach Kommunikation und Beziehung, als es vielleicht müsste.

Was nicht passieren sollte, ist, dass dein Pferd sehr weit hinter dir zurückbleibt. Dann kannst du nämlich nicht mehr genau kommunizieren, geschweige denn dein Pferd beobachten.

Auf dem Foto siehst du, dass Betsy so weit hinter mir läuft, dass ich sie kaum noch erreichen kann. Auch kann sie sich nun selbst entscheiden, auf welcher Seite sie wieder aufschließt, wenn ich sie darum bitte, da ich sie nur schwerlich begrenzen kann.
In eben jener Situation kann es passieren, dass du das Pferd plötzlich und unerwartet auf der anderen Seite hast. Auch ist es möglich, dass du mit ihm in eine Auseinandersetzung über die Frage, auf welcher Seite es nun aufschließen soll, gerätst. Meist kannst du in diesem Moment gar nicht ruhig und fair erklären, was du denn jetzt möchtest, da du selbst überrascht wurdest. In einem solchen Fall würde ich dir empfehlen, einfach stehen zu bleiben und noch einmal von vorne zu beginnen. Stell dich wieder auf deine Startposition, lächeln nicht vergessen und einfach wieder loslegen.

Bitte wundere dich nicht, wenn an einem Tag deine Fragen mit einer super feinen Kommunikation beantwortet werden und du am nächsten Tag das Gefühl hast, du fängst wieder bei null an, obwohl dein Pferd die Übung doch eigentlich schon kennt und gut verstanden hat.

Wenn wir es zulassen, haben wir häufig Momente der innigen Zweisamkeit.

Hier haben wir ein Problem, das häufiger auftritt als du dir wahrscheinlich vorstellen kannst. Der Mensch neigt in solchen Situationen des Öfteren dazu, diesen „Ungehorsam“ des Pferdes negativ zu bewerten. Hier sind wir dann schnell wieder bei den typischen Glaubenssätzen von „Setz dich durch!“ oder „Dein Pferd verarscht dich doch!“
Ich hoffe feste, dass du dank deines Mindsets pro Pferd nicht in diese Falle tappst, sondern erst einmal in dich gehst und die Situation reflektierst, wenn du merkst, dass es heute mit den Übungen überhaupt nicht klappt.
Geht es dir gut? Bist du mit einem entspannten Mindset zu deinem Pferd gekommen? Warst du fair und freundlich bei deinen Fragen, oder warst du

Was für ein Glück, dass unsere Pferde so unfassbar neugierig sind und aktiv den Kontakt zu uns Menschen suchen.

schnell genervt, dass dein Pferd nicht so reagiert hat, wie du es dir vorgestellt hast? Hast du die Frage einfach genug gestellt und die richtige Antwort des Pferdes direkt belohnt?
Fühle in dich hinein und beantworte dir ehrlich, wie es in dir aussieht. Wenn du einen Punkt findest, an dem du es besser machen kannst, dann drücke deinen persönlichen „Reset-Knopf", atme noch einmal tief durch, lächle und starte von vorne. Denn nur, weil wir den Weg, wie man zu einer schönen Beziehung mit dem Pferd kommen kann, erahnen können, heißt es nicht, dass es uns jeden Tag gelingt, diesen Raum des Verständnisses und der Liebe zu betreten.

Wenn du aber sagst, dass du völlig tiefenentspannt und voller Liebe bist, dann schaue dir die andere Seite der Medaille an und beobachte dein Pferd genauer. Wie ist das Ohrenspiel des Pferdes, wenn du es fragst? Blinzelt dein Pferd noch regelmäßig? Wie sieht die Maulpartie aus? Macht dein Pferd auf dich heute einen schlappen Eindruck? Wirkt es ausgeglichen oder hat es vielleicht irgendein Problem? Konnte es sich heute schon austoben oder hat es einen großen Bewegungsdrang, so dass es sich einfach grade nicht konzentrieren kann? Gehen ihm die vielen Insekten auf die Nerven?
Höre deinem Pferd zu. Und wenn du das Gefühl hast, dass dein Pferd heute einfach nicht fit ist

und ihr nicht zueinander findet, auch in Ordnung. Es ist okay, auch mal einen Tag Pause zu machen und die Einheit abzubrechen.

Vielleicht denkst du jetzt, wenn du von deinem Pferd nicht forderst, dass es reagiert und mitarbeitet, dann wird es immer „fauler“ werden und dann jedes Mal sagen, dass es nicht mitarbeiten möchte. Da kann ich dich beruhigen, denn dein Pferd ist dein Freund und gute Freunde nutzen einander nicht aus. Du wirst wahrscheinlich sogar feststellen, dass es beim nächsten Mal noch motivierter mitarbeitet, weil es gemerkt hat, dass du ihm zuhörst und auf seine Bedürfnisse achtest und reagierst.

Damit möchte ich jedoch nicht sagen, dass du dein Pferd beim kleinsten Zeichen von Unmut gleich wegstellen sollst. Wichtig ist es die Balance zu finden. Natürlich machen oder erbitten wir manchmal Dinge von unserem Pferd, die ihm schwerfallen. Natürlich wird es dann auch einmal seinen Unmut kundtun. Und ja, dann ist es okay, weiterzumachen und nochmal zu fragen. Wichtig ist, dass du dein Mindset und das Pferd immer mit einem wachen Auge beobachtest, denn dann ist die Wahrscheinlichkeit, dass du unfair oder grob zu deinem Pferd wirst, sehr gering.

Auch hier möchte ich dir gerne noch ein kleines Beispiel geben. Als ich angefangen habe, mit meinem Herzenspferd zu arbeiten, wollte es mich nie auf seiner rechten Seite akzeptieren. Die Vermutung liegt also nahe, dass es bisher nie von der rechten Seite aus gearbeitet wurde und das Pferd den Menschen in der Arbeit nur von seinem linken Auge her kannte. Jedes Mal, wenn ich mich auf seine rechte Seite gestellt habe, schob Chex sich immer wieder geschickt hinter meinem Rücken so hin, dass er mich wieder auf seiner linken Seite hatte. Da ich auch nur ein Mensch und genau wie du auf dem Weg bin, mich stetig weiter zu entwickeln, fällt es mir nicht schwer zuzugeben, dass ich mich das ein oder andere Mal über dieses Verhalten geärgert und mir gedacht habe, dass das, was ich frage, doch nun wirklich nicht so schwer ist, dass er diese

Lass uns ein Stück zusammen traben!

Ich finde, das haben wir zwei echt gut gemacht!

Frage nicht beantworten kann. Aber dank der Besinnung auf mein Mindset und das Wissen, dass negative Emotionen in der Arbeit mit dem Pferd keinen Platz haben, erkannte ich das Problem als unsere nächste „Challenge" und freute mich darüber. Denn da wo sich ein Problem auftut, da haben wir Grund und Möglichkeit an den Lösungen und unserer Beziehung zueinander zu arbeiten. Ganz nebenbei wachsen wir enger als Team zusammen. Also fragte ich ab jetzt regelmäßig seine rechte Seite an. Klar war er darüber nicht erfreut und natürlich versuchte er weiterhin, mich auf dieser Seite zu vermeiden. Ich sagte mir: „Ich frage dich nur eine oder zwei kurze Führdistanzen mit großzügiger Pause auf der rechten Seite, dann hören wir auf." Beim nächsten Mal habe ich dann etwas länger gefragt oder etwas öfter. Immer mit Blick auf seine Komfortzone haben wir mit der Zeit die Dauer erhöht.

Ich habe den Moment total gefeiert, als er das erste Mal beim Stehenbleiben nicht gleich den Kopf hinter meinem Rücken durchgeschmuggelt hat, um mich wieder auf seiner linken Seite zu haben.

Wie du siehst, habe ich wahrgenommen, dass er mich auf dieser Seite nicht so gerne haben möchte, aber andererseits auch von ihm erwartet, dass er mir eine Chance gibt, ihn beidseitig zu trainieren. Natürlich braucht das Zeit, aber wir sind mittlerweile so weit, dass er mich komplett auf seiner rechten Seite akzeptiert und sich dabei auch entspannen kann. Viele Übungen fallen ihm nach wie vor auf der rechten Seite schwerer, aber da ich das weiß, frage ich immer nur das, was er geben kann, locke ihn aus seiner Komfortzone heraus, feiere sein Engagement und freue mich über unsere gemeinsamen Erfolge.

Zurück zu der oben beschriebenen Führübung.
Ja, ich weiß, dass du dein Pferd führen kannst und dass du mit Sicherheit keine Schwierigkeiten dabei hast. Aber nur, weil wir kein Problem in einer Situation haben, heißt das nicht, dass wir sie nicht doch noch optimieren können.
Wenn ich im Garten in der Sonne sitze, habe ich kein Problem, aber es würde mir besser gehen, wenn mein Mann mir noch eine kalte Cola und ein gutes Buch bringt.
An dieser Stelle möchte ich dich einladen, dich und dein Verhalten zu reflektieren. Gib dem achtsamen Führen eine Chance. Probiere die beschriebenen Schritte aus und wenn du wieder zu Hause bist, überlege dir, ob das Führen wie immer war. Hattest du das Gefühl, dass sich dein Pferd schon auf deine Energie hin bewegt? Wie schnell ist dir der Versuch deines Pferdes, deine Frage zu beantworten, aufgefallen? Fand es die Trainingseinheit gut, oder war es genervt oder gelangweilt? Klappte das Führen besser als sonst? Konntest du die ganze Zeit mit deiner Konzentration beim Pferd bleiben? Wie geht es dir nach einer Einheit mit dem Pferd, in der du dich bemüht hast, dich zu 100% auf deinen vierbeinigen Freund zu konzentrieren? Hattest du Spaß?

Ich denke nach jeder Einheit über diese nach. Ich lasse alles Revue passieren und überlege, was ich hätte anders machen können, wo ich nicht fein genug und vielleicht sogar unfair zu meinem Pferd war. Dann denke ich mir: „Okay, heute war nicht so gut, morgen kann ich es besser!“ Auf der anderen Seite freue ich mich aber auch, wenn das Pferd super mit mir zusammengearbeitet und alles auf Anhieb oder mit nur feinen Hilfen geklappt hat. „Wow, wir sind auf einem guten Weg!“

Ein zweiter Punkt, der für das achtsame Führen spricht, ist die Tatsache, dass Achtsamkeit in den Grundlagen und Selbstverständlichkeiten uns auf dem Weg in das Herz der Pferde helfen kann. Wenn wir uns ab dem Punkt, an dem wir das Pferd erspähen, voll und ganz auf es konzentrieren, und die ganze Zeit voller Freude und Liebe bei ihm sind, dann haben wir automatisch einen ganz anderen Umgang.
Ich bitte mein Pferd mit mir mitzukommen und ziehe es nicht am Strick hinter mir her. Ich habe schon einige Pferd-Mensch-Paare kennenlernen dürfen, die, sobald sie die Grundlagen noch einmal ganz neu angefangen haben, auch in anderen Bereichen weniger Schwierigkeiten miteinander hatten. Es ist nur wichtig, an der neuen Achtsamkeit festzuhalten und nicht gleich wieder in gewohnte Muster und Abläufe zu verfallen, wenn etwas besser funktioniert als vorher.

Zum Abschluss dieses Kapitels möchte ich dich noch auf die Synchronität der Bewegungen zwischen mir und den Pferden hinweisen. Wenn du dir die oben gezeigten Bilder mit Galeon anschaust, wirst du vielleicht feststellen, dass die Beinwinkel von Galeon und mir sehr ähnlich sind. Wir also im Gleichklang unterwegs sind. Auch wirst du feststellen können, dass Galeons Ohren eine konzentrierte Haltung haben. Ich finde, man kann sehen, dass wir miteinander im Dialog sind, dass uns ein feines Band der Beziehung umgibt.
In der Synchronisation unserer Bewegung liegt ein unglaubliches Geschenk des Pferdes. Das Pferd ist so konzentriert auf mich und meine Bewegung, dass es sich anpasst, dass es seine Vorderbeine bewegt wie ich meine bewege, im gleichen Rhythmus, in gleicher Geschwindigkeit, im absoluten Einklang treten wir gemeinsam auf und rollen ab. Im Schritt, wie im Trab.

Ich bin physisch wie mental gar nicht in der Lage dazu, meine Bewegungen an die des Pferdes anzupassen. Dafür bin ich zu konzentriert auf meinen restlichen Körper, auf mein Mindset, meine

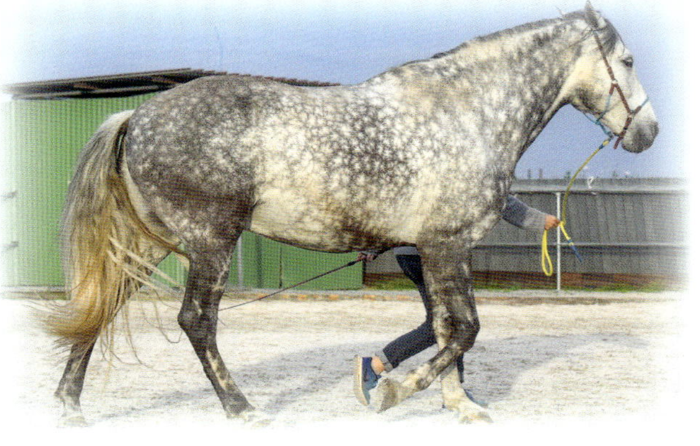

Galeon macht mir ein großes Geschenk, indem er sich mit meinen Bewegungen synchronisiert.

Ziele, meine Fragen. Aber das Pferd, das in diesem Moment meine Sprache versteht, passt sich an. **Macht mir das Geschenk, dass es sich in all seiner Bewegung auf meine Bewegungen einlässt, es synchronisiert sich mit mir.** Eine Gabe, die nur das Pferd hat. Meine Fotografin meinte zu mir, dass die Bilder in der Bewegung so harmonisch aussehen, als hätten wir sie gestellt. Aber wie stellt man Bilder mit Pferden in Bewegung? Richtig, gar nicht.

Mir war schon bewusst, dass ich ab und an mit Pferden im „Gleichschritt“ unterwegs bin, da ich schon das ein oder andere Mal aufgenommen oder fotografiert wurde, aber bei den aktuellen

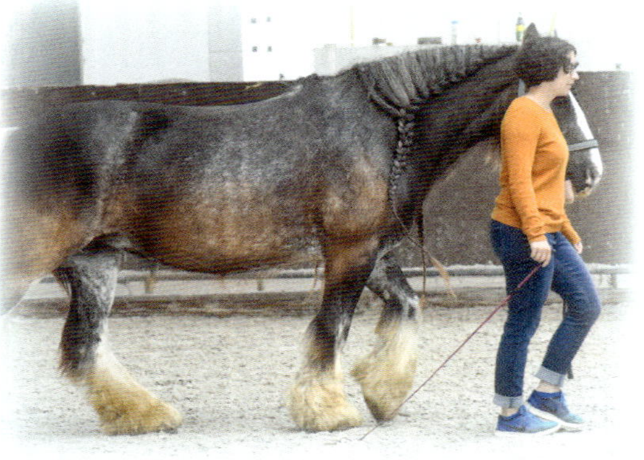

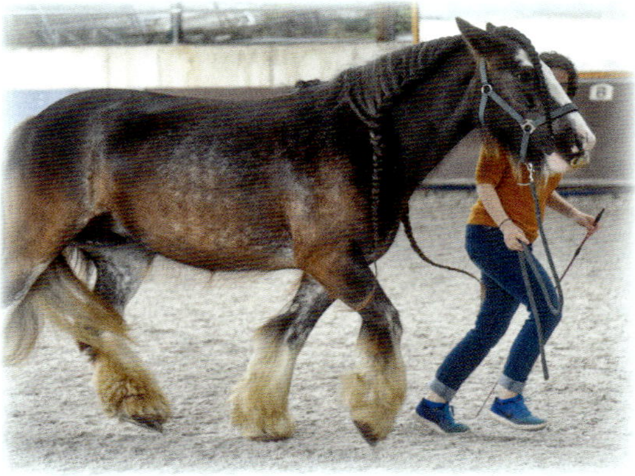

Auch Betsy passt sich in unserer Führsequenz meinen Bewegungen an und ist mit den Öhrchen bei mir. Das Band der Beziehung ist zu sehen. Wie dir vielleicht aufgefallen ist, fehlt diese Synchronisation in den Bildern, in denen sie mich nach der Mitarbeit fragt. Keine Antwort auf ihre Frage = keine Verbindung.

Fotoserien von Irena wurde es mir erschreckend bewusst, denn 80–90 % der Aufnahmen, die wir an diesen Tagen gemacht haben, zeigen diesen Einklang, diese Harmonie der Bewegungen von Mensch und Pferd. Allein diese Sätze hier zu schreiben berührt mich und sorgt für eine Gänsehaut. Zudem empfinde ich eine tiefe Dankbarkeit gegenüber diesen wundervollen Tieren.
Pferde geben uns so viel, machen uns so viele Geschenke!

Sei aufmerksam für die Geschenke und Liebenswürdigkeiten, die unsere Pferde uns zu Teil werden lassen. Es ist immer richtig, sich von Herzen darüber zu freuen, so wie ich mich wie ein Kleinkind über die Fotos gefreut habe, weil sie mir diesen Umstand, der mir bis dato gar nicht so bewusst war, noch einmal ganz klar vor Augen geführt haben. Du siehst, auch ich lerne immer wieder dazu und bin noch lange nicht achtsam genug, diese wundervollen Aufmerksamkeiten unserer Pferde jedes Mal zu erkennen.

Eine absolute Power-Übung:

Das Rechts-Links!

Das Ziel einer jeden Interaktion mit dem Pferd ist sein Interesse beziehungsweise seine Aufmerksamkeit zu erwecken und diese dann auch zu behalten. Pferde sind sehr schnell abgelenkt, wir müssen also aktiv etwas dafür tun, dass sie sich für uns interessieren.
Wir Menschen können es uns leisten, uns ganz besonders intensiv auf eine einzige Sache zu konzentrieren. Pferde können das nicht, denn sie müssen wesentlich wachsamer sein als wir und nehmen daher jegliche Veränderungen in ihrer Umgebung wahr.[22]
Gelingt es dir nicht, die Aufmerksamkeit deines Pferdes zu bekommen oder auch sie über einen längeren Zeitraum zu behalten, dann ist es sinnvoll, eine Strategie zu kennen, wie man das Interesse des Pferdes zurückerlangen kann.
Hier empfiehlt sich eine wunderbare Übung, die ich von Stefan Valentin, gelernt habe. Man findet sie auch in seinem Buch „Feine Sprache" erklärt. Ich habe mich ganz besonders intensiv mit dieser Übung auseinandergesetzt und möchte dir hier alle Feinheiten und Facetten erläutern.
Das Rechts-Links ist eine super Power-Übung, weil sie einen wesentlichen Bestandteil der Basiskommunikation darstellt.

Wie zu Beginn erwähnt, ist es für die gemeinsame Kommunikation unverzichtbar, dass das Pferd sich für uns und unsere Bewegungen interessiert. Aber wie erreiche ich das? Dass es sich so sehr dafür interessiert, was ich tue, dass es mir vielleicht sogar folgen möchte, denn es fühlt sich gut an, in meiner Nähe zu sein. Hier ist die Rechts-Links Übung ideal. Denn sie dient zum einen dazu, eine solide Basis in der Beziehungsarbeit und gemeinsamen Kommunikation zu schaffen und zum anderen ist sie die Übung, die wir immer wieder anfragen können, wenn es irgendwo Schwierigkeiten gibt. Sie hilft uns also stets eine verlässliche Ausgangssituation herzustellen, bei der wir dann wieder von vorne anfangen können. Demnach ist sie Beziehungsbooster, sicherer Hafen und rettender Anker in einem. Jetzt denkst du dir wahrscheinlich, ne ist klar, eine Übung, die mir alles erleichtern soll.
Ja, definitiv! Wenn diese Übung perfekt im Pferd-Mensch-Team etabliert ist, wirst du sie nicht mehr missen möchten und kannst mit ihrer Hilfe sogar auf weite Distanz nach der Aufmerksamkeit deines Pferdes fragen.

Beim Rechts-Links bewegen wir uns in einem Halbkreis um das Pferd herum Richtung Kruppe, mit dem Ziel, dass es uns mit der Vorhand folgt. Jean-François Pignon hat in seinem Kurs gesagt:

„Ein Pferd, dass dir seine Vorhand gibt, gibt dir sein Herz!"

Dies ist eine äußerst treffende Beschreibung für das, was hier passiert und macht auch deutlich, wie viele Schichten diese Übung birgt. Da ich gerne in Bildern schreibe, möchte ich auch hier meine Vorstellung mit dir teilen. Wir stellen uns die gesamte Übung „Rechts-Links" als eine dicke Gemüsezwiebel vor, von der wir mit jeder neuen Erklärung eine weitere Schicht abnehmen und dadurch ein immer tieferes Verständnis für den Sinn dieser Übung bekommen.
Das Pferd soll meiner Bewegung mit seiner Vorhand folgen. Ich weiß, diese Erklärungen sind im Moment alle noch sehr theoretisch. Wenn du

22 vgl. Horse Brain – Human Brain S. 239

Ein Pferd, das gelernt hat, mir aktiv mit dem Kopf zu folgen, ist ein aufmerksames und sicheres Pferd.

ein paar Seiten weiter blätterst, findest du die komplette Übung noch einmal ganz genau, Schritt für Schritt erklärt, so dass du sie gut verinnerlichen kannst.
Mit der aktiven Vorhand sind wir bei der nächsten Schicht unserer Zwiebel, denn das Pferd bewegt seinen Kopf immer in meine Richtung. Dieses Folgen des Kopfes birgt weitere Vorteile: Wenn mein Pferd physisch bei mir bleibt und mir immer seinen Kopf zuwendet, dann habe ich einen großen Sicherheitsfaktor hinzugewonnen. Denn es dreht mir nicht den Hintern zu, der definitiv potenziell gefährlicher für mich ist. Wenn also das Pferd dazu neigt, uns immer den Kopf zuzuwenden, wenn wir stehen bleiben, oder eine Übung beenden, dann haben wir stets die Gewissheit, dass es bei uns ist. Zumindest physisch ist der Kopf bei uns.
Als nächstes möchten wir erreichen, dass sich das Pferd für uns und unsere Bewegungen interessiert, also auch psychisch bei uns „eincheckt". Es lernt vor allem durch diese Übung, dass wir zielgerichtet mithilfe unseres Körpers und unserem Fokus mit ihm reden können, wenn wir uns bewegen. Wir sagen ihm also: „Sei wachsam und konzentriere dich auf meine Bewegungen. Meine Bewegungen sind wichtig für dich!"

Funktioniert die Sache mit dem Folgen des Kopfes, dann nehmen wir eine weitere Schale unserer Zwiebel ab und erwarten nun, dass uns das Pferd mit seinem Kopf blockiert. Die Übung endet also, wenn unser Pferd uns „gecuttet" hat. Dies räumt dem Pferd ein Mitbestimmungsrecht ein, denn es kann selbst entscheiden, wann die Übung vorbei ist. Je schneller es reagiert und den Menschen in

seiner Bewegung stoppt, umso eher hat es wieder eine Pause und kann in den Chillmodus wechseln. Auch verändern wir in dieser Art der Kommunikation das Interesse des Pferdes an der Übung. Denn nun soll es nicht mitmachen, um „Schaden“ von sich abzuwenden (kein Touchieren der Hinterhand), sondern es darf uns stoppen. Demnach ändert sich seine Motivation weg vom Verhindern einer Aktion hin zum aktiven Stoppen des Menschen. Wenn die Pferde diese Mitbestimmung einmal verstanden haben, dann haben sie nochmal mehr Freude daran, ihren Menschen nicht mehr aus dem Auge zu lassen, denn es kann ja sein, dass sie die Übung beenden können und damit den für sie besten Zustand, der Ruhe und Entspannung, selbst herstellen.
Wenn wir also das Rechts-Links als vollständige Übung etabliert haben, erreichen wir folgenden Nutzen:

- Das Pferd wendet uns stets aktiv seinen Kopf zu (physisch)
- Das Pferd interessiert sich für uns und unsere Bewegungen/Körpersprache (psychisch)
- Es lernt, dass es uns stoppen kann (Mitbestimmungsrecht/Motivation)
- Wir können das Pferd zum Spielen einladen (es hat Spaß)
- Das Pferd kann aus jeder Situation über den Blick/Fokus auf die Flanke eingeladen werden uns zu folgen oder auf uns zuzugehen.

In letzter Zeit wurde ich in der Diskussion mit anderen Pferdemenschen bezüglich dieser Übung häufig gefragt, wo denn der Unterschied liegt, ob ich mein Pferd mit der Hinterhand weichen lasse und es mir dann den Kopf automatisch zuwendet, oder ob es mir mit der Vorhand folgt.

Ich finde, da gibt es einen sehr großen Unterschied! Wenn ich die Hinterhand weichen lasse, dann dreht sich das Pferd um die hintere Achse, dadurch muss es automatisch auch die Vorhand bewegen und den Kopf in meine Richtung bringen. Diese Bewegung entsteht aus dem Grundsatz heraus, dass ich die Hinterhand von mir wegschicke. Aus „Hinterhand beweg dich weg“, kommt die Vorhand zu mir.
Beim Rechts-Links aber möchte ich über meinen Blick auf die Hinterhand **aktiv** die Vorhand zu mir fragen. Das Pferd soll mir mit seinen Bewegungen folgen, es soll zu mir kommen, den Kopf eifrig in meine Richtung bringen und zu mir hindenken. Ich möchte den Kopf des Pferdes nicht als Nebenprodukt einer Übung bei mir haben! Ich möchte, dass es bemüht ist, mir mit seinem Kopf zu folgen, weil es weiß, dass es schön bei mir ist, dass es sich lohnt, bei mir zu sein, sowohl physisch als auch psychisch!

Genug der Theorie, lass uns in die Übung etablieren: Stelle dir das Zifferblatt einer Uhr vor. Ich stehe frontal vor dem Pferd auf 12 Uhr. Und kann links auf 3 Uhr und rechts auf 9 Uhr schauen. Diese „Zielzahlen“ sind jeweils ein Viertel Kreis von mir entfernt.

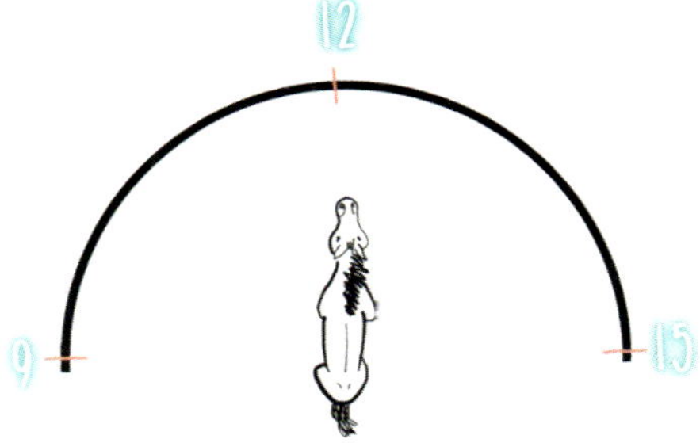

Dann entscheide ich mich für eine Seite des Pferdes und stelle mich mit der Schulter zum Pferdekopf hin auf.
Als erstes blicke ich nun mit klarem Fokus Richtung Flanke des Pferdes. Denn wir möchten ja gerne, dass unser Pferd schon auf möglichst feine Hilfe reagiert und wir möchten auch hier mit der freundlichsten Frage anfangen. Später wirst du feststellen, dass der Blick alleine reicht, um dein Pferd zu bewegen.

Dein Pferd wird sich vermutlich nicht angesprochen fühlen, daher beginnst du jetzt den Halbkreis auf der Uhr entlangzugehen Richtung 3 oder 9. Es ist an dieser Stelle nicht notwendig sich raubtierhaft anzuschleichen, oder besonders energiegeladen zu gehen. Bleibe locker im Körper und klar fokussiert im Geiste.

1. Hier siehst du die Ausgangsposition: Ich stehe im Chillmodus frontal vor Galeon.

2. Ich entscheide mich für die linke Seite, drehe mich dementsprechend dort hin und schaue bereits auf Galeons Flanke, wie du an der leichten Kopfneigung erkennen kannst.

3. Ich gehe langsam los. Blick und Fokus bleiben klar, meine Körperhaltung entspannt. Galeon hat bisher kein Interesse an mir.

4. Ich setze meinen Weg unbeirrt fort. Dabei mache ich mir keinerlei Gedanken, wann oder ob Galeon reagiert. Das Seil liegt ganz locker in meiner Hand. Ich gebe keinerlei Impuls am Kopf.

5. Ab dem Moment, an dem ich circa 1/8 meines Kreises beschritten habe, reagiert Galeon. Er nimmt die Ohren zurück, konzentriert sich auf mich und setzt sich mit dem rechten Vorderbein in Bewegung.

6. Galeon folgt mir weiterhin mit der Vorhand, seine Aufmerksamkeit liegt bei mir.

7. Nun kreuzt er sogar die Vorhand, um mir schneller folgen zu können, jetzt hat er mich fast blockiert.

8. Galeon bringt seinen Kopf vor meinen Körper und „cuttet“ mich damit. Die Übung ist zu Ende. Ich bedanke mich für seine Mitarbeit mit einer Pause.

9. Auch für die rechte Seite haben wir ein paar Bilder für dich gemacht: Startposition für die rechte Seite.

10. Der Oberkörper neigt sich leicht nach vorne, Blick und Fokus wenden sich der Flanke zu.

11. Galeon reagiert jetzt viel schneller, nämlich schon bei meinem ersten Schritt, den ich auf meinem Halbkreis mache.

12. Er beeilt sich, mir mit der Vorhand zu folgen ...

13. ... und blockiert mich sehr zügig in meiner Bewegung. Danke und Pause.

Im Anschluss kannst du dir die Rechts-Links-Übung mit Galeon und mit Nero, der zum ersten Mal diesen Bewegungsablauf macht, im Video anschauen.

Galeon

Dem Profi über die Schulter schauen

Nero rechts-links

Der erste Versuch verknüpft mit ersten Erkenntnissen

Nun weißt du, wie die Übung im Idealfall aussehen würde und wie ein Pferd sie erlernen kann.

Bitte denke daran, dass du während deiner Einheit die ganze Zeit ruhig und entspannt bleibst. Baue keinen Leistungsdruck, weder an dich, noch an dein Pferd gerichtet, auf, sondern probiere dich aus. Wie reagiert dein Pferd auf deine Bewegung? Ist es interessiert oder ist ihm völlig egal, was du da gerade versuchst?
In den meisten Fällen bist du voller Euphorie im Herzen, eine schöne Übung zu etablieren, losmarschiert, hast das Seil lockergelassen und die Flanke fokussiert und musst nun feststellen, dass du quasi schon an der Flanke angekommen bist, ohne dass dein Pferd sich für dich interessiert.
Sei nicht entmutigt! Ich bin mir sicher, dass die meisten Pferde erst einmal nicht reagieren werden, weil sie gelernt haben, dass sie den Bewegungen des Menschen nicht viel Bedeutung beizumessen brauchen, da die Menschen ja eh die meiste Zeit des Tages mit ihrem Körper nur „kauderwelschen". Sie können nichts verhindern, was vielleicht kommen wird, weil der Mensch oftmals nicht vorhersehbar handelt. Also warum sollte das Pferd überhaupt versuchen, etwas Unberechenbares zu berechnen?
Auch dein Pferd muss erst einmal verstehen und lernen, dass du plötzlich versuchst „Pferd" zu sprechen. Gib dir und ihm die Zeit und Geduld, die es dafür braucht, mit all den Verständigungsproblemen, die das plötzliche Sprechen auf einer Fremdsprache mit sich bringt. Lache wenn etwas gar nicht funktioniert, freue dich, wenn dein Pferd dich versteht, aber sei nicht traurig, wenn es nicht weiß, was du von ihm möchtest. „Pferd" lernen ist ein Prozess, ein weiter Weg der Erkenntnis, den ihr gemeinsam erfolgreich gehen werdet. Du machst gerade die ersten Schritte und da es schon bald zu einer Verständigung zwischen euch kommen wird, bin ich mir sicher, dass du diesen Weg immer weiter gehen wirst!
Sicherlich konntest du mit dem achtsamen Führen schon relativ schnell erste Erfolge erzielen. Hast du dir dafür eigentlich schon einmal auf die Schulter geklopft? Gehe mit der gleichen Gelassenheit auch an diese Übung heran. Habe den Mut es zu versuchen und immer wieder aufzustehen, wenn du scheiterst. Freue dich, dass du lernst, dass dein Pferd lernt und dass ihr gemeinsam zu einem Dream-Team zusammenwachsen werdet.

Aber was kannst du jetzt konkret machen, wenn dein Pferd nicht so reagiert, wie es Galeon auf den Fotos tut?

Auch hier möchte ich dich natürlich nicht alleine lassen und gebe dir ein paar Tipps. Ich weiß, dass es schwierig sein kann, neue Übungen alleine zu etablieren. Denn wenn der Anfänger-Mensch gemeinsam mit dem Anfänger-Pferd etwas Neues erlernen möchte, gibt es viele Unsicherheiten zu bewältigen. Zum einen ist sich der Mensch selbst nicht ganz so sicher, ob er die Übung wirklich verstanden hat und weiß wie sie auszuführen ist und dann kommt noch das Pferd hinzu. Wann ist

Nähe und Vertrauen entstehen schnell, wenn das Pferd versteht, dass wir berechenbar sind. Wenn wir unsere Emotionen kontrollieren können und fair bleiben, rücken wir dem Herzen unserer Pferde jeden Tag ein Stückchen näher.

der richtige Zeitpunkt für die Pause? Wie weit gehe ich, wenn ich die Übung ganz neu etabliere? Wie viel Bewegung des Pferdes reicht als Antwort aus? Welche Bewegung des Pferdes ist die richtige Antwort? Was mache ich, wenn mein Pferd vorwärts läuft statt seitwärts?

All das sind Fragen, die auch ich mir gestellt habe, als ich die Übung zum ersten Mal gelesen und ausprobiert habe. Mein Pferd und ich sind mit dieser Übung nicht so richtig zurechtgekommen, weil auch ich als Anfänger sie nicht wirklich verstanden hatte. Ich hatte jedoch das große Glück, dass ich all meine bis dato aufgekommenen Fragen bei Stefan loswerden konnte.

So richtig verstanden habe ich die Übung aber erst, nachdem ich sie über ein Jahr selbst lehrte. Sowohl Anfänger-Pferden, als auch Anfänger-Menschen. Wobei ich nicht ausschließen möchte, dass ich in den nächsten Jahren ein noch tieferes Verständnis für sie entwickeln werde und mich das ein oder andere Pferd-Mensch-Team, mit dem ich in Zukunft noch zusammenarbeiten darf, neue Facetten dieser Übung lehrt.

Um dir aber die größtmögliche Sicherheit zu geben, werde ich im Folgenden versuchen, dir jetzt all diese möglichen Probleme aufzulösen und zu erklären, damit du hoffentlich diese wunderbare Übung in dein Repertoire aufnehmen und sie genau so begeistert nutzen kannst wie ich.

Daher als erstes die Anleitung, was zu tun ist, wenn du zwar einen formvollendeten Viertelkreis mit Blick auf die Flanke deines Pferdes gegangen bist, dein Pferd aber nicht mal mit der Wimper gezuckt hat.

Spätestens wenn du bei einer der gedachten Zahlen angekommen bist oder dich in etwa auf Höhe der Sattellage des Pferdes befindest, ohne dass sich dein Pferd bewegt hat, dann touchiere es sanft mit der Gerte an der Flanke. Touchiere so lange mit steigender Intensität (denke an die Eskalationsstufen) weiter, bis du eine Bewegung erhältst. Gehe sofort in die Pause, nachdem dein Pferd dir geantwortet hat. Auch wenn die Antwort deines Pferdes in diesem Falle noch nicht viel oder auch gar nichts mit der gewünschten Übung zu tun hat, belohnst du es für jede Bewegung. Das mag zuerst paradox klingen, dass wir das Pferd belohnen, auch wenn es nicht die richtige Antwort „geliefert" hat. Aber das ist es ganz und gar nicht! Auch hier ist es der Weg der Zeit, der Geduld und der Liebe, den wir gehen.

Stell dir vor, du fragst deine beste Freundin, ob sie etwas trinken möchte. In dem Moment, in dem du sie ansprichst, ist sie komplett in Gedanken versunken und scheint überhaupt nicht mitzubekommen, dass du sie gerade angesprochen hast. Du sprichst sie erneut an – keine Reaktion. Dann wirst du sie vielleicht nochmal ansprechen, sie fragen, ob sie dich nicht gehört hat, bis du sie schlussendlich vermutlich am Arm berühren wirst, um ihre Aufmerksamkeit auf dich zu lenken. In dem Moment, in dem sie sich dir zuwendet, wirst du sie anschauen, und erleichtert aufatmen, dass sie endlich auf dich reagiert. Vermutlich wird es einen Moment dauern, bis du dich wieder daran erinnerst, dass du sie eigentlich nur fragen wolltest, ob sie einen Tee trinken möchte.

Ähnlich ist es beim Pferd. **Jede Bewegung, die unser Pferd für uns macht, ist besser als keine Bewegung.** Jede Aufmerksamkeit, die unser Pferd uns schenkt, ist besser als keine Aufmerksamkeit. Lass und gemeinsam froh sein über das Interesse unserer Pferde und immer dann **Danke sagen, wenn es etwas richtig macht**. Auf deine Frage nach Bewegung möchtest du die Antwort: „Ich kann mich für dich bewegen!", erhalten. Auch wenn es noch nicht die gezielte Bewegung war, die du haben wolltest, so wird dein Pferd doch verstehen, dass du etwas von ihm möchtest. Dass du deinen Körper einsetzt, um zu kommunizieren. Die Antwort auf das, was wir Pferde fragen, hat meistens etwas mit irgendeiner Bewegung zu tun. Daher sind wir so lange, bis das Pferd das verstanden hat – ich (Mensch) bewege mich, also möchte ich, dass du (Pferd) dich auch bewegst –, dankbar für jeden Schritt, den es für uns macht. Sage von Herzen „Danke!" für jede Bewegung, die dein Pferd dir schenkt. Versteht es dieses Prinzip, wird es beim nächsten Mal vermutlich schneller eine Reaktion anbieten. Über diese Positivspirale tastest du dich dann immer mehr an die eigentliche Übung heran. Macht es einen Schritt mit der Vorhand in deine Richtung: „Danke!"

Hier haben wir auch wieder den Faktor der Einfachheit berücksichtigt. Mache deine Fragen so leicht, dass das Pferd das Gefühl hat, schnell die Lösung finden zu können und dann auch wieder seine Ruhe (die Pause) haben zu dürfen.

Vielleicht wirst du eine Stunde rumprobieren und zu keinem zufriedenstellenden Rechts-Links Ergebnis kommen. Das macht nichts! Du hast erkannt, dass du etwas in eurer Kommunikation ändern möchtest. Du weißt, dass es eine Übung gibt, die dir helfen kann. Aber du weißt auch, dass du sie selbst ausprobieren musst, denn es steht keiner hinter dir, der dir erklärt, was du tun sollst und auch niemanden, der vorher deinem Pferd erklärt hat, was von ihm erwartet wird.

Sollte dies der Fall sein, dass du nach deiner ersten Übungseinheit frustriert bist, weil nichts geklappt hat, dann lies dir dieses Kapitel noch einmal durch. Denke über deine Übungseinheit nach und überlege, wo ihr nicht zueinander gefunden habt oder wo das Problem liegen könnte. Oftmals fällt uns etwas in unserem Verhalten auf, was wir gerne beim nächsten Mal besser machen möchten. Wunderbar, du bist dabei, dich zu entwickeln, dich selbst zu hinterfragen und neue Lösungen zu finden.

Nutze auch an dieser Stelle gerne den Reflexionsbogen zu deiner Trainingseinheit!

> **Jeden Tag ein bisschen besser**
>
> Deine Trainingsbeobachtung

Aber glücklicherweise bin auch ich noch nicht am Ende mit meinem Helferleinlatein. Wir gehen jetzt davon aus, dass du dein Pferd so lange touchieren musstest, bis es sich bewegt hat – Pause! Was nun? Jetzt stellst du dich wieder auf deine Ausgangsposition und beginnst die gleiche Übung noch einmal. Es kann sein, dass du wieder genau da landest wo du eben schon warst und dein Pferd bis hin zu einer Bewegung touchieren musst. Okay, dann ist das so. Also nochmal von vorn. Wenn auch jetzt beim dritten Mal keine großartige Veränderung in deinem Pferd sichtbar wird, dann ist es noch nicht beeindruckt. Da du jetzt schon drei Mal sehr freundlich um Mitarbeit gebeten hast, darfst du jetzt deine Intensität noch einmal steigern. Ich mache das, indem ich ab der Sattellage einen schnellen Schritt nach vorne mache und das Pferd wieder mit etwas Schwung berühre. Dies reicht meist, das Pferd so zu beeindrucken, dass es beim nächsten Mal schon auf deine Bewegung reagiert.

Auch mit kleinen Streicheleinheiten, die das Pferd gerne hat, kannst du dich bei ihm für seine Mitarbeit bedanken.

Wichtig ist nur, dass du diesen Schritt komplett ausführst. Du solltest also nicht zögernd vor deinem Pferd stehen und dir überlegen, ob du es jetzt touchieren solltest oder nicht. Kommst du bis zur Sattellage, touchierst du dein Pferd.
Ist es nicht beeindruckt, machst du beim nächsten Mal deinen letzten Schritt etwas schneller. Man kann sich das ein bisschen wie einen Sprung nach vorn beim Fechten vorstellen. Hierbei möchten wir unser Pferd mit unserer Schnelligkeit beeindrucken.
Pferde können fast alle unsere Bewegungen im Voraus erahnen. Wir bewegen uns für sie quasi in Zeitlupe. Wenn wir dann einmal selbst schnell werden und eine unerwartete Bewegung machen, dann können wir es schaffen, unser Pferd allein durch unsere Schnelligkeit zu beeindrucken.

Leider lauert hier noch eine weitere Schwierigkeit. Wir neigen dazu, wenn wir uns nicht sicher sind, dass wir unser Pferd berühren wollen, besonders schnell und energisch zu gehen. Dabei sind wir dann teilweise so schnell, dass ein lernendes Pferd gar nicht die Gelegenheit hatte zu reagieren. Teilweise haben wir auch schon die Gerte „drohend“ nach vorne erhoben oder gehen sogar mit der gehobenen Gerte voraus auf das Pferd zu. Wir wollen unserem Pferd nicht permanent drohen, allein die Bewegung unserer Körpers verstärkt den Druck auf das Pferd.
Daher: Langsam, mit Ruhe und Fokus auf die Flanke zugehen und erst ab Sattellage einmal schnell werden, wenn das Pferd bis dato noch nicht reagiert hat. Die Gerte bleibt stets passiv in der Hand, bist du an den Punkt kommst, an dem du sie einsetzen solltest.
Um dir das ganze einmal genauer anzuschauen habe ich ein kleines Video mit Cappuccino für dich gedreht, darin findest du auch weitere typische Erfahrungen, die der Mensch beim Lernen macht: Für dich, meine Dos and Don‘ts.

Dos and Don‘ts

beim Rechts-Links

Ab dem Moment, wenn du eine verlässliche Reaktion des Pferdes auf deine Bewegung bekommst, startest du in deine nächste Aufgabe. Denn nach „Bitte bewege dich, wenn ich es tue.“, kommt die nächste Frage: „Kannst du mir mit deiner Vorhand folgen?“ Das ist jetzt schon etwas schwieriger zu installieren.
Das heißt, du gehst wie gewohnt um dein Pferd herum, Blick zur Flanke, Viertelkreis losgehen. Sobald dein Pferd sich in Bewegung setzt, schaust du im Augenwinkel auf seine Vorderhufe. Bewegt sich ein Bein der Vorhand: Pause! Hier ist das richtige Timing entscheidend für den Erfolg. Wenn dein Pferd vorne ein Bein überkreuzt, dann kannst du schon sofort in den Chillmodus gehen, denn es kann nur noch der ausgleichende Schritt mit dem anderen Bein der Vorhand folgen.
Sei bei den ersten Versuchen mit nur einem Schritt in die richtige Richtung zufrieden und belohne dein Pferd mit der Pause. **Habe immer die Einfachheit der Dinge im Hinterkopf.** Wenn dein Pferd schnell die Lösung findet, phantastisch. Dann wird es weiterhin motiviert sein mitzuarbeiten und versuchen, die richtige Antwort anzubieten, denn es ist erfolgreich mit dem was es tut. Tut sich dein Pferd schwer damit, die Vorhand zu bewegen, ist es sinnvoll, auch schon die Gewichtsverlagerung in die richtige Richtung zu belohnen.
Wenn irgendetwas nicht klappt, ist es immer vernünftig, einen Schritt zurück zu gehen, die Übung zu vereinfachen und noch einmal neu anzufangen, anstatt negative Emotionen oder Selbstzweifel zuzulassen. Je gelassener wir sind und je weniger

Druck wir uns und dem Pferd machen, umso eher werden wir ein „echtes" Ziel erreichen. Echte Reaktionen sind die, die wir mit einem Mindestmaß an Druck erreichen können, denn dieses Minimum ist ein Indikator für gut verlaufende Kommunikation. Ein Pferd, das sich bewegt, weil es Angst hat „Prügel zu beziehen", öffnet sich nicht für ein Gespräch mit uns und wird uns gegenüber immer skeptisch bleiben.

Auch hier möchte ich dir noch ein Beispiel aus meiner Arbeit geben.
Eine meiner Schülerinnen wollte ihr Pferd im Roundpen etwas mehr bewegen. Da Betsy als Tinkerstute jedoch eher ein „gemütliches Modell" ist, musste sie bisher stets viel Treiben, um das Pferd in „Gang zu kriegen". Also wollte sie von mir eine Lösung für das Problem „triebiges Pferd" und daraus resultierend „angespannter, verärgerter und genervter Mensch", haben. In unserer daraus resultierenden gemeinsamen Roundpenstunde ging es mir nicht um das Ziel, Betsys Ausdauer zu trainieren, sondern darum, mit ihr zusammen zu arbeiten. Wir änderten also komplett den Fokus des Menschen weg von „Beweg dich in den Gangarten, die ich von dir verlange!", hin zu „Bitte hör mir zu, damit wir zusammenarbeiten und Spaß haben können!".
Daraus resultierend konnte sich Betsy frei im Roundpen bewegen und die Aufgabe von Silvana war es, die Aufmerksamkeit des Pferdes zu erlangen. Dies versuchte sie über die Rechts-Links Übung, die Betsy am Strick einwandfrei beherrscht. Nun war Betsy aber frei und konnte sich entschieden, zwischen „Ich schenke dem Menschen meine Aufmerksamkeit" oder „Ich schaue mal, was ich für weitere Alternativen habe."
Die Alternative, die Pferde fast immer prüfen, ist die Flucht. Also stand Silvana in der Mitte des Roundpens, schaute Betsy auf die Flanke und fragte nach ihrer Aufmerksamkeit. Betsy jedoch entschied sich zur Flucht und rannte fast die komplette Roundpenzeit von 45 Minuten um Silvana herum, ohne ihr wirklich ihre Aufmerksamkeit zu schenken. Das wiederum frustrierte Silvana: „Mein Pferd möchte nicht mit mir zusammenarbeiten!" Schon nach der ersten Einheit, in der das Pferd die freie Wahl zwischen Flucht oder „Wende dich dem Menschen zu", hatte, kamen die Selbstzweifel des Menschen: „Mein Pferd mag mich nicht!" „Mein Pferd interessiert sich nicht für mich!" Die einfachste Lösung wäre es hinzugehen, das Pferd ans Halfter zu nehmen und sich selbst damit zu beruhigen, dass es ja jetzt schon viel gelaufen ist, man dem Pferd so viel schweißtreibende Aktivität in dieser hohen Intensität nicht zumuten kann und dass es dem Wohle des Pferdes dient, eine solche Einheit abzubrechen.
De facto erlebe ich solche Einheiten sehr oft. Wenn wir unseren Pferden die Wahl lassen, „Mensch" oder „Alternative checken", werden sich die meisten Pferde zuerst für die Alternative entscheiden. Dadurch, dass unsere Pferde in unserem normalen Interaktionsalltag nie die Möglichkeit haben, sich zu entscheiden, ist es eigentlich logisch, dass sie es versuchen werden, sobald sie die Gelegenheit dazu erhalten. **Und das ist fantastisch!** Denn nur ein Pferd, dass die Option hatte, auszuprobieren, welche Alternativen sich noch bieten, hat die Chance, sich bewusst für den Menschen zu entscheiden! Nur ein Pferd, dass uns in der Freiarbeit verlässt, um seine eigenen Wege zu gehen, kann sich aus eigener Kraft dazu entscheiden, wieder zu uns zu kommen und sich uns anzuschließen.

Tatsächlich haben wir drei Mal hintereinander eine solche Roundpenarbeit mit galoppierender und buckelnder Betsy absolviert, in der Silvana die Zeit lediglich damit verbracht hat, Betsys Flanke zu fixieren und gelegentlich auf sie zuzugehen, um ihr den Anreiz zu geben, sich ihr zuzuwenden. Natürlich war das nicht leicht für Silvana, natürlich hatte sie Selbstzweifel. Aber schon in der zweiten

Und auch hier sind Zeit und Liebe die entscheidenden Werkzeuge, die unsere Beziehung verlässlich wachsen lassen.

und viel sichtbarer in der dritten Einheit, fing Betsy an nachzudenken. Sie überlegte, welche Alternativen zur Flucht sie hat. Sie versuchte selbstständig eine Antwort zu finden, wie sie den Druck des Menschen verringern kann. Wir sprechen hier tatsächlich nicht von peitschendem Werkzeug, sondern einzig vom fixierenden Blick. Einem Blick, der die ganze Zeit hinweg über präsent ist und der sich nicht löst. In dem Moment, in dem Betsy sich Silvana zuwandte, ihr also beide Augen und damit ihre volle Aufmerksamkeit schenkte, wechselte Silvana in die Pause. **Aha, die Lösung ist es also, zum Menschen hin zu denken.** Natürlich musste dieser Lösungsansatz erstmal erprobt und kontrolliert werden, ob die Aufmerksamkeit zum Menschen tatsächlich eine verlässliche Lösung des „Problems" ist. Und siehe da, das Pferd hat nachgedacht, hat selbst eine Lösung gefunden. Lösungen die wir und auch die Pferde selber finden, sind so viel wertvoller, als Lösungen, die uns vorgeben werden.

Stell dir vor, du versuchst ein Sudoku zu lösen und bist ganz akribisch dabei, die einzelnen Zahlen in die Kästchen zu schreiben. An einer Stelle beißt du dir die Zähne aus und überlegst, wie jetzt die Lösung sein könnte. Du wirst umdenken, querdenken, ausradieren, neu probieren, bis du das Rätsel gelöst hast. Am Ende bist du stolz, dass du es selbst geschafft hast. So geht es auch unseren Pferden. Wie oft erwarten wir nur Gehorsam von ihnen anstelle von Schaffenskraft? Wie häufig geben wir ihnen Lösungen vor, anstatt sie selbst nachdenken zu lassen?

Wie enttäuscht wärest du, wenn in deinem kreativen Sudoku-Lösungsprozess plötzlich jemand käme, der die Antwort kennt und dir sagt: „Die 4 kommt da hin!", und damit deinen kompletten Denk-Prozess einfach abschneidet?

Du glaubst gar nicht, nach wie kurzer Zeit manches Pferd ermüdet und gähnt, wenn wir versuchen mit ihm zu kommunizieren. Sich permanent auf den Menschen zu konzentrieren, mitzudenken und zu reagieren ist mental so viel anstrengender, als einfach nur stumpf in den Grundgangarten im Kreis zu laufen. Unser Fokus liegt meist darauf, den Körper des Pferdes zu ermüden, aber was ist mit seinem Geist? Viel zu selten veranlassen wir unser Pferd dazu mitzudenken, seine Probleme selbst zu lösen und auf uns und unsere Sprache zu achten. Pferde, die mitdenken, sind so viel sicherer als Pferde, die im Zweifelsfall kopflos wegrennen.

In der vierten Einheit im Roundpen schloss sich Betsy dann sofort ihrer Besitzerin an. Wir hatten eine wundervolle Freiarbeitsstunde, in der alle Gangarten und sogar noch einige Spielereien wie Volten und Slalom wunderbar im synchronen

Betsy und Silvana in völligem Einklang: Beide konzentrieren sich zu 100 % aufeinander.

Laufen (achtsames Führen ohne Strick und Halfter) funktionierten. Silvana war völlig baff über die Motivation ihres Pferdes und die Tatsache, dass Betsy sich allein über ein Stimmsignal und die Erhöhung der Energie in den Galopp bringen ließ. Das heißt jetzt aber nicht, dass es nie wieder zu einem Überprüfen der Alternativen seitens des Pferdes oder in diesem Falle seitens Betsy kommen wird.

Die Kommunikation mit einem Pferd ist ein Prozess. Immer wieder dürfen Fragen gestellt und Auswahlmöglichkeiten gecheckt werden. Je geduldiger und nachsichtiger wir solche „Eskapaden" mit der sofortigen Rechts-Links-Frage nach der Aufmerksamkeit unseres Pferdes beantworten, lernt das Pferd, dass es zwar ausprobieren kann, der Mensch es aber nicht „loslässt" so lange es sein „eigenes Ding" macht. Erst wenn es sich dem Menschen wieder zuwendet, wird er seinen Blick abwenden.

Was ist nun die Quintessenz aus diesem Beispiel? Wenn wir unseren Pferden die Möglichkeit lassen, in ihrem eigenen Tempo auf die Reize, die wir setzen, zu reagieren, dann gewinnen wir Pferde, die nachdenken, die zuhören und die sich uns gerne zuwenden. **Auch wenn dieser Weg viel mehr Zeit braucht, so ist es doch einer, mit dem wir verlässlich eine Beziehung und damit tiefes Vertrauen zwischen Mensch und Pferd aufbauen können.**

Zurück zur Etablierung der Rechts-Links-Übung: Es gibt manche Pferde, die eher eine Vorwärtstendenz entwickeln, sobald man den Druck auf die Flanke sendet. Also einfach vorwärts um dich herum gehen, anstatt mit der Vorhand zur Seite zu treten. Diesen Pferden kann man mit einem Impuls am Führstrick helfen. Wir haben normalerweise den Strick immer sehr lang, um das Pferd nicht am Kopf zu beeinflussen. In diesem Falle der Vorwärtstendenz ist es aber sinnvoller, den

Strick zu benutzen als zu verzweifeln. Und ja, diesen Versuch habe ich auch schon hinter mir. Und nein, wir müssen es uns nicht schwerer machen als unbedingt nötig. Gebe also einen leichten Impuls zur Seite und pausiere, sobald dein Pferd den Schritt in der Vorhand macht. Gib diese zusätzliche Hilfe so lange wie nötig. Es kann auch passieren, dass dein Pferd irgendwann nach zwei drei Einheiten wieder diese Lösung der Vorwärtstendenz anbietet. Dann gräme dich nicht, erkenne die aktuelle Situation, und gehe einfach wieder einen Schritt zurück. Wenn wir heute diese Übung nochmal überprüfen und gegebenenfalls erneut erklären müssen, dann machen wir das gerne, voller Geduld und Liebe.

Der Einwand, dass mein Pferd vorwärts geht, wenn ich es an der Flanke touchiere, weil ich das beim Reiten ja auch mache, ist an dieser Stelle nicht gerechtfertigt. Du brauchst keine Sorge zu haben, dass dein Pferd die Hilfen verwechselt oder sich beim nächsten Reiten nur noch im Kreis dreht. Hierbei ist das Zauberwort dein Fokus. In dem Moment, in dem du auf die Flanke blickst, konzentrierst du dich darauf, dass das Pferd dir mit der Vorhand folgen soll und du eine Bewegung erreichen möchtest. Dieser klare Fokus gekoppelt mit deiner eindeutigen Körpersprache reicht aus, dass das Pferd dich versteht.

An dieser Stelle habe ich nochmal ein kleines Beispiel aus meiner Praxis für dich.
Ich arbeite seit geraumer Zeit mit einer jungen Studentin und ihrer dreijährigen Stute zusammen. Wir treffen uns alle zwei Wochen. Am Anfang haben wir die hier beschriebenen Basics installiert und sie hat immer wieder fleißig geübt, bis wir uns wiedergesehen haben. Irgendwann haben wir dann mit der Freiarbeit angefangen, was auch gut geklappt hat. Wir waren also jede Woche auf einer steigenden Kurve unterwegs. Ich nahm mir immer ganz viel vor, was wir alles Schönes machen wollen. Aber irgendwie kamen wir in den letzten Stunden gar nicht mehr dazu Dinge zu machen, die ich mir vornahm, denn die Stunden hatten ihre eigene Dynamik und drehten sich witzigerweise wieder und nur um die Basis. Mir fiel auf, dass die Stute immer mehr Raum einforderte und auch die Besitzerin erzählte mir, dass sie häufiger eine „Kopfnuss“ bekäme. Da ein solches pferdisches

Galeon möchte vorwärts gehen anstatt seitwärts. Ich gebe ihm mithilfe des Stricks die Info, dass ich keine Vorwärtstendenz haben möchte. Mein Blick bleibt weiterhin auf der Flanke, da ich noch auf die richtige Antwort (ein Schritt der Vorhand in meine Richtung) warte.

Wie du siehst, brauche ich für diese Hilfe nur den Druck meines Zeigefingers. Ich werde also nicht ungeduldig, sondern erkläre ihm langsam und ruhig, was ich möchte und was nicht.

Auf die Frage: „Magst du ein Stück mit mir gehen?“, reagieren die meisten Pferde mit „Klar, gerne!“

Verhalten ein hohes Verletzungsrisiko birgt, ist es wichtig, die Probleme anzugehen, wenn sie noch in den Kinderschuhen stecken und nicht erst, wenn sie ausgewachsen sind. Also ein Schritt zurück. Seitdem achte ich in unserer Arbeit sehr penibel vor allem darauf, dass die Besitzerin ihrem Pferd klare Grenzen aufweist. Dass das Pferd nicht einfach, wann es ihm passt, in ihren Raum eindringen und sie wegschubsen darf.

Ja, es ist ein Schritt zurück und viel weiter nach vorne sind wir in den letzten Wochen danach auch nicht mehr gekommen. Aber das ist nicht schlimm, denn wenn wir die Grundlagen reibungslos abrufen können, dann baut sich alles andere mit der Zeit auf. Vor allem ist es wichtig, die Fragen des Pferdes zu beantworten. Egal zu welchem Thema und zu welcher uns unpassend erscheinenden Zeit das Pferd die Frage stellt. Hat es eine Frage zum Schubsen, beantworten wir die Frage zum Schubsen so lange und so oft, bis das Pferd keine Frage mehr hat. Stellt es am nächsten Tag die gleichen Fragen noch einmal, beantworten wir auch diese genauso geduldig und liebevoll wie die vorangegangenen. Es ist super wichtig, dass wir keine Angst vor den Fragen des Pferdes haben, dass wir sie erkennen und sie beantworten. Denn das ist Kommunikation. „Ja, ich höre deine Frage und ich beantworte sie dir gerne. Ich sehe dich!“

Es ist ratsam immer wieder mal die Grundlagen abzufragen, ob sie nach wie vor gut funktionieren, oder ob noch ein paar Stellschrauben zu drehen sind.

Vielleicht hat man an der ein oder anderen Stelle im alltäglichen Umgang eine Frage des Pferdes nicht frühzeitig genug beantwortet oder nicht erkannt. Wir sind auch nur Menschen. Aber so lange wir liebevoll und mit einem Lächeln einfach nochmal von vorne anfangen können, dann können wir auf der Beziehungsebene nur gewinnen.

Seither verabschiedet mich die Besitzerin immer mit: „Bis zum nächsten Mal Jenny und komm bloß unvorbereitet!“ Auch höre ich manchmal: „Wie gut, dass du mich immer auf „Werkseinstellung zurücksetzt“ und mich daran erinnerst, bei wem der Grund für die meisten Fehler, die passieren, zu suchen ist.“

Das andere, was passieren kann, wenn wir das Rechts-Links installieren ist, dass das Pferd mit der Hinterhand weicht, anstatt mit der Vorhand zu folgen. Hier bietet das Pferd wie beim nach vorne gehen auch eine Antwort an, nur eben nicht die Gewünschte.
Daher gehst du einfach weiterhin mit deinem Fokus auf deiner Kreisbahn ohne den Druck weiter zu erhöhen. Natürlich gehst du dann über die Zahlen 3 oder 9 hinaus, denn das Pferd bietet ja etwas an, hat aber die gewünschte Lösung noch nicht gefunden. Wenn du mit diesem „Flankenfokus“ eine Runde gegangen bist und dein Pferd nach wie vor lediglich mit der Hinterhand weicht, dann kannst du auch hier den Führstrick als Hilfe nutzen, bis es endlich einen Schritt in der Vorhand macht. Wichtig ist, auch hier ruhig und entspannt zu bleiben. Spätestens nach der dritten Runde des Weichens der Hinterhand wird dein Pferd nach neuen Lösungswegen suchen, da du ja noch immer nicht aufhörst, die Flanke anzuschauen, weiterzugehen und sanft am Strick zu ziehen.

Irgendwann wird das Pferd die Vorhand bewegen und wenn es nur ein klitzekleiner Schritt ist: Pause! Dann wieder ganz entspannt von vorne starten und warten, bis sich erneut etwas in der Vorhand tut: Pause! Das wiederholst du so lange, bis du das Gefühl hast, dass dein Pferd verstanden hat, dass es nicht mit der Hinterhand weichen, sondern mit der Vorhand folgen soll.

Wenn du bei deiner ersten Übungseinheit immer nur einen Schritt in die richtige Richtung bekommst, dann ist das in Ordnung. Ein Schritt ist besser als keiner und du hattest selbst die Möglichkeit dich auszuprobieren und dich und dein Handeln zu beobachten.
Fällt es dir leicht, so kleinschnittig vorzugehen? Oder hast du doch noch einen zweiten oder dritten Schritt aus deinem Pferd herausgelockt? Konntest du sehen, dass sich die Vorhand bewegt? Konntest du passend in den Chillmodus wechseln? Warst du stets geduldig und voller Liebe? Wie hat dein Pferd reagiert? War es gelangweilt? Konnte es in der Pause abschalten?
All das und so viele mehr sind Fragen, die mich beschäftigen, wenn ich vom Pferd heimkomme. Oft denke ich darüber nach, wo ich noch besser hätte reagieren können, oder wo ich in die Falle getappt bin, doch zu viel zu fragen. Ja, sicherlich passiert mir das auch, wenn es doch gerade so gut läuft. Wichtig ist, dass wir unsere Fehler erkennen und es beim nächsten Mal einfach etwas besser machen. Auch hier möchte ich dir nochmal den Zettel mit der Trainingsbeobachtung ans Herz legen. Denn Dinge, die wir uns aufschreiben, machen wir uns allein durch den Prozess des Schreibens bewusst! Und es ist so wichtig, sich vor allem das Positive ins Gedächtnis zu rufen. Denn wenn du es schwarz auf weiß lesen kannst, was alles gut geklappt hat, ist es leichter, sich nicht an den Dingen aufzuhängen, die vielleicht nicht geklappt haben. Oftmals haben wir so viele tolle Momente im Pferdetraining, aber am Ende der Einheit ärgern wir uns über das, was nicht funktioniert hat. Ja, es ist okay wahrzunehmen, was schiefgelaufen ist, denn sonst kannst du dich nicht verbessern. **Aber noch viel wichtiger ist es, achtsamer mit dem Guten umzugehen.** Nimm das wahr, was toll war und freu dich darüber. Denn das ist es, was wir uns alle wünschen, die schöne und wertvolle Zeit mit dem Pferd, das Gute! Sei stolz auf dich, dass du versuchst, mit deinem Pferd in den Dialog zu treten, denn du hast allen Grund dazu! Oftmals hilft es den Blickwinkel zu ändern

Galeon weicht mit der Hinterhand. Ich gebe ihm über den Strick die Info, dass ich den Kopf zu mir holen möchte.

Auch hier kannst du erkennen, dass ich die Hilfe am Strick sehr sanft setze. Ein leichter Druck des Zeigefingers in die gewünschte Richtung reicht aus, um das Pferd zu lenken.

und das Geschehene aus einer anderen Perspektive heraus zu betrachten.

In deiner nächsten Übungseinheit trainierst du dann genau das Gleiche nochmal. Frage immer erst nach einem Schritt in der Vorhand, bevor du nach mehreren fragst. Und gehe stets wieder einen Schritt zurück, wenn du eine „falsche" Antwort erhältst. Geht dein Pferd auf dich zu, statt zur Seite, bleibst du dran und belohnst den ersten Seitwärtsschritt, den du wahrnimmst. Beim nächsten Mal stoppst du wieder beim ersten Seitwärtsschritt, auch wenn dein Pferd nicht nach vorne gegangen ist. Dann erst, wenn du den einen Schritt zur Seite sicher bekommst, fragst du wieder nach dem zweiten. Ja, manchmal fängst du quasi wieder von vorne an. Geduld zahlt sich aus, denn ein Pferd, dass sich seiner Sache nicht sicher ist, oder deinen Fragen nicht aufmerksam zuhört, von dir aber mit viel Liebe und Geduld bestätigt wird anstatt mit Wut und einer enttäuschten Erwartungshaltung bestraft zu werden, wird immer selbstbewusster werden, immer mehr ausprobieren und motiviert mit dir zusammenarbeiten. **Sehe alle Probleme, die irgendwann in eurem Umgang auftauchen, als Chance! Nimm sie jedes Mal als eine Gelegenheit wahr, dich zu beweisen!** Kannst du ruhig und gelassen bleiben und deinem Pferd die Lösung des Problems freundlich und verständlich erklären? Ja? Super! Ihr seid auf eurem Weg zu einer tollen gemeinsamen Verbindung wieder ein Stückchen weitergegangen. Jede Schwierigkeit, die aufkommt, jede Frage, die dein Pferd dir stellt, ist eine neue Tube Superkleber für eure Beziehung!

Man kann das Rechts-Links auch wunderbar mit dem achtsamen Führen kombinieren. Ein paar Mal Rechts-Links, dann wieder eine Runde in Schritt oder Trab gemeinsam über den Platz gehen.
Wenn die Vorhand gut kommt, dann gehst du weiter und fragst nach dem zweiten Schritt. Das machst du so lange, bis auch dieser kommt.
Manche Pferde checken die Übung sehr schnell. Denn am „Schluss“ dieser Übung soll es dich ja mit dem Kopf überholen. Dieses Überholen birgt für das Pferd eine besondere Motivation, denn es bekommt ein Mitspracherecht. Wenn es seinen Kopf so schnell vor den Körper des Menschen schieben kann, dass er nicht mehr weiterkommt, dann hat es den Menschen geblockt. Das heißt, dass Pferd bestimmt, wann der Mensch eine Pause macht.
So entsteht ein Tanz aus blocken und geblockt werden, der sich im weiteren Verlauf zum Spielen mit dem Pferd ausbauen lässt. Wenn ein Pferd das erst mal verstanden hat, dann wirst du dich wundern, wie schnell es mit seinem Kopf werden kann. Je nachdem wo du stehst, kann es sein, dass du gerade mal den Fokus gesetzt hast und losgehen willst und dein Pferd dich schon „gecuttet“ hat, bevor du den ersten Schritt machen kannst. Vor allem Westernpferde mit Cowsense sind sehr begabt und schnell darin, den Menschen zu stoppen.

Ich hoffe, du konntest jetzt einen Eindruck über die Übung und ihre Schwierigkeiten erhalten. Sobald du sie in deinem Alltag integriert hast, kannst du sie jederzeit nutzen, um die Aufmerksamkeit deines Pferdes zurück zu gewinnen, wenn es sich gerade für etwas Anderes interessiert. Man kann quasi aus jeder beliebigen Situation in die Rechts-Links-Übung wechseln. Vor allem, wenn das Pferd einen beim Führen gerne mal überholt.
Auch hierzu gebe ich dir gerne eine Anleitung, wie du das am schnellsten bewerkstelligst.
Wenn wir einfachheitshalber jetzt gerade davon ausgehen, dass du auf der linken Seite führst und dein Pferd an dir vorbeigeht, dann drehst du dich einfach über die rechte Schulter um und gehst mit deinem Fokus auf die Flanke des Pferdes zu. Bitte passe hier auf, dass du nicht in den „Trittbereich“ deines Pferdes gelangst. Nutze im Zweifelsfall lieber die Gerte, um dein Pferd zu berühren.

1. Ich leite das Anhalten ein: Ausatmen, Hände leicht anheben.

2. Cap reagiert nicht und läuft weiter geradeaus.

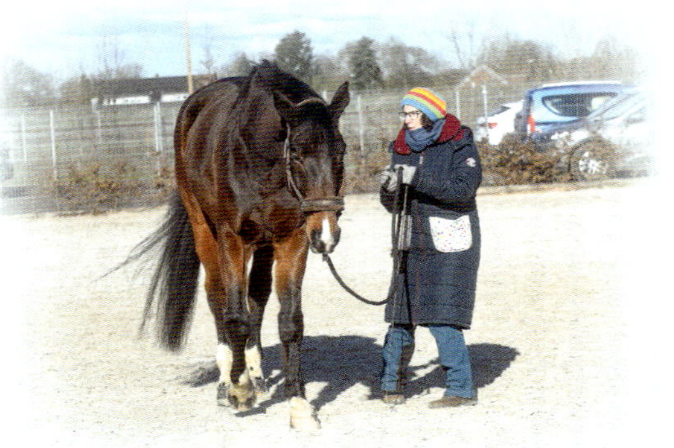

3. Ich wende mich rückwärts ab …

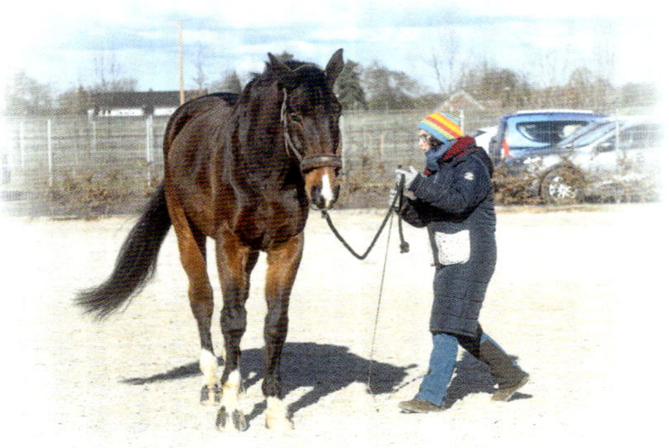

4. … tausche Strick und Seilhand und setze meinen Fokus auf seine Flanke: „Kannst du mir deine Aufmerksamkeit schenken, indem du deinen Kopf zu mir bringst?“

5. Mein Impuls geht deutlich auf die Flanke, ich erhöhe die Dringlichkeit meiner Frage, indem ich auf Cap zugehe.

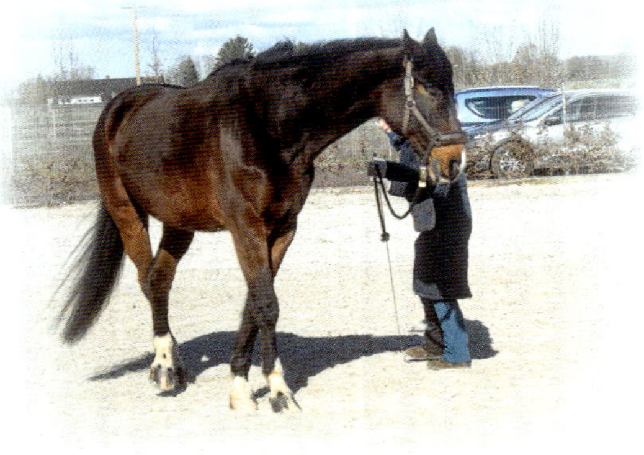

6. Cap reagiert, indem er anfängt, die Vorhand in meine Richtung zu bewegen.

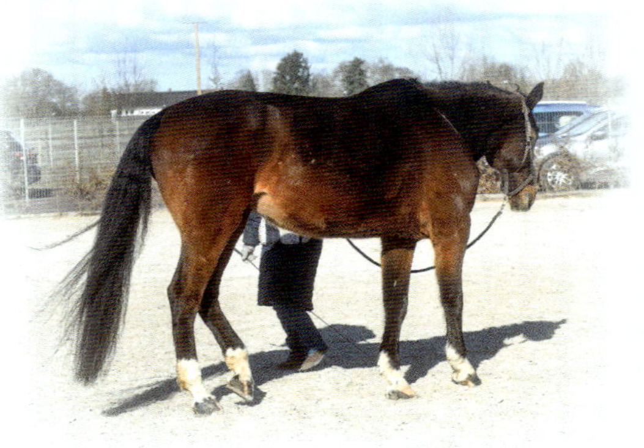

7. Da Cap sich sehr viel Zeit lässt, lasse ich den Druck meines Körpers nicht nach, erhöhe ihn aber auch nicht, wie du an der in meiner Hand ruhenden Gerte erkennen kannst.

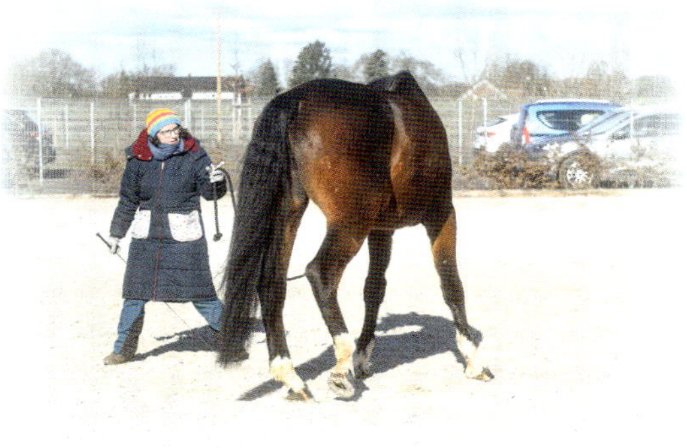

8. Darauf folgt ein großer Schritt der Vorhand in meine Richtung ...

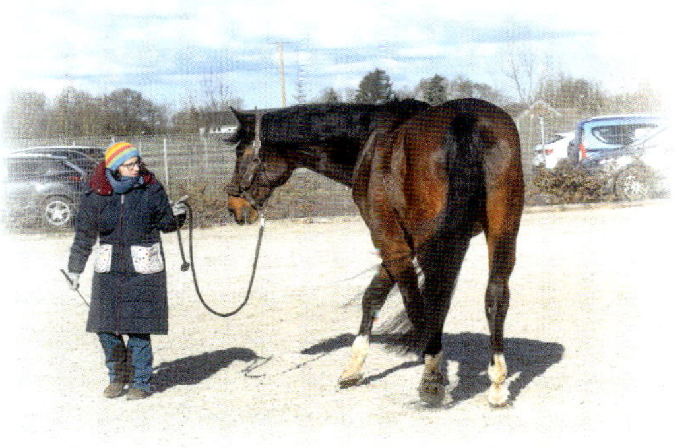

9. ... und er bringt seinen Kopf aktiv zu mir, während er die Vorhand in meine Richtung kreuzt. Anschließend Pause.

Zum Anschauen:

Rechts-Links aus der Führposition heraus

Hier kann es sein, dass das Pferd einen plötzlichen Schub nach vorne bekommt, den du mit zartem Zug am Strick wieder regulieren kannst, Pause. Wenn sich das Pferd wieder mit dem Kopf zu dir ausgerichtet hat, dann fängst du das Führen einfach wieder von vorne an. Hierbei ist es wieder wichtig, nicht aus der Liebe zu fallen und dem Pferd geduldig zu erklären, was du von ihm möchtest.

Auch wirst du feststellen, dass dein Pferd sich zunehmend in allen Situationen frontal vor dich stellen wird, also den Kopf zu dir bringt. Das ist toll, denn dein Pferd ist physisch und psychisch bei dir.

Rechts-Links auf der Sahnetorte

Wie oft hast du schon gehört, dass sich Pferdemenschen darüber beschweren, dass ihr Pferd beim Spazierengehen ständig zum Gras hinzieht und sich kaum davon loseisen kann, sobald es einmal angebissen hat?

Ich höre häufig davon, dass viele Pferde sich quasi kaum noch auf etwas Anderes konzentrieren können als auf das saftige Grün um sie herum, wenn sie gemeinsam mit ihrem Menschen durch die Lande ziehen. Irgendwann ist bei dem ständigen zum Gras Hinziehen der Mensch so genervt, dass er entweder anfängt unfair zu werden, oder sich seinem Schicksal ergibt und das Pferd lieber grasen lässt, als sich permanent mit dem gesamten Körpergewicht in den Strick zu hängen. Hier haben wir wieder eine typische Situation, in der es zwangsläufig einen (wahrscheinlich frustrierten) Gewinner und einen Verlierer gibt, aber weder einen glücklichen und zufriedenen Menschen noch ein entspanntes Tier.

Egal, wie ich dazu stehe, ob man Pferde an der Hand grasen lassen sollte oder nicht, so ist es doch für viele Pferdebesitzer ein leidiges Thema, jedes Jahr aufs Neue das Pferd behutsam an die Weidesaison heranzuführen, weil sie einfach keine Alternative zum Angrasen an der Hand haben. Solche Gegebenheiten begünstigen nicht gerade die Alltagssituation des Spazierengehens, denn meist verschlimmert sich das Problem, Pferd will zum Gras, vor allem dadurch, dass das Grasen mal erlaubt ist und mal nicht.

Dieses Bild haben wohl die meisten schon einmal gesehen: Das Pferd hat „angebissen“ und der Mensch seine liebe Mühe, es wieder „loszueisen“.

Wir Menschen können oftmals nicht verstehen, warum Pferde, auch wenn sie den ganzen Tag auf der Weide standen, beim Spaziergang trotzdem wie verrückt nach jedem Grashalm gieren, den sie auf dem Weg erblicken. Um hier als erstes dein Verständnis zu aktivieren, ein Beispiel: Stell dir deine absolut allerliebste Leckerei vor, sei es Süßkram oder das Zaubergericht von Oma. Jetzt transportierst du gedanklich dieses Schmankerl auf deinen Weg zur Arbeit. Ab dem Moment, an dem du das Haus verlässt hängen, liegen überall die feinsten Sachen, das Schlaraffenland ist ein Witz gegen das, was gerade in deinem Kopf abgeht! Die Delikatessen scheinen dich anzuschauen, dich zu rufen, „Nimm mich!“, „Nein, koste von mir!“, „Hey, hier drüben, ich bin am leckersten!“.
Na, wie lange könntest du widerstehen? Wann wäre der Moment, in dem du nachgibst und doch irgendwo einmal probieren möchtest? Ich glaube, ich würde keine 10 Sekunden schaffen, vor allem nicht, wenn ich Hunger hätte. So, jetzt gehst du also diesen Weg und hast dir gerade einen besonders schönen Leckerbissen rausgesucht, auf den du zielstrebig zusteuerst. Genau in dem Moment, in dem du genüsslich deine Zähne versenken möchtest, zieht dich jemand grob am Arm und ruft laut „Nein!“. Vermutlich wärest du zuerst ziemlich perplex. Dann würdest du kurz überlegen, was das kleinere Übel ist, ein bisschen am Arm gezogen werden, dafür aber die Leckerei zu vernaschen oder das Wunderessen einfach links liegen zu lassen und dem ziehenden Arm nachzugeben. Wenn ich ehrlich bin, ich würde tatsächlich auch eher den Zug am Arm in Kauf nehmen, anstatt die Leckerei zu verschmähen.
Ich denke du ahnst, wo das Ganze hinführen soll. Wenn wir eine solche Situation im Geiste haben, wenn wir mit unseren Pferden unterwegs sind, dann ergibt sich daraus ein ganz anderes Bild für den Moment, denn wir lernen zu verstehen, warum es für viele Pferde reizvoll ist, jeden Büschel, der sich unterwegs bietet, mitzunehmen. Das Ziehen

Tadaaaaa, zwei grasende Pferde! Wie soll man denn da „arbeiten“ können, wenn das Gras einfach zu verlockend ist?

am Strick ist für die meisten Pferde eindeutig das kleinere Übel.
Gut, jetzt verstehst du, warum dein Pferd so handelt, aber das hilft dir noch nicht bei der Lösung deines Problems. Also konstruieren wir das Beispiel weiter. Stell dir als nächstes vor, dass du an deiner Haustür stehst, vor die liegt der Leckereienweg, aber diesmal bist du bereits an der Tür total vertieft in ein Gespräch mit deinem Lieblingsmenschen. Dieser erzählt dir gerade eine spannende Geschichte, die dich brennend interessiert. Du fragst mehrere Details nach und hörst ganz genau zu, während ihr gemeinsam zu deinem Auto geht. Dort angekommen, fällt dir gar nicht auf, dass du gerade durch dein persönliches Superduper-Schlaraffenland gegangen bist, ohne die Leckereien

wahrzunehmen, da du so fokussiert auf die Erzählungen deines Lieblingsmenschen warst.
Das heißt im Transfer, dass wir also jedes Mal, wenn wir mit unserem „Grasmonsterchen“ frische Luft schnappen wollen, genau so konzentriert und fokussiert arbeiten, wie du es in einer Einheit auf dem Platz machen würdest. Du versuchst also dein Pferd permanent mit Aufgaben und Ideen zu beschäftigen. Ja, das ist eindeutig anstrengend und kein relaxter Spaziergang, aber ehrlich gesagt, wie relaxt und entspannt ist dein Spaziergang, wenn du dich am Strick festklammerst und die ganze Zeit nur darauf wartest, dass dein Pferd „endlich“ ungehorsam wird und zum Gras zieht? Aus dieser Formulierung erkennst du wahrscheinlich schon ein nächstes Problem in der Pferd Mensch Kommunikation: Häufig erleben wir eine negative Situation und warten dann oft wie ein Luchs darauf, dass sich diese Situation, die uns vielleicht auch Angst gemacht hat, wiederholt. Tut sie das, sind wir erleichtert, denn wir können sagen, dass wir damit Recht hatten, dass wir es schon wussten, dass so etwas passieren würde und dass wir solchen Situationen machtlos gegenüberstehen. „Mein Pferd zieht eh bei **jedem** Spaziergang zum Gras hin, ich kann das sowieso nicht verhindern“, – ist ein wunderbares Beispiel für eine selbsterfüllende Prophezeiung, besser bekannt als Selffulfilling Prophecy. Darunter versteht man, dass der Mensch eine Prognose über eine mögliche Zukunft macht, hier: „Mein Pferd zieht bei **jedem** Spaziergang zum Gras hin, ich kann das nicht verhindern!“ Diese Voraussage über die Zukunft und die Akzeptanz, dass der Mensch die Situation eh nicht abwenden kann, sorgt dafür, dass sich die Ahnung erfüllt. Wenn wir glauben, dass wir keine Selbstwirksamkeit haben, also eine Situation nicht beeinflussen können, dann sorgt diese Ohnmacht vor dem Moment, mit Sicherheit dafür, dass diese genau vorher prophezeite Zukunft immer und immer wieder eintritt.

Das führt wiederum dazu, dass wir Situationen noch mehr generalisieren: „**Immer** wenn ich mit meinem Pferd spazieren gehe, zieht es zum Gras!“ Zieht es aber bei einem Spaziergang einmal nicht direkt zum Gras, dann neigen wir dazu, ebendiese Situationen zu provozieren und vielleicht extra über den Grünstreifen zu laufen, damit wir uns danach mit einem „Ich hab`s doch gewusst, es zieht **immer** zum Gras!“, selbst belohnen können. Wie du merkst, liest sich diese Tatsache genau so paradox, wie sie sich in der Realität darstellt, nur dass wir uns dieser Verhaltensweisen im Normalfall nicht bewusst sind. Wenn wir vorher genau zu wissen glauben, wie eine Situation ausgeht, dann sind wir meist glücklicher, wenn wir Recht hatten. Daher warten wir nervös auf das Eintreten dieses Falles, denn wir sind uns sicher, dass es passiert, wissen aber nicht wann, was unsere Unsicherheit befeuert. Tritt diese Situation dann nicht ein, also der Spaziergang mit dem Pferd war wider Erwarten total entspannt, sehen die meisten Menschen es nicht als Chance für die nächsten Spaziergänge, sondern werten den Erfolg als nicht beeinflussbaren Zufall ab, der sich mit Sicherheit nicht wiederholt. Des Weiteren konnten wir den entspannten Spaziergang nicht genießen, da wir ja die ganze Zeit auf den Worst Case gewartet haben.
Über solche Strategien entstehen oft Ängste. Das Resultat aus zig Spaziergängen, die selbsterfüllend laufen, resultiert häufig die Strategie der Vermeidung. Das heißt, der Mensch geht einfach nicht mehr spazieren, weil das Pferd nicht funktioniert: „Ich würde ja gerne mit meinem Pferd spazieren gehen, aber da es **immer** zum Gras zieht, ist mir die Lust daran vergangen.“ Jetzt ist es bequem für uns! Ohnmächtig können wir unser großes Problem betrachten und bewundern, in unserer Komfortzone bleiben und auf unsere fehlende Selbstwirksamkeit „Ich habe **alles** versucht,

aber es klappt einfach **nichts**!" und unser Pferd schimpfen.
Kennst du den Spruch: **Alle sagten, das geht nicht, dann kam einer, der wusste das nicht und hats einfach gemacht?**

Viele Probleme entstehen tatsächlich in unserem Kopf. Ja, es gibt einen oder mehrere Auslöser von außen, aber an uns liegt es, uns nicht zu verkriechen und die Probleme als höhere Macht über uns zu stellen und daraus für die Zukunft die Lösung, der Vermeidung eben jener Situationen zu generalisieren.
Und auch hier bist du ganz gewiss nicht allein: In einer Stunde Freiarbeit, die ich alleine mit meinem Herzenspferd gemacht habe, wurde ich von ihm getreten. Erst war ich total perplex und wütend auf ihn. Wie konnte ein Pferd, mit dem ich seit Wochen vertrauensvoll arbeite, plötzlich in meine Richtung treten und mich dabei treffen?

Wer braucht schon ein Seil? Mit Geduld und Liebe kannst du alles erreichen!

Was sagt das über unsere Beziehung aus? Doch nicht so gut, wie ich dachte?

Ich habe diese Situation immer und immer wieder reflektiert und bin zu dem Ergebnis gekommen, dass ich an der Gegebenheit selbst schuld war. Ich hatte das Setting falsch eingeschätzt, ich hatte nicht fein genug reagiert und früh genug die Bremse gezogen. Das wurde mir klar. Nichts desto weniger war sie jetzt da, die Angst und die Generalisierung: „Wenn er mich einmal (böswillig) getreten hat, wird er das **immer** wieder tun!" In den nächsten Wochen darauf habe ich die Freiarbeit gemieden (Vermeidungsstrategie – setzte ich mich der Situation nicht aus, kann sie auch nicht eintreten, ich kann das eh nicht ändern, dass es so kommen wird), um dann festzustellen, dass das Pferd auch an Halfter und Seil immer wieder einmal zu energiegeladen wurde und ja, mir auch dort Angst machte. Also jetzt auch nicht mehr an Halfter und Seil arbeiten? **Nein!** In dem Moment, in dem ich mir diese Frage stellte, erkannte ich die Strategien des Selbstschutzes meines Gehirns und begann zu rebellieren. Natürlich wollte ich nicht meine Seile an den Nagel hängen und auf die Arbeit mit Pferden verzichten und selbstverständlich war ich mir eigentlich darüber im Klaren, dass kein Pferd mich plötzlich grundlos angreifen würde, sobald ich das Halfter von ihm lösen und es fragen würde, ob es mit mir zusammenarbeiten möchte. Also begann ich wieder von vorn. Mit Ruhe, mit Geduld, mit Gelassenheit und mit einer extra großen Portion Vertrauen in meinen vierbeinigen Freund, denn das ist er nach wie vor, mein Freund! Der verunsichert war von meiner Verunsicherung, der nicht wusste, wie er mit meinen konfusen Gedanken und plötzlich auftauchenden Ängsten umgehen sollte. „Hey, sie hat Angst, was hat sie gesehen, was ich nicht gesehen habe? Sonst hat sie nie Angst, also stimmt hier was nicht! Ich denke, ich sollte auch Stress haben, wenn sie Stress hat!"

Vida verweigert die Zusammenarbeit und testet die Alternativen. Ich freue mich über ihre Entscheidung und bleibe mit meinem Blick und meinem Fokus bei ihr, um sie wieder einzuladen, sich mir anzuschließen.

Schneller als wir uns versehen können, gibt es Situationen mit dem Pferd, die wir meiden oder in denen wir aufrüsten, damit wir um unser Bedürfnis nach Sicherheit zu befriedigen die Kontrolle behalten können. Ich verstehe das und ich habe Verständnis für jeden von euch, der in solch eine Situation geraten ist. Das ist nicht schlimm, solche Schwierigkeiten im Alltag, auch wenn es nur Kleinigkeiten sind, haben viel mehr Pferdebesitzer als du vermutlich glauben magst. Mache dir solche Situationen, in denen du etwas vermeidest oder in welchen du ein mulmiges Gefühl hast, weil dir die Sicherheit fehlt, bewusst. Versuche zu hinterfragen, was genau du warum meidest, damit nicht das eintritt, was du sowieso schon als gegeben hinnimmst. Das kann auch so etwas Simples sein wie: „Mein Pferd ist eher der langsame Typ, es hat gar keine Lust mitzukommen, deshalb warte ich immer, bis es sich bewegt, treiben nützt sowieso nichts.“ Ich vermeide die Auseinandersetzung mit dem Pferd, da der Lösungsweg, den ich versucht habe, nicht zum gewünschten Erfolg geführt hat. Anstatt andere Lösungswege zu suchen, nehme ich die Tatsache als gegeben an und verhalte mich dementsprechend. Wenn es mir dann zu bunt wird, weil mein Pferd immer und immer langsamer wird, dann raste ich einmal aus und dann geht es wieder für ein Weilchen... bis zum nächsten Ausraster. Kommt dir das bekannt vor? Hast du auch Situationen, in denen du etwas vermeidest? Hast du auch ein Problem mit dem Pferd, eine Gegebenheit, in der zwischen euch beiden in regelmäßigen Abständen etwas schiefläuft? Wunderbar! **Komm, mach dir diese Situation bewusst!** Denn nur wenn dir etwas wirklich bewusst ist, hast du die Chance etwas zu verändern. Starte mit deiner Problemanalyse.

Pack es an!

Dein Worksheet zur Problemanalyse

Wie du jetzt schon an einigen Stellen bemerkt hast, ist der erste Schritt, um Probleme mit dem Pferd zu lösen, der, in sich selbst hineinzuhorchen. Wie geht es mir? Was stört mich? Was beängstigt mich? Was verunsichert mich? Was brauche ich jetzt gerade, damit es mir gut geht? Wie kann ich das erreichen? Wie kann ich mit meinem Pferd spazieren gehen, ohne, dass es mich durch die Gegend zieht?

Auch hier ist unser Mindset wieder der entscheidende Faktor, der uns zum Erfolg führt. Aber auch die Suggestion, dass wir die Situation meistern werden. Wenn du mit der Einstellung: „Ich schaffe das auf jeden Fall!“, an ein Setting heran gehst, wirst du sicherlich erfolgreicher sein, als mit den

Gedanken: „Das schaffe ich eh nicht, es hat bisher **nie** funktioniert, daher wird es jetzt auch nicht funktionieren!" Wenn du dir deiner Sache sicher bist und im Geiste positiv bleibst, hast du schon den ersten Schritt zur besseren Verständigung mit deinem Pferd gemacht. Das ändert natürlich nichts an der Leidenschaft deines Pferdes für jeden Grashalm, aber das schauen wir uns als nächstes an. Ich habe oben bereits erwähnt, dass es sinnvoll ist, das Pferd zu beschäftigen. Nimm dir für den Anfang eine kleine Strecke vor, die du gemeinsam mit deinem Pferd gehst. Versuche, dein Pferd die ganze Zeit achtsam zu führen. Konzentriere dich auf deine Führposition und behalte stets im Auge, ob dein Pferd dir Fragen stellt. Fragt es dich nach seiner Mitarbeit, antwortest du: Freundlich, liebevoll, bestimmt.

Vielleicht seid ihr schon allein mit dieser Führübung so konzentriert, dass du deine Strecke bestreitest, ohne Schwierigkeiten zu bekommen. Super! Ich bin sehr stolz auf euch!

Hast du ein besonders verfressenes Exemplar, kannst du dir mit dem Rechts-Links helfen. In dem Moment, in dem dein Pferd den Kopf senkt und zum Gras hindenkt, gehst du auf seine Flanke zu und fragst es nach seiner Aufmerksamkeit.

1. Betsy hat „angebissen", Silvana macht sich bereit, ihre Aufmerksamkeit über das Rechts-Links zurückzuholen.

2. Betsy hebt den Kopf und macht im Anschluss einen Schritt in der Vorhand, um Silvana zu folgen. Wie du siehst, haben wir keinerlei Einwirkung auf den Kopf des Pferdes, der Strick bleibt stets lang.

3. Jetzt steht Betsy entspannt vor Silvana, ohne direkt wieder an das Gras zu denken.

4. In dem Moment, in dem Betsy sich von alleine entscheidet, doch wieder das Gras zu probieren, geht Silvana direkt wieder ins Rechts-Links und holt sich die Aufmerksamkeit zurück.

Wie du siehst, hilft uns das Rechts-Links bei den meisten Arten der Ablenkung, um das Pferd wieder auf uns zu fokussieren. Natürlich ist Gras bei vielen Pferden ein großer Ablenkungsfaktor. Aber auch hier kann ich dich nur ermuntern, das Problem zu erkennen und es auf diese Art anzugehen und schließlich zu lösen. Wenn es dir leichter fällt, nutze auch gerne erst ein eingezäuntes Stück Weide, um dich zu erproben. Wenn du dir sicher sein kannst, dass weder dir noch deinem Pferd etwas passieren kann, wirst du sicherlich mit einer anderen Gelassenheit an die Übung herangehen, als wenn du jeden Moment befürchten musst, dass etwas Unvorhergesehenes passieren könnte. Wichtig ist, dass du auch hier stets in der Ruhe bleibst. Sollte dein Pferd doch schneller wieder die Nase im Gras haben, als du dein Rechts-Links starten konntest, dann verbuchst du das Ganze lächelnd als Punkt für dein Pferd und startest mit der gleichen Gelassenheit erneut. Es bringt nichts, umso schwungvoller oder aggressiver zu werden, wenn deine Hilfe nicht gleich funktioniert oder du nicht schnell genug reagiert hast. Dein Pferd kann nichts dafür, wenn du nicht aufgepasst und zu langsam reagiert hast. Auch du musst deinen Blick und deine Aufmerksamkeit schulen. Je genauer du dein Pferd beobachtest, umso schneller werden dir Verhaltensweisen auffallen, die das ankündigen, was dein Pferd als nächstes tun könnte.

Eine weitere Verhaltensweise, die ich bei meinen Schülern oft beobachte, ist der Drang zur Hektik. Wir haben immer das Gefühl etwas tun zu müssen und zwar schnell, wenn wir bei unseren Pferden sind. Es ist auf Dauer viel entspannter, sich zurückzulehnen, durchzuatmen und genau zu überlegen, was man als nächstes tun möchte. Vorausschauende Gelassenheit ersetzt schnelles und hektisches Handeln in dem Moment, in dem wir uns Ruhe und Zeit geben und Fehler als das akzeptieren was sie sind, nämlich Gelegenheiten, um zu lernen. Und wenn das Pferd einmal etwas gemacht hat, weil wir nicht schnell genug reagiert haben, dann zucken wir mit den Schultern, erkennen unseren! Fehler und reagieren beim nächsten, übernächsten oder überübernächsten Mal eben früher.

Oder wir lassen auch einfach mal fünfe gerade sein!

Zum Schluss …

Mit deiner Lektüre dieses Buches hast du jetzt ziemlich viel über Menschen und natürlich über Pferde gelernt. Du hast deinen Blickwinkel geändert, vieles verstanden und Verständnis entwickelt für bestimmt Situationen, die du mit deinem Pferd erlebst. Ich hoffe, dieses Buch war und ist für dich ein Quell der Erkenntnis, in dem du nachschlägst und auch noch einmal nachliest, wenn du dir nicht mehr ganz sicher bist. Ich hoffe du hast und wirst auch weiterhin deine Eindrücke an den Rand schreiben und mit deinem Wissen und deinen Erfahrungen ergänzen, denn das ist lebendige Pferdearbeit. Man liest oder lernt etwas, man probiert sich aus, um dann vielleicht ganz intuitiv seinen eigenen Weg zu finden. Und das ist gut und genau richtig so! **Verlasse dich stets auf dein Bauchgefühl!** Höre in dich hinein, erkenne die Konstellationen in denen die Emotionen über dich hineinbrechen und entschärfe sie. Löse dich aus der Situation, erde dich und deine Gefühle und starte wieder von vorne. Und wieder und wieder … so lange, bis du mit eurem Ergebnis zufrieden bist.

Das meiner Meinung nach Wichtigste bei der Arbeit mit deinem Pferd ist, dass du bei **dir** bist und bleibst, klar und sicher. Wenn dein Pferd dich vor Situationen stellt, die dich verunsichern, dann versuche stets einen Rahmen zu schaffen, in dem du und dein Pferd wieder zur Ruhe kommen könnt und starte dann einfach noch mal von vorne. Tappe nicht in die Emotions- und „Setz-dich-durch"-Falle, sondern versuche zu ergründen, warum dein Pferd so reagiert, wie es das jetzt gerade in diesem Moment tut.

Monte fiel es schwer, sich auf mich zu konzentrieren. Ich bedanke mich in dem Moment, in dem er mir seine Aufmerksamkeit schenkt.

Wenn wir wissen, was gerade nicht stimmt und wie wir am sinnvollsten reagieren können, erlangen wir automatisch Sicherheit in unserem Handeln. Natürlich müssen wir das lernen und üben! Ich sehe es sogar so, dass ich meine Schüler hauptsächlich darin coache, klar, verständlich und eindeutig mit dem Pferd zu kommunizieren und sich dabei selbst seiner Sache sicher zu sein. Selbstsicherheit und Selbstbewusstsein: Das was ich mache ist fair und richtig, ich weiß, wie ich auftretende Schwierigkeiten lösen kann. Ich bleibe gelassen und gerecht. Ich ärgere mich nicht über mein Pferd. Wir haben alle Zeit der Welt. Klappt etwas heute nicht, dann klappt es morgen.

Frage bei Schwierigkeiten im Zweifelsfall auch die Mitmenschen in deinem Stall nach einem Rat oder einer Idee. Wenn du neue Ideen mit nach Hause nimmst und sie durch deine Ergebnisse aus der Reflektion des Geschehens ergänzt, dann wirst du mit Sicherheit neue Wege finden, um dein Problem anders anzugehen und es schließlich freundlich, selbstsicher und gerecht zu klären. Bitte gebe aber nichts auf die Bemerkungen, die dir sagen, dass dein Pferd dich verarscht und du es nur mal gründlich zurechtweisen musst, damit es wieder „in der Spur läuft". **Gewalt ist nie die Lösung!** Klare freundliche und liebevolle Konsequenz ja, aber Gewalt **nein**! Wir möchten mit unseren Pferden arbeiten und nicht gegen sie. Ich habe jetzt schon so oft gesehen, dass die Basisarbeit funktioniert, dass sie zu einem neuen und harmonischen Einklang zwischen Mensch und Pferd führt und noch viel besser, dass wirklich **jeder** diesen Weg des Verständnissen und der Liebe gehen kann – der Schlüssel dazu bist allein **du**! Sei dir dessen bewusst und nutze diesen Schlüssel, nutze die Möglichkeiten, die du als Mensch hast, dir die Welt zu einem liebe- und respektvollen Umgang mit dem Pferd zu erschließen.

Wenn der Mensch lernt, mit dem Pferd in „Pferd" zu sprechen, so wird es ihm aufmerksam und dankbar zuhören!

Ich wünsche dir ganz viele phantastische Stunden mit deinem Pferd, dass du die Kraft deines Schlüssels erkennen und nutzen kannst und du mit Hilfe deiner Achtsamkeit zu einer tiefen und harmonischen Beziehung zu deinem Pferd findest.

Ich glaube an **DICH!**

Wie andere mit der neu erlernten Basiskommunikation umgehen und welche Erfahrungen sie gemacht haben, dass kannst du dir hier in den Videos anschauen:

Herziges Feedback von

Karin & Cap
Nicole & Findus
Leonie & Novato

Danke

Wow, jetzt habe ich also tatsächlich, in einem Zeitraum von anderthalb Jahren mein erstes Buch geschrieben und veröffentlicht! Das ist der Wahnsinn und ich bin unendlich dankbar. Seit ich intensiver mit der „Pferderei“, wie sie mein Mann liebevoll nennt, angefangen habe, ist sie im Fluss. Die phantastischen Menschen, die ich kennenlernen durfte und darf, die zauberhaften Pferde und jede Menge positive Energien und Erfahrungen strömen auf mich ein, bereichern mein Leben. Alles geht seinen Weg, so wie es vorherbestimmt zu sein scheint, es fließt. Einfach. Leicht. Traumhaft schön!
Demnach ist jetzt der richtige Zeitpunkt, mich bei all den wundervollen Menschen, die mich unterstützen und meinen Weg begleiten, zu bedanken!

Mein Dank geht an Petra Barchfeld-Pekrun, die ab der ersten Sekunde an mich und dieses Buch geglaubt und meine ständige Nerverei nach Feedback gelassen ausgehalten hat, an meine Freudenfee Claudia König, die ebenfalls ab dem ersten Kontakt nicht an der Umsetzung gezweifelt hat und mir mit Rat und Tat zur Seite stand. Danke meine liebste Irena Weber für die wunderschönen, zauberhaften Fotos, die Zeit und die diskussionsreichen Nächte und Danke an Stefan Valentin, der mich unterstützt und nach wie vor stets ein offenes Ohr für mich hat. Ein herzliches Dankeschön geht auch an Nicola van Ravenstein, die mit der grafischen Umsetzung des Buches ein stimmiges Werk geschaffen hat, dass wie ich finde meine Persönlichkeit und die Message die ich senden möchte optisch perfekt umsetzt und unterstreicht. Schöner hätte dieses Buch nicht werden können!

Auch Daniel Wieschalla, der mir geduldig alle total „uncoolen“ Grafikwünsche erfüllt hat, Ingeborg von Erffa, die weltbeste „Lass uns mal über Pferde und Menschen fachsimpeln“-Ansprechpartnerin und Simone Cazin, die unendlich viele „positive Vibes“ versprüht und mich stets bestärkt, möchte ich anerkennen. Ein großer Dank gilt auch

meinen Lieblingspferdemenschen Carina Wendt, Alexandra Sczepan, Silvana Schmitz, Ruth Sandhagen, Heike Nordmann, Laura Sturm, Nicole und Marie Jeschik, Karin Topolcnik-Bogati, Wiki Schmieja, Jana Nührig, Leonie Voigtländer, Dana Behrend, Silke Freese, Michaela Wegner und Daria Bittner mit ihren Zauberpferden, sowie allen, die mich zum Schreiben des Buches inspiriert, mir Input für die Beispiele gegeben haben und die mich weiterhin lehren und wachsen lassen.

Ein weiteres Danke geht an Familie Frenger vom Heinrichshof, auf deren Hof ich immer willkommen bin, zu jeder Zeit die schönsten Fotos machen und mit tollen Pferdeleuten zusammenkommen darf.

Selbstverständlich bin ich auch all den Pferdetrainern und Pferdemenschen dankbar, die ihre Sachkenntnis teilen, von denen ich lernen durfte und zukünftig lernen darf, denn wie alle wissen, die dieses Buch gelesen haben, ist es wichtig, seine Augen und sein

Herz offen zu halten für neue Ideen, andere Sichtweisen und Veränderung!

Ein riesiges Danke geht an meine Mama Elvi Roder, die als Anti-Pferdemensch tapfer alles mehrfach Korrektur gelesen hat und das Thema und dessen Umsetzung doch „recht interessant" fand. Auch hat sie merkwürdigerweise nie daran gezweifelt, dass wir dieses Buch tatsächlich einmal in den Händen halten werden – Mütter eben!

Bei den wichtigsten Menschen denke ich zu guter Letzt, neben meinen wundervollen Kids, als absolutes Sahnehäubchen auf der Torte meines Lebens, aus tiefstem Herzen und voller Liebe, an meinen unglaublich phantastischen Mann Michael Kurzbach, der mir seit jeher den Freiraum gibt, mich selbst zu verwirklichen, der an mich glaubt, sich mit mir freuen kann und mich stets mit seiner Geduld und Liebe in all meinen Ideen und Verrücktheiten unterstützt – **Danke!** Du bist mein Siebener im Lotto!

Demütig möchte ich mich auch bei unseren Pferden bedanken, denn ihre Bereitschaft, uns oft undurchschaubare Menschen immer wieder eine Chance zu geben, uns ihre großen Herzen zu öffnen und sie vertrauensvoll in unsere Hände zu legen, ist das größte Geschenk, was sie uns tagtäglich machen können!

Zu guter Letzt möchte ich mich bei **Dir** bedanken: **Danke**, dass du der beste Pferdemensch sein möchtest, der du werden kannst, **Danke** für deine forschende Neugier, **Danke**, dass du reflektierst, veränderst, nachdenkst und **Danke**, dass du bereit bist, neue Wege zu entdecken und diese zu gehen! Die Welt braucht mehr Menschen wie **dich**, die bereit sind, sich emphatisch einzufühlen und ihr Pferd zuallererst mit dem Herzen sehen.

Jenny

Danke!

Mein kleines Video der Wertschätzung, nur für **DICH!**

Irena Weber

Seit ihrem sechsten Lebensjahr ist Irena Weber (geb. 1979) von der Fotografie begeistert. Sie erinnert sich noch genau an den Moment, als sie zum ersten Mal in einer Dunkelkammer stand und beobachtete, wie sich die eingefangenen Augenblicke langsam auf Papier abzeichneten. Mit vierzehn Jahren erhielt sie ihre erste Kamera und seitdem hat sie die Welt um sich herum mit einem wohlwollenden und klaren Blick eingefangen. Die Fotografie ist für Irena Weber zu einem lebenslangen Begleiter geworden, den sie bis heute leidenschaftlich ausübt. Zusammen mit ihrem Ehemann und ihren drei Kindern lebt sie in Gelsenkirchen, im Herzen des Ruhrgebiets.

www.irenaweber.de

Daniel Wieschalla

Daniel Wieschalla zeichnete bereits als kleiner Junge alle möglichen Dinge. Dafür benutzt er selten Farben, sondern skizziert am liebsten mit Bleistiften in unterschiedlichen Härtegraden. Was die Motive angeht, so lässt er sich meist treiben und bringt alles zu Papier, was ihm in den Sinn kommt. Die konkrete Umsetzung anderer Ideen fällt ihm nicht schwer, denn er individualisiert jedes Motiv mit seiner Kreativität. Das Schattieren sowie weitere Techniken lernte er bereits früh in einer Kunstschule. Vielleicht wird das Zeichnen einmal zu seinem Beruf, aber das lässt er sich gerne noch offen.

daniel-wieschalla@web.de

Jenny Kurzbach

Jenny Kurzbach, Vollzeitmami und Teilzeitlehrerin aus Köln, beschäftigt sich seit einigen Jahren besonders intensiv mit der Pferd-Mensch-Beziehung, der Pferdepsychologie und der gewaltfreien Verständigung.

Mehrere Stunden in der Woche unterrichtet sie Menschen und ihre Pferde in achtsamer Kommunikation, gibt Wochenendworkshops und ein Mal im Jahr eine komplette Campwoche, in der sich alles allein um Pferde und ihre Menschen dreht. Da sie festgestellt hat, dass der gewöhnliche Reitunterricht die Basiskommunikation häufig vernachlässigt, möchte sie mit ihrem Erstlingswerk ihr Wissen teilen und vielen Pferd-Mensch-Paaren zu einer achtsamen und liebevollen Kommunikation verhelfen. Nach dem Motto „Denk mal drüber nach!“, gibt sie viele eingängige und leicht verständliche Beispiele, die ein tiefes Verständnis für pferdisches und menschliches Verhalten auslösen sollen und zeigt Möglichkeiten auf, wie man in kürzester Zeit die gemeinsame Kommunikation erheblich verbessern kann und vor allem jede Menge Spaß, Leichtigkeit und Freude bei seinem Tun entwickelt.

www.bodenstaendighorsefriendship.de
jenny.kurzbach@web.de
jenny_kurzbach

„Und du so?“

Literaturverzeichnis

Dr. Gerry M. Neugebauer, Julia Karen: Lexikon der Pferdesprache – Neue Wege zur artgerechten Kommunikation, Eugen Ulmer Verlag, 2020

Janet L. Jones: Horse Brain – Human Brain, Kosmos Verlag 2022

Margit H. Zeitler-Feicht: Handbuch Pferdeverhalten – Ursachen, Therapie und Prophylaxe von Problemverhalten, Eugen Ulmer Verlag, 3. Auflage, 2015

Weitere Buchempfehlungen von mir für Dich

FEINE HILFEN – Das Bookazin für den verantwortungsvollen Umgang mit Pferden, Ausgabe 38 – Wege der Kommunikation, CADMOS Verlag

FEINE HILFEN – Das Bookazin für den verantwortungsvollen Umgang mit Pferden, Ausgabe 52 – Freiarbeit, CADMOS Verlag

FEINE HILFEN – Das Bookazin für den verantwortungsvollen Umgang mit Pferden, Ausgabe 59 – Erziehung und Beziehung, CADMOS Verlag

Frédéric Pignon, Magali Delgado: Achtung, Respekt, Würde – Goldene Trainingsprinzipien in der Pferdeausbildung, Kosmos Verlag, 2010

Juli Zeh: Gebrauchsanweisung für Pferde, Piper Taschenbuch, 2022

Linda Tellington-Jones: Tellington Training für Pferde – Das große Lehr- und Praxisbuch, KOSMOS Verlag, 2018

Mark Rashid: Denn Pferde Lügen nicht – Neue Wege zu einer vertrauten Pferd-Mensch-Beziehung, KOSMOS Verlag, 2012

Mark Rashid: Jedes Pferd verdient eine Chance – Wie schwierige Pferde zu guten Reitpferden werden, KOSMOS Verlag, 2018

natural horse – über den achtsamen Umgang mit Pferden, Ausgabe 4 – Freiarbeit mit Herz, Crystal Verlag, 2017

natural horse – über den achtsamen Umgang mit Pferden, Ausgabe 32 – Seelengefährte Pferd, Crystal Verlag, 2020

natural horse – über den achtsamen Umgang mit Pferden, Ausgabe 38 – Mit gefühlvollem Training Bindung zum Pferd festigen, Crystal Verlag

natural horse – über den achtsamen Umgang mit Pferden, Ausgabe 44 – Safe Zone und Verhaltenskodex, Crystal Verlag

Sharon Wilsie: Sprachkurs Pferd – Pferdesprache lernen in 12 Schritten, KOSMOS Verlag, 2018

Sharon Wilsie: Sprachkurs Pferd – Das Trainingsbuch, KOSMOS Verlag, 2023

Stefan Valentin, Alexia Meyer-Kahlen: Feine Sprache – Die tiefe Verbindung zum Pferd und zu sich selbst, Müller Rüschlikon Verlag, 2019

Pferdeglück